Weickert-Stolle

Praktisches Maschinenrechnen

Die wichtigsten Erfahrungswerte aus der Mathematik Mechanik, Festigkeits- und Maschinenlehre in ihrer Anwendung auf den praktischen Maschinenbau

Erster Teil

Elementar-Mathematik

Eine leichtfaßliche Darstellung der für Maschinenbauer und Elektrotechniker unentbehrlichen Gesetze

von

A. Weickert

Oberingenieur und Lehrer an höheren Fachschulen für Maschinenbau und Elektrotechnik

Erster Band: **Arithmetik und Algebra**

Zehnte Auflage

(Unveränderter Neudruck der neunten durchgesehenen und vermehrten Auflage)

Springer-Verlag Berlin Heidelberg GmbH

ISBN 978-3-642-90552-0 ISBN 978-3-642-92409-5 (eBook)
DOI 10.1007/978-3-642-92409-5

Softcover reprint of the hardcover 10th edition 1926

Vorwort zur ersten Auflage.

Die Einrichtung unserer bestehenden Fach- und Fortbildungsschulen bedingt es, daß einem für das praktische Leben so bedeutungsvollen Unterrichtsgegenstande, wie ihn der Titel dieses Buches nennt, nur verhältnismäßig wenig Zeit gewidmet werden kann und so der Schüler schließlich, nachdem er die Schule verlassen hat, behufs weiterer Verarbeitung des in der Schule Gehörten zum Selbstunterricht greifen muß.

Dem Schüler bereits in der Schule ein für seinen späteren Beruf geeignetes, sowie in seiner weiteren praktischen Tätigkeit verwendbares Material zu bieten, ist der Zweck der vorliegenden Arbeit.

Zum Verständnis des in demselben Gebotenen ist die Kenntnis der nur notwendigsten mathematischen Gesetze vorausgesetzt und sind, um Schüler und Leser bezüglich der auszuführenden Berechnungen zu unterstützen, in direkter Verbindung mit dem Buche die einfachsten Regeln des allgemeinen Buchstabenrechnens in elementarer Weise entwickelt.

Wir hoffen, daß diese Verbindung vielen Lesern willkommen sein wird, da dieselbe bei dem Durcharbeiten des Textes und der Beispiele ein Nachschlagen jederzeit gestattet und so die Bestrebungen des einzelnen, schnell vorwärtszukommen, begünstigt.

Die in den einzelnen Kapiteln gegebenen Beispiele entsprechen rein praktischen Verhältnissen und möchten wir, da sich ein Mangel gerade in dieser Beziehung oft recht fühlbar macht, den Herren Lehrern der Mechanik die vorliegende Arbeit zur Benutzung für die Schüler ihrer Lehranstalten hiermit empfehlen.

Daß der Text des Buches in der neuen Orthographie gesetzt ist, um es für Schulzwecke geeignet zu machen, mag hiermit hervorgehoben werden.

Indem wir das Buch der Öffentlichkeit übergeben, richten wir an die Leser desselben die höfliche Bitte, uns auf etwaige

Mängel, auf Fehlendes oder wünschenswerte Erweiterungen gefälligst aufmerksam machen und so unser Bestreben, in genanntem Sinne etwas Brauchbares zu bieten, unterstützen zu wollen. Wir werden diesbezügliche Fingerzeige stets mit bestem Danke entgegennehmen.

Berlin, im April 1889. **Weickert und Stolle.**

Vorwort zur sechsten Auflage.

Die neue Auflage dieses Buches hat eine weitgehende Umarbeitung erfahren.

Aus verschiedenen Gründen erschien es daher zweckmäßig, das Buch in drei Teilen herauszugeben, deren erster, der vorliegende, als vorbereitender Teil die „Arithmetik und Algebra“, d. h. das allgemeine Buchstabenrechnen, behandelt.

Der zweite, in Vorbereitung befindliche Teil behandelt die „Allgemeine Mechanik“, während der dritte die „Angewandte Mechanik“, d. i. das eigentliche praktische Maschinenrechnen, umfaßt.

Alle drei Teile sind durch die langjährigen Erfahrungen der Herausgeber auf dem Gebiete der Lehrpraxis der Neuzeit entsprechend bearbeitet, namentlich sind zahlreiche neue Beispiele, die der Anregung befreundeter Berufsgenossen ihre Entstehung verdanken, eingefügt worden.

Durch vielfache Berufsgeschäfte aufgehalten, ist es den Herausgebern leider nicht möglich gewesen, diese neue Auflage früher fertigzustellen; sie hoffen aber, daß mit der vorliegenden Auflage den alten Freunden des Buches sich zahlreiche neue zugesellen werden, und daß es Schulzwecken zu dienen noch mehr als bisher geeignet ist.

Berlin, im März 1907. **Weickert und Stolle.**

Die siebente Auflage erschien im Oktober 1914.

Vorwort zur siebenten Auflage.

Die Einführung dieses Buches in höhere Fachschulen für Maschinenbau und Elektrotechnik hat eine Neubearbeitung desselben notwendig gemacht.

Diese Neubearbeitung ist infolge der erhöhten Ansprüche, welche nunmehr an den Inhalt des Buches gestellt werden, mit einer erheblichen Erweiterung des Textes verbunden.

Vielfachen Wünschen aus Lehrerkreisen entsprechend, ist dem ersten Teile ein Abschnitt über Geometrie angegliedert worden, wodurch jedoch eine Spaltung des ersten Teiles in zwei Bände bedingt war. Der erste Band enthält den Lehrstoff über „Arithmetik und Algebra“, für den zweiten ist zunächst derjenige über „Planimetrie, Stereometrie und Trigonometrie“ vorbehalten.

Dem Inhalte des bisherigen ersten Teiles sind in dieser neuen Auflage „Quadratische Gleichungen“ und in einem besonderen Anhange eine kurze Abhandlung über „Dezimalbrüche“ und die „Teilbarkeit der Zahlen“ hinzugefügt worden.

Wir hoffen, hiermit vielen uns in dieser Richtung vorgetragenen Wünschen genügt zu haben.

Allen Herren Kollegen und auch den Freunden dieses Buches, welche uns mit Anregungen und Ratschlägen für die Bearbeitung dieser siebenten Auflage entgegengekommen sind, sagen wir an dieser Stelle unseren herzlichsten Dank. Für weitere Fingerzeige und Hinweise, welche dem Zweck der Verbesserung dieses Buches dienen, danken wir hiermit im voraus auf das beste.

Berlin, im Oktober 1914.

Weickert.

Vorwort zur neunten Auflage.

Mit dem Erscheinen dieser Auflage liegen von dem mathematischen Teile des ganzen Werkes

Praktisches Maschinenrechnen

in Einzelbänden zur Zeit vor

I. Band: Arithmetik und Algebra.
II. Band: Planimetrie.
III. Band: Trigonometrie.
IV. Band: Stereometrie.

Die dringende Notwendigkeit des Neuerscheinens dieses vorliegenden I. Bandes hatte zur Folge, daß die alte Auflage nur eine Überarbeitung bzw. Durchsicht erfahren konnte.

Trotzdem war es möglich folgende Abschnitte neu aufzunehmen:

Abgekürztes Verfahren für das Ausziehen der Quadratwurzel und

Bestimmung des Hauptnenners gewöhnlicher Brüche.

Diese Abschnitte mußten zunächst in den „Anhang“ verwiesen werden; bei der nächsten Neubearbeitung sollen sie an richtiger Stelle erscheinen.

Auch bei dieser Gelegenheit wiederum den Herren Fachkollegen und Freunden des Buches besten Dank für Ratschläge und Anregungen.

Ganz besonderen Dank dem Herrn Verleger, welcher trotz Teuerung und Papiernot nichts unversucht ließ, um das Erscheinen dieses Bandes in der bekannten, vornehmen Ausstattung zu ermöglichen.

Berlin, im November 1920.

A. Weickert.

Inhaltsverzeichnis.

Erster Teil.

I. Band.

Erster Abschnitt: Arithmetik.

*) Siehe auch S. 214.

Zweiter Abschnitt: **Algebra.**

*) Siehe auch S. 210

Anhang.

Erster Abschnitt.

Arithmetik.

I. Vorbegriffe.

1. Zweck der Arithmetik. Alles, was man vermehren oder vermindern kann, heißt Größe. Man nennt die Lehre, welche sich mit den Größen beschäftigt, Größenlehre oder Mathematik.

Einen besonderen Teil der Mathematik bildet die allgemeine Arithmetik, welche das Buchstabenrechnen und die Algebra, d. i. die Lehre von den Gleichungen, umfaßt. Mit Hilfe der hier geltenden Gesetze werden unter Zuhilfenahme einfacher Größenbezeichnungen die Beziehungen, welche zwischen gegebenen Größen stattfinden, auf das genaueste bestimmt.

2. Gleichung und Ungleichung. Eine beliebige Größe x kann einer anderen beliebigen Größe y entweder gleich oder ungleich sein.

Ist die Größe x gleich der Größe y, so schreibt man:

$$x = y \text{ (x gleich y)}$$

und nennt die Verbindung der beiden gleichen Größen x und y durch das Gleichheitszeichen eine Gleichung.*) Jede der Größen x und y heißt eine Seite der Gleichung.

Ist die Größe x der Größe y nicht gleich, so schreibt man:

$$x > y \text{ (x größer als y), oder}$$
$$x < y \text{ (x kleiner als y)}$$

und nennt diese Verbindung der beiden Größen x und y durch das Ungleichheitszeichen eine Ungleichung, jede der Größen x

*) In Zahlen würde man schreiben:

$$8 = 8 \text{ (8 gleich 8).}$$
$$12 > 8 \text{ (12 größer als 8).}$$
$$8 < 12 \text{ (8 kleiner als 12).}$$

und y eine Seite der Ungleichung und die Zeichen $>$ oder $<$ Ungleichheitszeichen.*)

Zu beachten ist hierbei, daß die Spitze des Ungleichheitszeichens stets der kleineren Größe zugekehrt sein muß.

Ist nicht genau festgestellt, welche der beiden Größen die größere ist, so schreibt man:

$$x \gtrless y \text{ (x ungleich y).}$$

In einer Gleichung bzw. Ungleichung kommen demnach die Beziehungen, welche zwei oder mehrere Größen zueinander haben können, zum Ausdruck.

3. Benannte und unbenannte Zahlen. Eine Vergleichung beliebiger Größen miteinander wird erst möglich, wenn Anzahl und Art derselben bekannt sind. Die Anzahl wird durch eine Zahlengröße, die Art durch eine nähere Bezeichnung oder Benennung bestimmt. Eine Zahl mit dazugeschriebener Benennung des Gegenstandes heißt eine benannte Zahl. So sind 15 M, 10 Pfg, 9 kg, 3 m, x dm, y km . . . . benannte Zahlen.

Eine Zahl ohne hinzugefügte Benennung heißt eine unbenannte Zahl. Die Zahlen 8, 7, 0,5, $\frac{5}{7}$, x, y . . . . sind unbenannte Zahlen.

Sollen demnach Größen genau bestimmt werden, so muß man sie als das Vielfache einer Einheit angeben.

4. Gleichartige und ungleichartige Größen. Koeffizient. Größen, welche ein und dieselbe Einheit enthalten, werden gleichartige Größen genannt:

6 M und 5 M; 7 kg und 2 kg; 4 Pfg und 10 Pfg; 3 cm und 15 cm sind gleichartige Größen.

Bei dem Buchstabenrechnen, bei welchem die Größen stets durch Buchstaben bezeichnet werden, unterscheidet man ebenfalls gleichartige und ungleichartige Größen.

Buchstabengrößen sind gleichartig, wenn sie genau denselben Buchstaben oder dieselbe Buchstaben-Verbindung enthalten; sie sind ungleichartig, wenn die einzelnen Buchstaben oder die Buchstabenverbindungen verschieden sind. So sind z. B. die Größen

3 a und 7 a; 2 m und 8 m; 5 x und 9 x gleichartig; ebenso

$$2\,xy,\ 5\,xy,\ 0{,}75\,xy,\ \frac{2}{3}\,xy \text{ und } (a+b)\,xy,$$

*) In Zahlen würde man schreiben:

$8 = 8$ (8 gleich 8).
$12 > 8$ (12 größer als 8).
$8 < 12$ (8 kleiner als 12).

denn in der letzten Zeile ist die allen Ausdrücken gemeinsame Buchstabenverbindung $= x\,y$.

Die folgenden Größen:

$$5\,a,\ 8\,y,\ 10\,b\,c,\ 5\,m\,n\,p,\ n\,(x-y),\ 0{,}3\,(d-e)$$

sind ungleichartig, da in denselben keinerlei Wiederholung einer Buchstaben erbindung enthalten ist.

Die vor den Buchstaben stehende Zahl, also diejenige Zahl, welche angibt, wie oft eine Buchstabengröße oder Buchstabenverbindung genommen werden soll, heißt Koeffizient. Statt Koeffizient sagt man auch: Vorzahl.

In den Zahlenausdrücken $4\,a$, $6\,b$, $3\,x\,y$, $7\,a\,b\,c$, $0{,}8\,m\,n\,o\,p$, $\frac{2}{3}(a+b-c)$ sind die Koeffizienten der Reihe nach: 4, 6, 3, 7, 0,8, $\frac{2}{3}$.

Während also bei den gleichartigen Buchstabenverbindungen die Buchstaben durchaus gleich sein müssen, können die zugehörigen Koeffizienten verschieden sein.

5. Der Koeffizient 1. Besitzt eine Buchstabengröße keinen Koeffizienten, so hat man stets die Zahl **1** — **Eins** — als solchen anzunehmen.

Der Koeffizient 1 wird jedoch nicht immer geschrieben; man setzt statt $1 \cdot x$ kurz nur: x,

„ $1 \cdot a\,b\,c$ „ „ $a\,b\,c$,

„ $1 \cdot \frac{x}{y}$ „ „ $\frac{x}{y}$,

„ $1 \cdot (x+y)$ „ „ $x+y$.

Es ist deshalb bei dem späteren Rechnen nie zu vergessen, daß eine ohne Koeffizienten erscheinende Buchstabengröße stets den Koeffizienten **1** vor sich hat.

6. Zählen. Natürliche Zahlen. Geht man von der Zahl **1** aus und fügt man zu dieser eine weitere **1** hinzu, zu der so erhaltenen Zahl wiederum eine **1** und so weiter fort, so nennt man diesen Vorgang „zählen“. Die hierbei entstehenden Zahlen 1, 2, 3, 4, 5 . . . . . sind di natürlichen Zahlen.

Diese Art des Zählens bezeichnet man im besonderen als Vorwärtszählen. Geht man von einer größeren Zahl aus und nimmt man von dieser zunächst eine **1**, von der so entstehenden Zahl wiederum eine **1** weg usw., so nennt man das Rückwärtszählen. Das Vorwärtszählen kann man beliebig weit fortsetzen; das Rückwärtszählen ist nach unten hin begrenzt. Man erhält bei letzterem schließlich die Zahl **1**; nimmt man hiervon noch eine **1** fort, so entsteht die Zahl

Null. Die Reihe der natürlichen Zahlen ist demnach nach oben hin unbegrenzt; die untere Grenze wird von der Null gebildet.

Eine Zahl gibt an, wie oft die Einheit — **1** — gesetzt werden soll.

Demnach besteht z. B. die Zahl **7** aus sieben, die Zahl **50** aus fünfzig, und sinngemäß eine Zahl **a aus a Einheiten** usw.

Es ist daher jede beliebige Zahl als ein Vielfaches der Eins aufzufassen.

7. Bestimmte und unbestimmte Zahlen. Man unterscheidet weiter bestimmte und unbestimmte Zahlen.

Eine Zahl heißt bestimmt, wenn die Anzahl ihrer Einheiten zweifelsfrei festgestellt ist; bestimmte Zahlen werden stets mit Ziffern bezeichnet.

Eine Zahl heißt unbestimmt, wenn die Anzahl ihrer Einheiten nicht genau festgestellt ist; unbestimmte Zahlen werden stets mit Buchstaben bezeichnet.

Für das Rechnen mit Buchstaben, im besonderen für das technische Rechnen, benutzt man allgemein die Zeichen des lateinischen und griechischen Alphabets.*)

1, 3, 15, 102, 1009 . . . . sind bestimmte Zahlen,
a, h, n, m, x, y, α, β . . . . . „ unbestimmte „

Der Unterschied zwischen einer durch Ziffern bezeichneten, bestimmten Zahl und einer durch einen Buchstaben bezeichneten, unbestimmten Zahl ist mithin der, daß bei der ersteren die Anzahl der Einheiten bekannt, bei der letzteren jedoch unbekannt ist.

Ein und dieselbe Buchstabengröße kann daher den verschiedensten natürlichen Zahlenwerten entsprechen; eine mit dem Buchstaben x bezeichnete Zahlengröße kann dem Wert 5 oder 27 oder 0,25 oder $\frac{1}{8}$ usw. entsprechen.

Trotz dieser Vieldeutigkeit einer Buchstabengröße muß aber dieselbe bei Durchführung einer einmal angefangenen Rechnung stets ein und dieselbe Bedeutung bzw. ein und denselben Wert als Zahlengröße behalten.

8. Vorteile des Buchstabenrechnens. Vorstehend wurde der Vorgang des Zählens erklärt. Bildet man aus zwei beliebigen natürlichen Zahlen eine neue dritte, so nennt man das „Rechnen“. Je nach der Art und Weise, wie aus zwei gegebenen Zahlen eine dritte entsteht, unterscheidet man verschiedene Rechnungsarten. Diese Rechnungsarten werden wieder nach ganz bestimmten Gesetzen durchgeführt, die

---

*) Griechisches Alphabet siehe Anhang I. Teil, II. und III. Band

man als „Addition, Subtraktion, Multiplikation, Division“ usw. besonders kennzeichnet. Mit bestimmten Zahlen können sämtliche Rechnungsarten ohne weiteres durchgeführt werden, mit unbestimmten Zahlen kann man sie meistens nur andeuten bzw. bis zu einem Punkte führen, von welchem ab die unbestimmten Zahlen durch bestimmte ersetzt werden müssen, um zu einem gewollten Ergebnis zu gelangen.

Die aus zwei durch Buchstaben bezeichneten Zahlen gebildete neue Zahl erscheint im allgemeinen nicht als ein neuer Buchstabe, sondern als ein Zahlenwert, in welchem die gegebenen Buchstaben in einer der Rechnungsart entsprechenden Weise zusammengesetzt und durch bestimmte Rechnungszeichen, die sich beim Buchstabenrechnen herausgebildet haben, miteinander verbunden sind.

Trotzdem bietet das Buchstabenrechnen den Vorteil, daß eine Übersichtlichkeit des gegenseitigen Zusammenhanges der verschiedenen Größen erreicht wird, wie sie das Rechnen mit bestimmten Zahlen nie zu bieten geeignet ist. Auch treten die Regeln, nach denen gewisse Rechnungsarten ausgeführt werden müssen, übersichtlicher und klarer hervor; umständliche und wortreiche Erklärungen bestimmter Gesetze werden überflüssig.

9. Größenzeichen, Rechnungszeichen und Beziehungszeichen. Nach dem vorstehenden sind zum Rechnen mit bestimmten und unbestimmten Zahlen Größen-, Rechnungs- und Beziehungszeichen erforderlich.

Als Größenzeichen für Zahlen und Zahlenwerte benutzt man Ziffern und Buchstaben.

Als Rechnungszeichen gelten:

$+$ das Zeichen der Addition; bedeutet: plus oder mehr.

$-$ „ „ „ Subtraktion; bedeutet: minus oder weniger.

$\cdot$ „ „ „ Multiplikation; einfacher Punkt, bedeutet: mal oder multipliziert mit.

$:$ oder $-$ „ „ „ Division; Doppelpunkt oder Bruchstrich, bedeutet: dividiert durch.

Als Beziehungszeichen gelten:

$=$ das Gleichheitszeichen und

$\lesseqgtr$ das Ungleichheitszeichen.

Jede geordnete Zusammenstellung von Größen-, Rechnungs- und Beziehungszeichen nennt man eine Formel; jede Formel ist der Ausdruck eines mathematischen Gesetzes.

10. Vorzeichen. Positive und negative Zahlen. Das Additionszeichen (+) und das Subtraktionszeichen (—) finden auch noch Verwendung als Vorzeichen, um eine besondere Eigenschaft der Zahlen zum Ausdruck zu bringen.

Man unterscheidet positive und negative Zahlen.

Positive Zahlen sind solche, welchen das Pluszeichen (+) vorgesetzt ist:

$$+7, +\frac{2}{3}, +0{,}95, +a, +\frac{3a}{4}, +\frac{axy}{n}.$$

Negative Zahlen sind solche, vor welchen das Minuszeichen (—) steht:

$$-9, -\frac{7}{8}, -8{,}6, -x, -\frac{6y}{z}, -\frac{n}{axy}.$$

Zahlen, welche kein Vorzeichen besitzen, gelten stets als positive Zahlen. Steht eine positive Zahl allein oder zu Anfang eines Zahlenausdruckes, so läßt man das Pluszeichen vor derselben weg.

So schreibt man statt:		nur:	
	$+7$		7,
„	$+a$	„	a,
„	$+5b$	„	$5b$,
„	$+a+b$	„	$a+b$,
„	$+x-y$	„	$x-y$.

Umgekehrt muß man sich aber, namentlich bei dem nachfolgend beschriebenen Auflösen der Klammern,*) immer daran erinnern, daß eine ohne Vorzeichen erscheinende Zahl **nur das Plus-Zeichen** vor sich haben kann. Es ist also:

$7ab$ **nur** $\mathbf{+7ab}$ und niemals $-7ab$,
$3xy$ „ $\mathbf{+3xy}$ „ „ $-3xy$.

Das Minuszeichen darf jedoch in keinem Falle weggelassen werden.

$-7ab$ ist und bleibt stets $\mathbf{-7ab}$,
$-3xy$ „ „ „ „ $\mathbf{-3xy}$.

11. Algebraische und entgegengesetzte Zahlen. Positive und negative Zahlen bezeichnet man gemeinschaftlich als algebraische Zahlen; auch werden sie entgegengesetzte Zahlen genannt.**)

---

*) Vgl. S. 11, Ziffer 18.

**) Dieser Gegensatz läßt sich in vielfacher Form zum Ausdruck bringen. Nimmt man z. B. Vermögen als positiv (+) an, so muß der Gegensatz: Schulden, also das, was vom Vermögen abgezogen werden muß, um die Schulden zu bezahlen, als negativ (—) gelten.

Bezeichnet man eine Drehbewegung (Kurbelbewegung), welche

Eine Zahl wird entgegengesetzt genommen, indem man ihr das entgegengesetzte Vorzeichen gibt.

Der entgegengesetzte	Wert	von		$+3$	ist	-3.
„	„	„	„	$+a$	„	$-a$.
„	„	„	„	$-5x$	„	$+5x$.
„	„	„	„	$-\frac{b}{c}$	„	$+\frac{b}{c}$.
„	„	„	„	$a-b$	„	$-a+b$.
„	„	„	„	$-x+y$	„	$x-y$.

12. Absolute Zahlen. Zahlen ohne Vorzeichen und ohne Benennung bezeichnet man als absolute Zahlen. Man sagt auch:

Unter dem absoluten Wert einer Zahl versteht man die Anzahl ihrer Einheiten, ohne Berücksichtigung des Vorzeichens der Zahl.

13. Die Klammern. Soll die engere Zusammengehörigkeit mehrerer Größen, oder sollen bestimmte Rechnungsvorgänge zum besonderen Ausdruck gebracht werden, so wendet man die Klammern an.

Man unterscheidet 3 Arten von Klammern:

$\{\ldots\}$ die geschweifte Klammer,
$[\ldots]$ die eckige oder Strich-Klammer und
$(\ldots)$ die runde oder Bogen-Klammer.

Bei gleichzeitiger Anwendung mehrerer dieser Klammern ist es allgemein üblich die Anordnung so zu treffen, daß die geschweifte Klammer zunächst die Strich-Klammer, diese wieder die Bogen-Klammer umfaßt.*)

$$a+b-(a-b);\ m-(n+p)+(r-s).$$
$$7x-[4y-(3y+5z)-3x]+8y.$$
$$x-\{a-[b+(c-d)-(e+f)]+g\}.$$

---

im Sinne des Uhrzeigers erfolgt, als (+), so muß die entgegengesetzte Drehbewegung (Linksdrehung) als (—) gelten.

*) Jede andere Anordnung ist ebenfalls zulässig. Über die Bedeutung der Klammern für das praktische Rechnen vgl. S. 11, Ziffer 18.

II. Addition.

14. Summe. Die Addition algebraischer Zahlen läßt sich darstellen durch die Gleichung:

$$5 + 9 + 11 = 25,$$

in Buchstaben:

$$a + b + n = x.$$

Die Größen **5**, **9** und **11** bzw. **a**, **b** und **n** heißen Summanden, Addenden oder Glieder, die Größe **25** bzw. **x** heißt Summe.

Allgemein sagt man, eine Summe besteht aus Gliedern. In den vorstehenden beiden Gleichungen haben die Summen links vom Gleichheitszeichen je 3 Glieder. Das zweite Glied der ersten Summe heißt: **+ 9**, das erste Glied der zweiten Summe heißt: **+ a**. Jedes Glied ist mit seinem Vorzeichen zu nennen.

Eine durch Zahlen oder Buchstaben nur angedeutete, aber nicht ausgeführte Addition, z. B.

$$7 + 12; \quad a + x; \quad 5an + 7bz; \quad \frac{3x}{y} + \frac{n}{4m},$$

nennt man ebenfalls eine Summe.

In jeder Summe werden die einzelnen Glieder durch die freien Vorzeichen getrennt. Freie Vorzeichen sind solche, die nicht **in einer Klammer**, oder nicht **über** bzw. **unter einem Bruchstriche** stehen; es gelten mithin als Glieder trennende Vorzeichen nur die, welche **vor einer Klammer** oder **vor einem Bruchstriche** stehen. So heißt in der Summe

$$2a + 7xy + (a - b + c) + 8xz + \frac{a+b}{n} + 7$$

das erste Glied : $+ 2a$,
„ dritte „ : $+ (a - b + c)$,
„ vierte „ : $+ 8xz$ und
„ fünfte „ : $+ \frac{a+b}{n}$.

15. Reihenfolge der Glieder. Bei der Addition beliebig vieler Zahlen ist es gleichgültig, in welcher Reihenfolge man die einzelnen Zahlen addiert, denn es ist

$$3 + 5 + 7 = 3 + 7 + 5 =$$
$$5 + 3 + 7 = 5 + 7 + 3 =$$
$$7 + 3 + 5 = 7 + 5 + 3, \text{ sämtlich} = 15.$$

Ebenso ist für Buchstaben:

$$a + b + c = a + c + b =$$
$$b + a + c = b + c + a =$$
$$c + a + b = c + b + a. \quad \text{Beachte:}$$
$$\mathbf{a + b = b + a.}$$

Zahlenausdrücke wie die vorstehenden, in welchen sämtliche Glieder nur positive Vorzeichen besitzen, nennt man kurzweg Summen.

Besitzen die Glieder einer Summe positive und negative Vorzeichen, so nennt man die Summe eine algebraische Summe.

Nach vollendeter Rechnung ordnet man die Buchstaben oder Buchstabenverbindungen stets nach der Reihenfolge des Alphabetes. So setzt man an Stelle von

$$x + a + c - d - b + e - z$$

den nach dem Alphabet geordneten gleichen Wert:

$$a - b + c - d + e + x - z;$$

an Stelle von

$$3a - 9xy + 12ac - 2xz + 7abc \text{ schreibt man:}$$
$$3a + 7abc + 12ac - 9xy - 2xz.$$

16. Regeln für die Addition. Die bei der Addition algebraischer Zahlenwerte zu beachtenden Regeln sind folgende:

A. Die Glieder der Summen sind gleichartig.*)

a) Haben alle Glieder gleiche Vorzeichen, d. h. sind sie sämtlich positiv oder negativ, so addiert man ihre Koeffizienten, fügt der erhaltenen Summe die gleichartige Buchstabengröße oder Buchstabenverbindung **einmal unverändert** hinzu und gibt der Summe das allen Gliedern gemeinsame Vorzeichen.

Beispiele:

$$+5 + 7 + 2 + 3 = +17 = 17.^{**)}$$
$$+2x + 6x + 5x = (+2 + 6 + 5)x = +13x = 13x.$$
$$-9 - 6 - 3 - 12 = -30.$$
$$-5yz - 3yz - 8yz = -16yz.$$
$$-3\frac{b}{c} - 9\frac{b}{c} - \frac{b}{c}^{***)} = -13\frac{b}{c}.$$
$$-6(a + b) - 12(a + b) = -18(a + b).$$

---

*) Vgl. S. 2, Ziffer 4.

**) „ „ 6, „ 10.

***) $-\frac{b}{c} = -1 \cdot \frac{b}{c}$; vgl. S. 3, Ziffer 5.

b) Haben die Glieder *verschiedene* Vorzeichen, so addiert man zunächst alle Glieder mit positiven, dann alle Glieder mit negativen Vorzeichen für sich, *zieht die kleinere Summe von der größeren ab* und gibt dem Reste das Vorzeichen *der größeren Summe*.

Beispiele:

$$+5-3+7-2+4-6=+16-11=+5=5.$$
$$5x-7x+9x-3x+4x=+18x-10x=+8x=8x.$$
$$-10y+2y-16y+3y+9y=-26y+14y=-12y.$$
$$3abc-8abc+12abc-abc+2abc=17abc-9abc=8abc.$$
$$5(x-y)-7(x-y)+10(x-y)-3(x-y)=$$
$$=15(x-y)-10(x-y)=5(x-y).$$

B. *Die Glieder der Summen sind ungleichartig.*

Die Addition ungleichartiger Größen kann man nur andeuten:

Ungleichartige Größen werden addiert, indem man dieselben mit ihren Vorzeichen in eine Reihe nebeneinander stellt.

Sollen die ungleichartigen Größen

$$+a,\quad -7b,\quad +3cd,\quad -12mn,\quad -9xyz$$

addiert werden, so schreibt man kurz:

$$a-7b+3cd-12mn-9xyz.$$

17. Besondere Form der Addition. Sind sehr viele Größen zu addieren, so daß deren Aufstellung in wagerechten Reihen zu unübersichtlich wird, dann verfährt man wohl auch so, daß man vorhandene *gleichartige Größen mit ihren Vorzeichen senkrecht untereinander stellt und addiert.* Sollen die Größen

$$15a-3b+4c-8d+6+11x-5a+13y+8b-16c$$
$$+9z+14d+17+2y-9y+8z-23+16a-7b-$$
$$-15x+d$$

addiert werden, so schreibt man:

$$\begin{array}{rrrrrrrr}
15a & -3b & +4c & -8d & +11x & +13y & +9z & +6 \\
-5a & +8b & -16c & +14d & -15x & +2y & +8z & +17 \\
+16a & -7b & & +d & & -9y & & -23 \\
\hline
26a & -2b & -12c & +7d & -4x & +6y & +17z & „ .
\end{array}$$

Aufgaben:*)

1. $a+a+a+a;\ 2b+b;\ 6x+x.$
2. $2a+3a+6a;\ 5b+7b+9b+11b+8b.$

---

*) Die einzelnen Aufgaben sind innerhalb jeder Zeile durch ein Semikolon (;) getrennt. Im allgemeinen schließt jede Zeile mit einer

3. $a + 2b + 4a + b + 5b + 6a$.
4. $27m + 13n + 16p + 12n + 9p + 6m; -8n - 7n - 15n - 30n$.
5. $-3x - 5z - 5x - 9z - 13x - 10z; \; 16x + 13x - 8x - 12x$.
6. $22x + 3y - 14x - 6y + 9x - 8y + 20y$.
7. $9 + 5a - 3xy - 7b - 12 + 8a - 20xy + 22b - x + 12$.
8. $75a - 55b - 28d - 25g + 21a + 43b + 87d - 25g$.
9. $125x + 315y - 218z + 93z - 213y + 307z - 55x + 8y - 396z$
   $+ 83y - 374x + 192y + 186z$.
10. $3ac - 12ab - 9ab + 7ac + 22ab$.
11. $-3mn + 5pq + 23x - 16pq + 2xy + 6x - 7xy + 12ab +$
   $+ 20mn - 18pq + 32xy - x$.
12. $4{,}6z - 0{,}92y + 3{,}08y + 0{,}6z - 1{,}15x + 3{,}75x$.
13. $0{,}75ab - 3{,}5a + 2{,}3bc - 7{,}8ab + 9{,}2a - 3{,}6bc$.
14. $12{,}355mnp + 20{,}475abc - 6{,}705mnp + 3{,}965abc$.
15. $4{,}23x + 42{,}3y + 0{,}423z - 423x - 4230y - 0{,}0423z$.

18. Auflösen der Klammern. Enthält eine Summe Glieder, die in Klammern eingeschlossen sind, und sollen die Rechnungen ausgeführt werden, welche die vor den Klammern stehenden Vorzeichen andeuten, so müssen sämtliche Klammern entfernt, d. h. aufgelöst werden. Die durch dieses Rechnungsverfahren entstehenden Zahlenausdrücke enthalten alsdann keine Klammern mehr.

Allgemein beginnt man mit dem Auflösen der inneren Klammern, also, eine Anordnung der Klammern nach Ziffer 13, S. 7) vorausgesetzt, mit dem Auflösen der Bogenklammern; es folgt das Auflösen der Strich-Klammer, endlich das der geschweiften Klammer. Bei dem Auflösen von Klammern, gleichgültig welcher Art, sind folgende Regeln zu beachten:

a) Steht ein **Pluszeichen** vor der Klammer, so bleiben unter Weglassung dieses Pluszeichens und der Klammer die Vorzeichen der Größen in der Klammer unverändert.

b) Steht ein **Minuszeichen** vor der Klammer, so erhalten unter Weglassung dieses Minuszeichens und der Klammer die Größen in der Klammer entgegengesetzte Vorzeichen.

1. Beispiel. $a + (3b - 5c)$.

Da ein Pluszeichen vor der Klammer steht, so bleibt dieses mit der Klammer einfach fort. Das erste Glied in der Klammer: $3b$ hat nach S. 6, Ziffer 10) stillschweigend ein Pluszeichen vor sich, welches nunmehr nach dem Auflösen der Klammer zu schreiben ist. Damit ergibt sich:

$a + 3b - 5c$.

Aufgabe. Greift eine Aufgabe auf die nächste Zeile über, so ist der Text nach rechts eingerückt.

2. Beispiel.*) $7x - (3a - 2b) + (4z - 7y)$.
Vor der ersten Klammer steht ein Minuszeichen, mithin sind die Vorzeichen der Größen in der Klammer umzukehren: aus $+3a$ wird $\mathbf{-3a}$, aus $-2b$ wird $\mathbf{+2b}$. Die zweite Klammer, vor welcher ein Pluszeichen steht, ist wie in Beispiel 1) zu behandeln. Damit ergibt sich:
$7x - 3a + 2b + 4z - 7y$.
Alphabetisch geordnet:
$-3a + 2b + 7x - 7y + 4z$.

3. Beispiel. $-3n - (-5y + 9) - (6x - 2a)$.
Bogenklammern aufgelöst:
$-3n + 5y - 9 - 6x + 2a$, oder:
$-9 + 2a - 3n - 6x + 5y$.

4. Beispiel. $7x - [4y - (3y + 5z) - (5y - 3z)]$.
Bogenklammern aufgelöst:
$7x - [4y - 3y - 5z - 5y + 3z]$.
Strichklammer aufgelöst:
$7x - 4y + 3y + 5z + 5y - 3z$, oder:
$7x - 4y + 3y + 5y + 5z - 3z$.

5. Beispiel. $-[-(-a + 6b) + (-3m + 4n)]$.
Bogenklammern aufgelöst:
$-[a - 6b - 3m + 4n]$.
Strichklammer aufgelöst:
$-a + 6b + 3m - 4n$.

6. Beispiel. $\{a - [b + (c - d) - (e + f)] + g\}$.
Bogenklammern aufgelöst:
$\{a - [b + c - d - e - f] + g\}$.
Strichklammer aufgelöst:
$\{a - b - c + d + e + f + g\}$.
Nun ist die geschweifte Klammer aufzulösen. Da vor derselben kein Vorzeichen steht, so ist ein **Pluszeichen** vor derselben anzunehmen; mithin:
$a - b - c + d + e + f + g$.

7. Beispiel. $5a - \{3b - [(8a - 12b) + 16a] - 9b\}$.
Vor der Bogenklammer steht, da ein besonderes Vorzeichen nicht angegeben ist, ein Pluszeichen, mithin:

---

*) Aus diesem und den folgenden Beispielen geht hervor, daß das **erste** Glied **ohne** Vorzeichen in jeder Klammer so zu behandeln ist, als ob ein **Pluszeichen** vor demselben stände.

$$5a - \{3b - [8a - 12b + 16a] - 9b\} =$$
$$5a - \{3b - 8a + 12b - 16a - 9b\} =$$
$$5a - 3b + 8a - 12b + 16a + 9b =$$
$$= 29a - 6b.$$

8. Beispiel.
$$23x - \{[(18y - 2x) - (14z + 13y) + 22z]\} =$$
$$23x - \{[18y - 2x - 14z - 13y + 22z]\} =$$
$$23x - \{18y - 2x - 14z - 13y + 22z\} =$$
$$23x - 18y + 2x + 14z + 13y - 22z =$$
$$= 25x - 5y - 8z.$$

Aus den vorstehenden Beispielen ist ersichtlich, daß Klammern jeder Art, vor denen ein Pluszeichen steht, ohne weiteres weggelassen werden können. Klammern, vor denen ein Vorzeichen nicht steht, sind so zu behandeln, als ob ein Pluszeichen vor ihnen stände.

Das Vorzeichen vor einer Klammer **hat nur Einfluß auf die Größen in dieser Klammer,** niemals jedoch auf Größen, welche noch hinter dieser Klammer erscheinen.

Aufgaben:

1. $5y + (2a + 7b)$; $9a + (12a - 8b)$; $25m - (16n - 4m + 3x)$.
2. $32a + 3b - (5a + 17b)$; $a + b - (2a - 3b) - (-13a + 2b)$.
3. $(a + b - c) - (a - b + c)$; $(8x - 5) + (3x - 7) - (9x - 11)$.
4. $m + [a - (n - x) + b]$; $3 - [x + (-a + n) - (-3 + x)]$.
5. $m - [(a - b) - (c - n)]$; $a - (b - c) - [c - (b - a)]$.
6. $(2a - 3b) + (-4b - 3a) - (6a - 4b) - (-5b - 2a)$.
7. $48n - \{15m - [19p + (22n + 24m - 15p) + 18m] - 34n\}$.
8. $0{,}7 - [(8a - 5b) - (6b - a)] + (6c - 0{,}8) - [(12a - 8c) + 2{,}4]$.
9. $x - \{y + [x - (y - z - u)] - [x - y - (z - u)]\}$.
10. $47x - [4y - (3x + 5y) - (9y - 6x)] - [8x - (3x + 4y) +$
    $+ (5x - 2y) - (7x - 4y)]$.
11. $8a - [14b + 16c - (18b + 24a - 30c) - 14a] + 26b - 2c$.
12. $8a - 14b + 16c - [18b + 24a - (30c - 14a) + 26b - 2c]$.
13. $8a - 14b + [16c - (18b + 24a - 30c) - 14a + 26b] - 2c$.
14. $8a - \{14b + 16c - [18b + 24a - (30c - 14a)] + 26b - 2c\}$.
15. $8a - \{14b + 16c - [18b + 24a - (30c - 14a) + 26b - 2c]\}$.
16. $8a - [14b + 16c - (18b + 24a) - (30c - 14a + 26b) - 2c]$.
17. $8a - [14b + 16c - (18b + 24a) - (30c - 14a) + 26b] - 2c$.

III. Subtraktion.

19. Differenz. Die Subtraktion algebraischer Zahlen läßt sich darstellen durch die Gleichung:

$$25 - 10 = 15,$$

in Buchstaben:

$$n - p = x.$$

Die Größe **25** oder n, von welcher subtrahiert wird, heißt Minuend, die Größe **10** oder p, welche subtrahiert wird, heißt Subtrahend, und die Größe **15** oder x heißt Differenz oder Rest.

Eine durch Zahlen oder Buchstaben nur angedeutete, aber nicht ausgeführte Subtraktion, z. B.

$$8 - 6; \quad m - n; \quad 9a - 7b; \quad \frac{x}{y} - \frac{m}{n},^{*)}$$

nennt man ebenfalls eine Differenz.

20. Subtraktion gleichartiger Größen. Gleichartige Größen werden subtrahiert, indem man die Koeffizienten subtrahiert und zu dem so erhaltenen Reste die gleichartige Buchstabengröße oder Buchstabenverbindung **einmal unverändert** hinzufügt.

Beispiele: $15 - 9 = 6$; $6m - 3m = (6 - 3)m = 3m$.

$$20xy - 9xy = 11xy; \quad 72\frac{m}{p} - 67\frac{m}{p} = 5\frac{m}{p}.$$

$$17(a - b) - 3(a - b) = 14(a - b).$$

21. Probe auf Richtigkeit. Jede Subtraktion ist richtig ausgeführt, wenn sich bei der Addition des Restes zum Subtrahenden der Minuend ergibt.**)

Beispiele:

Ist $12 - 7 = 5$, so muß $5 + 7 = 12$ sein.
„ $a - b = c$, „ „ $c + b = a$ „
„ $15x - 6x = 9x$, so muß $9x + 6x = 15x$ sein.
„ $22ab - 3ab = 19ab$, „ „ $19ab + 3ab = 22ab$ „ .

22. Verschiedenartigkeit des Subtrahenden. Bei der Subtraktion gleichartiger Größen sind **3** Fälle möglich: Der Subtrahend kann kleiner, gleich oder größer als der Minuend sein, z. B.:

$$12 - \mathbf{7}; \quad 12 - \mathbf{12}; \quad 12 - \mathbf{15}.$$

---

*) Eine Differenz kann als eine zweigliedrige Summe mit einem negativen Gliede aufgefaßt werden.

**) Kurz: Rest plus Subtrahend = Minuend.

a) Ist der Subtrahend **kleiner** als der Minuend, so kann die Subtraktion ohne weiteres ausgeführt werden; man erhält in diesem Falle als Rest eine **positive Zahl.**

Beispiele:

$12 - 7 = 5$; $12ab - 3ab = 9ab$.

$35\frac{x}{y} - 18\frac{x}{y} = 17\frac{x}{y}$; $7(m + n) - 5(m + n) = 2(m + n)$.

b) Ist der Subtrahend **gleich** dem Minuend, so erhält man als Rest den Wert **„Null“.** Man sagt alsdann, die beiden Zahlen heben sich gegenseitig auf.

Beispiele: $12 - 12 = 0$; $14xy - 14xy = 0$.
$20(x + y + z) - 20(x + y + z) = 0$.

Die **„Null“** ist daher als die Differenz zweier gleich großen Zahlen aufzufassen.

c) Ist der Subtrahend **größer** als der Minuend, so kann die Subtraktion nur so weit ausgeführt werden, wie die Anzahl der Einheiten des Minuenden hierzu ausreicht.

Geht man von der Differenz **12 — 15** aus, so heißt das nach dem Vorstehenden, es sollen 15 Einheiten von 12 Einheiten weggenommen werden. Von 12 Einheiten lassen sich aber nur 12 Einheiten wegnehmen; es bleiben demnach von dem Subtrahenden 15 noch 3 Einheiten übrig, welche erst von etwa in derselben Rechnung neu erscheinenden, positiven Einheiten weggenommen werden können.

Zu einem Ergebnis dieser Rechnung kommt man auf folgende Weise:

Setzt man an Stelle der Zahl **15** die gleich große Summe **(12 + 3)**, so kann man schreiben:

$$12 - 15 = 12 - (12 + 3).$$

Löst man die Klammer nach dem Minuszeichen auf, so folgt:*)

$$12 - 15 = 12 - 12 - 3.$$

Da aber nach Vorstehendem $12 - 12 = 0$ ist, so bleibt als Ergebnis der Differenz $12 - 15$ die Zahl **— 3** übrig; es ist also:

$$12 - 15 = -3.$$

Hieraus ergibt sich:

Zieht man eine größere Zahl von einer kleineren ab, so entsteht eine **negative Zahl.****)

---

*) Vgl. S. 11, Ziffer 18b.

**) „ „ 6, „ 10.

Als Regel für das Rechnen folgt: Man subtrahiere die kleinere Zahl von der größeren und gebe dem Rest das Vorzeichen der größeren Zahl.

Beispiele:

$8 - 14 = -6;\quad 3x - 7x = -4x.$

$12abx - 20abx = -8abx;\quad 4\frac{m}{a} - 9\frac{m}{a} = -5\frac{m}{a}.$

$36(f+g) - 40(f+g) = -4(f+g).$

Die Reihe der negativen Zahlen ist die folgende:

$-0, -1, -2, -3, -4, -5 \ldots\ldots\ldots\ldots$

Bringt man diese Reihe in Verbindung mit derjenigen der positiven Zahlen, so erhält man die neue Reihe:

$\ldots\ldots +5 +4 +3 +2 +1 +0 -0 -1 -2 -3 -4 -5 \ldots\ldots$ oder

$\ldots\ldots +5 +4 +3 +2 +1 \pm 0 -1 -2 -3 -4 -5 \ldots\ldots$

War bereits unter b) die Entstehung der „Null“ klargelegt, so kann man hier hinzufügen:

Die „**Null**“ bildet die Grenze zwischen den positiven und negativen Zahlen.

23. Subtraktion ungleichartiger Größen. Die Subtraktion ungleichartiger Größen kann man nur andeuten, indem man zwischen den Minuenden und den Subtrahenden das Minuszeichen (—) setzt.

Soll z. B. $16xy$ von $25ab$ subtrahiert werden, so schreibt man:

$$25ab - (+16xy).$$

Löst man die Klammer auf, so erhält man:

$$25ab - 16xy.$$

Ist der Zahlenwert $16xy$ negativ, so ergibt sich entsprechend:

$$25ab - (-16xy).$$

Löst man auch hier die Klammer auf, so folgt:

$$25ab + 16xy.$$

Damit ergibt sich als Regel:

Ungleichartige Größen werden subtrahiert, indem man den Subtrahenden mit entgegengesetztem Vorzeichen rechts neben den Minuenden stellt.

24. Subtraktion einer Summe. Soll eine Summe von einer Zahl oder einer anderen Summe subtrahiert werden, so muß die zu subtrahierende Summe stets in Klammern gesetzt werden.

Beispiele: $x - y$ subtrahiert von a gibt:*)

$$a - (x - y) = a - x + y.$$

$b + c - d$ subtrahiert von a gibt:**)

$$a - (b + c - d) = a - b - c + d.$$

$6abc + 9xy - 3n$ subtrahiert von $12abc - 7xy$ gibt:

$$12abc - 7xy - (6abc + 9xy - 3n) =$$
$$12abc - 7xy - 6abc - 9xy + 3n =$$
$$6abc - 16xy + 3n.$$

Aus den vorstehenden Beispielen ist ersichtlich, daß zur Ausführung der angedeuteten Subtraktion nur die Klammern aufzulösen sind. Damit ergibt sich als Regel:

Eine Summe wird von einer Zahl oder einer anderen Summe subtrahiert, indem man jeden einzelnen Summanden subtrahiert.

Beispiele: $a + b - (c - d + e) = a + b - c + d - e.$

$$n - (m - x + y - z) = n - m + x - y + z.$$

25. Besondere Form der Subtraktion. Praktisch verfährt man auch vielfach so, daß man die beiden Summen, nach gleichartigen Größen geordnet, untereinander schreibt, den Gliedern der Subtrahenden-Summe entgegengesetzte Vorzeichen gibt, und dann addiert.

1. Beispiel.

Minuend:	12	− 13a	− 8x	3a
Subtrahend:	− 7	+ 3a	− 17x	− 2b
Vorzeichen entgegengesetzt:	+	−	+	+
Rest oder Differenz:	19	− 16a	9x	3a + 2b.

2. Beispiel.

Minuend:	15	− 16a	+ 15b	+ 20x	− y
Subtrahend:	12	+ 8a	− 30b	− 9x	+ 3y
Vorzeichen entgegengesetzt:	−	−	+	+	−
Rest:	3	− 24a	+ 45b	+ 29x	− 4y.

3. Beispiel.

Minuend:	5a	− 7b	+ 8c	− 6d	+ e		
Subtrahend:	4a	− 9b	+ 8c	− 3d		+ 2f	− x
Vorzeichen entgegengesetzt:	−	+	−	+		−	+
Rest:	a	+ 2b	„	− 3d	+ e	− 2f	+ x.

4. Beispiel.

	− 14b	+ 3c	− 27d	+ 3	− 5g	+ 8x	− 7y
7a	+ 3b	− 5c	− 8d	− 12	+ 7g	+ 8x	
−	−	+	+	+	−	−	
− 7a	− 17b	+ 8c	− 19d	+ 15	− 12g	„	− 7y.

*) Vgl. S. 11, Ziffer 18b.

**) „ „ 6, „ 10.

Aufgaben:

1. $5a - 2a$; $20x - 3x - 7x$; $9b - 12 - b - 7$.
2. $a - (+b)$; $a - (-b)$; $a + b - (a - b)$; $16 - (z + 5)$.
3. $n - 1 - (n + 1)$; $x - 1 - (1 + x)$; $x + y - (x - y)$.
4. $5m - 4n - (6n + 3m)$; $14 - 5b - (18 - 8b)$.
5. $2ab - 3bc - (-12ab + 30xy + 20bc)$.
6. $85m + 37n - (13m - 14n) - (9m - 8n)$.
7. $-4xyz + 3xy - (16yz + 20xyz - 12xy + 3xz)$.
8. $72a - 36nx + 80gh - 54nx + 32nx - 90gh + 36a$.
9. $m - [a - (b + c) - x] - [m + (-a - x) - (b - c) - x]$.
10. $a - (b - c) - [c - (b - a)]$.
11. $2x - 8z + [6y - (4x + 3z)] - (x - y - z)$.
12. $6{,}3s - 4{,}5u + 2{,}1v - 0{,}9w - (0{,}8s + 5{,}2u + 6{,}5v + 3{,}2w)$.
13. $-0{,}5abc + 0{,}3cd - 6{,}2ab - (0{,}4cd + 5{,}3abc)$.

IV. Multiplikation.

26. Produkt. Die Multiplikation algebraischer Zahlen läßt sich darstellen durch die Gleichung:

$$3 \cdot 15 = 45,$$

in Buchstaben:

$$b \cdot n = x.$$

Die Größe 3 oder b, welche zu multiplizieren ist, heißt Multiplikand, die Größe 15 oder n, mit welcher multipliziert werden soll, heißt Multiplikator, und die Größe 45 oder x heißt Produkt.

Eine durch Zahlen oder Buchstaben nur angedeutete, aber nicht ausgeführte Multiplikation, z. B.

$$7 \cdot 6; \quad a \cdot b \cdot c; \quad 7 \cdot a \cdot x \cdot y \cdot z; \quad 12 \cdot (m + n),$$

nennt man ebenfalls ein Produkt.

Die Multiplikation läßt sich auf die Addition zurückführen für den Fall, daß eine Summe aus nur genau gleichen Addenden besteht. Geht man von der Summe: $6 + 6 + 6 + 6 + 6 + 6$ aus, so schreibt man der Kürze halber den hier immer wiederkehrenden Addenden 6 **nur einmal**, und vor denselben, getrennt durch den Multiplikationspunkt, die bestimmte Zahl, welche angibt, wie oft der Addend in der Summe vorkommt. Man schreibt also:

$$6 + 6 + 6 + 6 + 6 + 6 = 6 \cdot 6.$$
$$a + a + a + a + a + a = 6 \cdot a.$$

Ebenso ist umgekehrt:

$6 \cdot 5 = 5 + 5 + 5 + 5 + 5 + 5$ und entsprechend:
$5 \cdot x = x + x + x + x + x$.

Es ist demnach die Multiplikation die abgekürzte Schreibweise für die Addition **gleicher** Addenden.

Multiplikand und Multiplikator nennt man Faktoren, wenn mehr als 2 Größen miteinander multipliziert werden sollen. So sind in den Produkten:

$$3 \cdot 7 \cdot 5 \cdot 16 \cdot 120 \quad \text{und} \quad a \cdot c \cdot n \cdot m \cdot z$$

die durch die Multiplikationspunkte getrennten Größen „Faktoren".

27. Der Multiplikationspunkt. Das Multiplikationszeichen, der einfache Punkt, wird im allgemeinen zwischen unbestimmten Zahlen, also zwischen Buchstaben oder Buchstabenverbindungen, weggelassen; man schreibt

statt: $a \cdot b$, kurz: ab und
„ $(a + b) \cdot c$, „ $(a + b)c$.

Dagegen muß der Punkt stets zwischen bestimmten Zahlen stehen, um Verwechselungen zu vermeiden; es muß also geschrieben werden:

$6 \cdot 7$ und nicht nur 6 7!

Sind bestimmte Zahlen und Buchstaben miteinander zu multiplizieren, so pflegt man den Multiplikationspunkt ebenfalls fortzulassen. So schreibt man:

statt $9 \cdot x$ kurz $9x$; statt $12 \cdot a \cdot b \cdot c$ kurz $12abc$.

Erscheinen die Faktoren nur als Buchstabengrößen, so stelle man sie stets alphabetisch geordnet nebeneinander.

28. Reihenfolge der Faktoren. Die Reihenfolge, in welcher Zahlen miteinander multipliziert werden, ist ganz willkürlich:

$$6 \cdot 3 = 3 \cdot 6 = 18; \quad \mathbf{a \cdot b = b \cdot a}.$$

Sind, wie vorstehend, nur zwei Faktoren vorhanden, so ist ein falsches Ergebnis, außer bei einem Multiplikationsfehler, nicht gut möglich. Bei mehr als zwei Faktoren ist jedoch auf folgendes zu achten: Sind z. B. die Zahlen 2, 3 und 5 miteinander zu multiplizieren, so ist zunächst die 2 mit der 3, und die hierbei erhaltene Zahl 6 alsdann mit der 5 zu multiplizieren, d. h.

$$2 \cdot 3 \cdot 5 = 6 \cdot 5 = 30.$$

Ein bei Anfängern immer wiederkehrender Fehler ist der, daß erst die 2 mit der 5, alsdann noch die 3 mit der 5 multipliziert wird und schließlich beide Ergebnisse addiert werden. Die Rechnung stellt sich mit diesem Fehler wie folgt:

$$2 \cdot 3 \cdot 5 = 2 \cdot 5 + 3 \cdot 5 = 10 + 15 = 25.$$

Das ist natürlich grundfalsch!

Nur die fortlaufende Multiplikation eines Faktors mit dem folgenden, anderen liefert ein richtiges Ergebnis:

$$2 \cdot 5 \cdot 7 \cdot 9 = 10 \cdot 7 \cdot 9 = 70 \cdot 9 = 630.$$

Diese Rechnung läßt sich aber, da nach vorstehendem die Reihenfolge der Faktoren willkürlich ist, auch noch folgendermaßen ausführen:

$$\begin{aligned} 2 \cdot 5 \cdot 7 \cdot 9 &= 2 \cdot 9 \cdot 7 \cdot 5 = 18 \cdot 7 \cdot 5 = 126 \cdot 5 = 630; \\ &= 5 \cdot 7 \cdot 9 \cdot 2 = 35 \cdot 9 \cdot 2 = 315 \cdot 2 = 630; \\ &= 5 \cdot 9 \cdot 2 \cdot 7 = 45 \cdot 2 \cdot 7 = 90 \cdot 7 = 630; \\ &= 7 \cdot 2 \cdot 5 \cdot 9 = 14 \cdot 5 \cdot 9 = 70 \cdot 9 = 630 \text{ usw.} \end{aligned}$$

In Buchstaben erhält man entsprechend:

$$\begin{aligned} a \cdot b \cdot c \cdot d &= a\,b\,c\,d = b\,a\,c\,d = c\,a\,b\,d = d\,a\,b\,c = \\ &= a\,c\,d\,b = b\,d\,c\,a = c\,d\,b\,a = d\,c\,b\,a \text{ usw.} \end{aligned}$$

29. Multiplikation einfacher Größen. Sind die Faktoren einfache Größen, so multipliziere man zunächst ihre Koeffizienten und füge dem erhaltenen Produkte die vorhandenen Buchstaben, **ohne einen einzigen wegzulassen,** alphabetisch geordnet, hinzu.

Beispiele:

6x multipliziert mit 3y gibt $6x \cdot 3y = 6 \cdot 3 \cdot x \cdot y = 18xy$.
9ab „ „ 3ac „ $9ab \cdot 3ac = 9 \cdot 3 \cdot ab \cdot ac = 27aabc$.

$17mn \cdot 5x = 85mnx$; $3af \cdot 5xz \cdot 2abg = 30aabfgxz$.
$2abc \cdot 3ac \cdot 4bc \cdot 5ac = 120aaabbcccc$.

Es ist hier bezüglich der Behandlung der Buchstaben sehr wohl auf den Unterschied zwischen Addition und Multiplikation zu achten. Während bei der Addition jeder Buchstabe im Ergebnis der Rechnung nur einmal erscheint, ist bei der Multiplikation jeder Buckstabe so oft zu wiederholen, wie er in den Faktoren der Aufgabe vorkommt.

30. Begriff der Potenz. Die letzten drei Beispiele in Ziffer 29) zeigen, daß sich in den Produkten ein und dieselbe Zahl mehrere Male als Faktor befindet, also mehrere Male mit sich selbst multipliziert werden soll.

So erscheint z. B. in dem Produkte aaabbcccc die Zahl a dreimal, die Zahl b zweimal und die Zahl c viermal als Faktor.

Der Kürze und besseren Übersicht wegen bringt man die wiederholte Multiplikation einer Zahl mit sich selbst dadurch zum Ausdruck, daß man die Zahl nur einmal schreibt und sie rechts oben mit einer anderen, gewöhnlich etwas kleiner geschriebenen Zahl versieht, welche angibt, wie oft die erste Zahl mit sich selbst zu multiplizieren, also als Faktor zu setzen ist.

Soll demnach a fünfmal als Faktor gesetzt werden, so schreibt man

nicht: $a \cdot a \cdot a \cdot a \cdot a$, sondern kurz: a^5.

Man nennt diese Schreibart eine Potenz. Ferner schreibt man

für: $5 \cdot 5 \cdot 5$ die Potenz: 5^3,
„ $3 \cdot 3 \cdot 3 \cdot n \cdot n$ „ „ $3^3 \cdot n^2$ und
„ $a \cdot a \cdot x \cdot x \cdot x$ „ „ $a^2 \cdot x^3$ usw.

Jede Potenz ist demnach die abgekürzte Schreibweise für ein Produkt, welches aus nur **gleichen** Faktoren besteht.*)

Umgekehrt bedeutet natürlich:

a^4 soviel wie $a \cdot a \cdot a \cdot a$.
xy^2z^3 „ „ $xyyzzz$.
$(a + b)^2$ „ „ $(a + b) \cdot (a + b)$.
$(x - y)^3$ „ „ $(x - y) \cdot (x - y) \cdot (x - y)$.

Die zweite Potenz einer Zahl nennt man deren Quadrat; die dritte Potenz heißt Kubus.

31. Einfluß der Vorzeichen. Während beim bürgerlichen Rechnen die Vorzeichen der zu multiplizierenden Zahlen unberücksichtigt bleiben, ist deren Einfluß auf das Ergebnis der Multiplikation algebraischer Zahlen ganz besonders zu beachten.

Geht man von der Multiplikation der beiden Zahlen 3 und 5 aus, so sind mit Rücksicht auf die Vorzeichen vier Fälle möglich:

1) $(+3) \cdot (+5) = ?$
2) $(+3) \cdot (-5) = ?$
3) $(-3) \cdot (+5) = ?$
4) $(-3) \cdot (-5) = ?$

1) Die Aufgabe: $(+3) \cdot (+5)$ kann nach der Erklärung in Ziffer 26, Seite 18), nach welcher die Multiplikation auf die Addition gleicher Addenten zurückzuführen ist, dahin aufgefaßt werden, daß der Faktor $(+5)$ dreimal positiv, also dreimal als Addend genommen werden soll. Das ergibt:

$$(+3) \cdot (+5) = +(+5) + (+5) + (+5).$$

Löst man auf der rechten Seite dieser Gleichung die Klammern auf, so erhält man:**)

*) Wie aus dem Addieren das Multiplizieren folgt, wenn die Addenden genau gleich sind, S. 18, Ziffer 26), so folgt hier bei genau gleichen Faktoren aus dem Multiplizieren das Potenzieren.

**) Vgl. S. 11, Ziffer 18a.

$$(+3)\cdot(+5) = +5+5+5, \text{ d. i.:}$$
$$(+3)\cdot(+5) = +15.$$

2) Die Aufgabe: $(+3)\cdot(-5)$ **kann dahin aufgefaßt werden,** daß der Faktor (-5) dreimal positiv, also dreimal als Addend genommen werden soll. Mithin:

$$(+3)\cdot(-5) = +(-5)+(-5)+(-5).$$

Löst man rechtseitig die Klammern auf, so ergibt sich:

$$(+3)\cdot(-5) = -5-5-5, \text{ d. i.:}$$
$$(+3)\cdot(-5) = -15.$$

3) Dem Vorstehenden entsprechend ist die Aufgabe: $(-3)\cdot(+5)$ **dahin aufzufassen,** daß der Faktor $(+5)$ dreimal negativ, also dreimal als Subtrahend genommen werden soll. Das ergibt:

$$(-3)\cdot(+5) = -(+5)-(+5)-(+5).$$

Auf der rechten Seite die Klammern aufgelöst:

$$(-3)\cdot(+5) = -5-5-5, \text{ d. i.:}$$
$$(-3)\cdot(+5) = -15.$$

4) Im gleichen Sinne ist in der Aufgabe $(-3)\cdot(-5)$ der Faktor (-5) dreimal negativ, also dreimal als Subtrahend zu nehmen. Das ergibt:

$$(-3)\cdot(-5) = -(-5)-(-5)-(-5).$$

Nach dem Auflösen der Klammern auf der rechten Seite der Gleichung erhält man:

$$(-3)\cdot(-5) = +5+5+5, \text{ d. i.:}$$
$$(-3)\cdot(-5) = +15.$$

Auf das Buchstabenrechnen angewandt, ergibt sich sinngemäß:

$$(+a)\cdot(+b) = +ab.$$
$$(+a)\cdot(-b) = -ab.$$
$$(-a)\cdot(+b) = -ab.$$
$$(-a)\cdot(-b) = +ab.$$

In übersichtlicher Zusammenstellung und nur auf die Vorzeichen bezogen erhält man alsdann:

$+\cdot+=+$; in Worten: plus mal plus gibt plus,
$+\cdot-=-$; „ „ plus „ minus „ minus,
$-\cdot+=-$; „ „ minus „ plus „ minus,
$-\cdot-=+$; „ „ minus „ minus „ plus.

Hieraus lassen sich folgende Regeln ableiten:

a) Das Produkt **zweier** Faktoren mit **gleichen** Vorzeichen ist **positiv.**

b) Das Produkt zweier Faktoren mit **ungleichen** Vorzeichen ist **negativ**.

Auf eine größere Anzahl von Faktoren angewandt, erfahren diese Regeln die nachstehende Erweiterung:

c) Das Produkt **beliebig vieler positiver** Faktoren ist **positiv**.

d) Das Produkt einer **geraden** Anzahl negativer Faktoren ist **positiv**.

$(-5)\cdot(-5)\cdot(-5)\cdot(-5) = +625.$
$(-x)\cdot(-x)\cdot(-x)\cdot(-x)\cdot(-x)\cdot(-x) = +x\cdot x\cdot x\cdot x\cdot x\cdot x$
$= +x^6.$

e) Das Produkt einer **ungeraden** Anzahl negativer Faktoren ist **negativ**.

$(-6)\cdot(-6)\cdot(-6) = -216.$
$(-a)\cdot(-a)\cdot(-a)\cdot(-a)\cdot(-a) = -a\cdot a\cdot a\cdot a\cdot a = -a^5.$

Beispiele:

$(+30)\cdot(+7) = +210;\ (+25)\cdot(-6) = -150.$
$(-0{,}8)\cdot(+15) = -12;\ (-15)\cdot(-12) = +180.$
$(+a)\cdot(+b) = +ab;\ (-6x)\cdot(-8y) = +48xy.$
$(+3ab)\cdot(+9ab) = +27aabb = +27a^2b^2.$
$(-ab)\cdot(-ac) = +aabc = +a^2bc.$
$(-5a)\cdot 20bc = -100abc;\ 7a\cdot(-10mn) = -70amn.$
$(-xy)(-xy)(-xy)(-xy) = +xxxxyyyy = +x^4y^4.$
$(-a)(-a)(-a) = -aaa = -a^3.$
$(-nx)(-ay)(-nxy)(-ay)(-anx) = -a^3n^3x^3y^3.$
$(-a)(+b)(-c)(+d)(-e)(-f) = +abcdef.$
$(-x)(+b)(-y)(+n)(-z) = -bnxyz.$

32. Der Faktor Null. Multipliziert man eine Zahl oder einen Zahlenausdruck mit Null, so ist auch das Produkt = **Null.**

Beispiele:

$$5\cdot 0 = 0;\ a\cdot 0 = 0;\ 6abx\cdot 0 = 0.$$
$$(a+b)\cdot 0 = 0;\ \frac{5}{7}\cdot 0 = 0;\ \frac{m}{n}\cdot 0 = 0;\ 0\cdot 0 = 0.$$

Der Wert eines Produktes, in dem **ein** Faktor = Null ist, ist ebenfalls = **Null.**

$$3\cdot 9125\cdot n\cdot(a+b)\cdot 0\cdot\frac{2}{3} = \mathbf{0}!$$

Ist ein Produkt = Null, so kann jeder der Faktoren, aus welchen das Produkt entstanden ist, = Null sein.

33. Multiplikation einer Summe mit einer Zahl. Ist ein Faktor ein mehrgliedriger Zahlenausdruck — Summe, Differenz — der andere aber eine einfache Zahl, so muß ersterer stets in Klammern gesetzt werden.

Soll die Summe $x + y - z$ mit a multipliziert werden, so ist zu schreiben:

$$a \cdot (x + y - z), \text{ oder } (x + y - z) \cdot a.$$

Entsprechend schreibt man:

$$x \cdot (9a + 11b + 3c); \quad (4xy + 3xz - 7) \cdot 6ab.$$

$$0{,}5 \cdot (2m - 3pq + s); \quad (a + 2b - 3x) \cdot \frac{5}{8}.$$

Der einfache Zahlenfaktor kann demnach sowohl vor als auch hinter der Summe stehen.

a) Multiplikation mit einer positiven Zahl.

Soll die Summe $(a + b + c)$ mit der Zahl $(+ d)$ multipliziert werden, so multipliziert man zunächst die einzelnen Glieder mit dieser Zahl und addiert die so erhaltenen Produkte:

$$(a + b + c) \cdot (+ d) = (+ a) \cdot (+ d) + (+ b) \cdot (+ d) + (+ c) \cdot (+ d).$$

Nach dem über den Einfluß der Vorzeichen in Ziffer 31, S. 21) Gesagten erhält man alsdann:

$$(a + b + c) \cdot (+ d) = + a \cdot d + (+ b \cdot d) + (+ c \cdot d).$$

Löst man rechtseitig die Klammern auf, so folgt:

$$\mathbf{(a + b + c) \cdot d = ad + bd + cd.}$$ *)

Hieraus ergibt sich als Regel:

Eine Summe wird mit einer positiven Zahl multipliziert, indem man die einzelnen Glieder der Summe, unter Beibehaltung ihrer Vorzeichen, mit dieser Zahl multipliziert und die so erhaltenen Produkte addiert**).

Beispiele:

1) $(a - b - c) \cdot d = (+ a) \cdot (+ d) + (- b) \cdot (+ d) + (- c) \cdot (+ d),$
$= + a \cdot d + (- b \cdot d) + (- c \cdot d)$, d. i.:
$= ad - bd - cd.$

2) $(5a + 3b - 3c) \cdot 4d = 5a \cdot 4d + 3b \cdot 4d - 3c \cdot 4d$, d. i.:
$= 20ad + 12bd - 12cd.$

---

*) Vgl. S. 19, Ziffer 27.

**) Da die bei diesen Multiplikationen erhaltenen Produkte häufig ungleichartige Größen sein werden, so beachte man das über Addition und Subtraktion derselben in Ziffer 16 und 23) Gesagte.

Vorhandene gleichartige Größen werden stets zusammengefaßt.

Den Multiplikationspunkt zwischen Klammern läßt man im allgemeinen weg.

Ist die Summe, wie im letzten Beispiel, eine algebraische Summe*), und besitzen Multiplikand und Multiplikator Koeffizienten, so ist bei der Multiplikation folgende Reihenfolge einzuhalten:

Erst berücksichtigt man das Ergebnis der zu multiplizierenden Vorzeichen, dann multipliziert man die Koeffizienten und zuletzt die Buchstaben bzw. Buchstabenverbindungen.

3) $8x \cdot (3ab - 4bc + 5cd) = 24abx - 32bcx + 40cdx.$

4) $2ab + 3n \cdot (7x - 4y - 5z) = ?$

Bei diesem Beispiel ist zunächst die Summe $(7x - 4y - 5z)$ mit $3n$ zu multiplizieren und alsdann das Ergebnis zu $2ab$ zu addieren:

$$2ab + 3n \cdot (7x - 4y + 5z) = 2ab + (21nx - 12ny + 15nz).$$
$$= 2ab + 21nx - 12ny + 15nz.$$

5) $15x + 5(2x - 7y + z) = 15x + 10x - 35y + 5z.$

Faßt man auf der rechten Seite gleichartige Größen zusammen, so folgt:

$$15x + 5(2x - 7y + z) = 25x - 35y + 5z.$$

6) $2nx - 2ny + n(3x - 5y + 7z) =$
$$= 2nx - 2ny + 3nx - 5ny + 7nz.$$
$$= 5nx - 7ny + 7nz.$$

7) $2xy - yz + n(b - c + x) = 2xy - yz + bn - cn + nx.$
$$= bn + cn + nx + 2xy - yz.$$

b) Multiplikation mit einer **negativen** Zahl.

Ist die Summe $(a + b + c)$ mit der Zahl $(-d)$ zu multiplizieren, so erhält man entsprechend dem unter a) Gesagten:

$$(a+b+c) \cdot (-d) = (+a) \cdot (-d) + (+b) \cdot (-d) + (+c) \cdot (-d),$$
$$= -a \cdot d + (-b \cdot d) + (-c \cdot d), \text{ d. i.:}$$
$$(a + b + c) \cdot (-d) = -ad - bd - cd.$$

Hieraus ergibt sich als Regel:

Eine Summe wird mit einer negativen Zahl multipliziert, indem man die einzelnen Glieder der Summe, unter Umkehrung ihrer Vorzeichen, mit dieser Zahl multipliziert und die so erhaltenen Produkte addiert.**)

*) Vgl. S. 9, Ziffer 15.

**) Umkehren der Vorzeichen heißt, dieselben in die entgegengesetzten verwandeln. Vgl. S. 7, Ziffer 11.

Beispiele:

1) $(a - b - c) \cdot (- d) = (+ a) \cdot (- d) + (- b) \cdot (- d) + (- c) \cdot (- d).$
$= - a \cdot d + (+ b \cdot d) + (+ c \cdot d).$
$= - ad + bd + cd.$

2). $(5a + 3b - 3c) \cdot (- 4d) = - 5a \cdot 4d - 3b \cdot 4d + 3c \cdot 4d.$
$= - 20ad - 12bd + 12cd.$

3) $-8x\ (3ab - 4bc + 5cd) = - 24abx + 32bcx - 40cdx.$

4) $15x - 5(2x - 7y + z) = 15x - 10x + 35y - 5z.$
$= 5x + 35y - 5z.$

5) $30a - 4 \cdot (2a + 8b) + 5 \cdot (3a - 12b) = ?$

Das zweite und dritte Glied dieser Aufgabe bedingen die Multiplikation einer Summe mit einer Zahl. Dieselbe ist nach den Regeln unter a) und b) auszuführen:

$30a - 4 \cdot (2a + 8b) + 5 \cdot (3a - 12b) =$
$30a - 8a - 32b + 15a - 60b = 37a - 92b.$

6) $12x - 3 \cdot [- 5y + 4 \cdot (2x - 9y) + 16x] - 28y = ?$

Zunächst ist die Bogenklammer auszumultiplizieren:

$12x - 3 \cdot [- 5y + 8x - 36y + 16x] - 28y.$

Nun ist die Strichklammer auszumultiplizieren:

$12x + 15y - 24x + 108y - 48x - 28y = - 60x + 95y.$

7) $3ab - 5a[b - 4b(2a + c) - bc] - [2ab + 4a(2b - c) - 8ac] =$
$3ab - 5a[b - 8ab - 4bc - bc] - [2ab + 8ab - 4ac - 8ac] =$
$3ab - 5ab + 40a^2b + 20abc + 5abc - 2ab - 8ab + 4ac + 8ac =$
$40a^2b - 12ab + 25abc + 12ac.$

34. **Multiplikation zweier Summen.** Eine Summe wird mit einer anderen Summe multipliziert, indem man, unter Berücksichtigung der Vorzeichen, jedes Glied der einen Summe mit jedem Gliede der anderen Summe multipliziert und die so erhaltenen Produkte addiert.

In diesem Falle sind beide Summen in Klammern zu setzen.

Soll eine Summe $(a + b + c)$ mit einer anderen Summe $(d + e)$ multipliziert werden, so multipliziert man zunächst $(a + b + c)$ mit $(+ d)$ und weiter $(a + b + c)$ mit $(+ e)$.

Die Ergebnisse dieser beiden Multiplikationen sind alsdann zu addieren. Damit wird:

$(a + b + c) \cdot (+ d) = ad + bd + cd$ und ebenso:
$(a + b + c) \cdot (+ e) = ae + be + ce.$

Addiert man die rechten Seiten der letzten beiden Gleichungen, so erhält man:

$(a + b + c) \cdot (d + e) = ad + bd + cd + (ae + be + ce)$, d. i.:
$= ad + bd + cd + ae + be + ce.$

Beispiele:

1) $(a + b + c) \cdot (d - e) = ?$

Hier multipliziert man zunächst $(a + b + c)$ mit $(+ d)$ und alsdann $(a + b + c)$ mit $(- e)$; das Ergebnis der zweiten Multiplikation ist von demjenigen der ersten abzuziehen. Mithin:

$(a + b + c) \cdot (d - e) = ad + bd + cd - (ae + be + ce)$, d. i.:
$= ad + bd + cd - ae - be - ce.$

2) $(a - b - c) \cdot (d - e) = ad - bd - cd - (ae - be - ce)$, d. i.:
$= ad - bd - cd - ae + be + ce.$

3) $(2x - 3y + 5z) \cdot (4a - 2b) =$
$= 8ax - 12ay + 20az - 4bx + 6by - 10bz.$

4) $(6ab - 8bc) \cdot (2xy - 3yz) =$
$= 12abxy - 16bcxy - 18abyz + 24bcyz.$

5) $(2x - 4y + 6z) \cdot (7x - 2y) =$
$= 14x^2 - 28xy + 42xz - 4xy + 8y^2 - 12yz.$
$= 14x^2 - 32xy + 42xz - 12yz + 8y^2.$

6) $(3a + 5b - 2c)(- 3x + 4yz + 1) = - 9ax - 15bx +$
$+ 6cx + 12ayz + 20byz - 8cyz + 3a + 5b - 2c.$

7) $(7a - 2b - 9)(3a - 11b) =$
$= 21a^2 - 6ab - 27a - 77ab + 22b^2 + 99b.$
$= 21a^2 - 83ab - 27a + 22b^2 + 99b.$

8) $(a + b + c)(a + b - c) =$
$= a^2 + ab + ac + ab + b^2 + bc - ac - bc - c^2.$
$= a^2 + 2ab + b^2 - c^2.$

9) $(a + b)(x - y) - (a - b)(x + y) = ?$

Diese Aufgabe ist gewissermaßen in zwei Teile zu zerlegen. Zunächst ist das Produkt $(a + b)(x - y)$ zu bestimmen; von diesem ist alsdann das Produkt $(a - b)(x + y)$ zu subtrahieren. Letzteres ist daher in Klammern zu setzen!

$(a + b)(x - y) - (a - b)(x + y) =$
$= ax + bx - ay - by - (ax - bx + ay - by).$
Klammer aufgelöst:
$= ax + bx - ay - by - ax + bx - ay + by.$
Gleichartige Größen zusammengefaßt:
$= - 2ay + 2bx.$

10) $(2a + b) \cdot (a - 3b) \cdot (4a - 5b) = ?$

Hier sind drei Summen miteinander zu multiplizieren. Man multipliziert zunächst die beiden ersten Summen und das sich hierbei ergebende Produkt alsdann mit der dritten Summe.

$$(2a + b) \cdot (a - 3b) = 2a^2 + ab - 6ab - 3b^2 =$$
$$= 2a^2 - 5ab - 3b^2.$$

Das Produkt $2a^2 - 5ab - 3b^2$ nunmehr mit der dritten Summe $(4a - 5b)$ multipliziert, ergibt:

$$(2a^2 - 5ab - 3b^2) \cdot (4a - 5b) =$$
$$= 8a^3 - 20a^2b - 12ab^2 - 10a^2b + 25ab^2 + 15b^3.$$
$$= 8a^3 - 30a^2b + 13ab^2 + 15b^3.$$

Aufgaben:

1. $7(a + b - c)$; $12(3x + 4y - 5z + 8n)$; $a(x - y)$.
2. $5x(3a + 8b - 6c)$; $16abx(13mn - 20pq + 9gh)$.
3. $(20a + 2b - 3g)(-31xyz)$; $(16m + 3z - 4adg)(-4dgh)$.
4. $5x - 7(y + z)$; $12a - 6(a - 2b + 3c + x)$.
5. $5a + 3b - 7(2a - b) - 9(5b - 4a)$.
6. $3a(4a + 5b) - 6b(7a - 9b)$; $-3a.(4a - 5b) + 6b(-7a + 9b)$.
7. $(x - y)(c + d)$; $(9a - 3b)(5n + 7m)$.
8. $(a + b)(c + d)$; $(a + b)(c - d)$.
9. $(a - b)(c + d)$; $(a - b)(c - d)$.
10. $(2a + 3b)(4a - 5b)$; $(9x - 7y)(2y - 3x)$.
11. $(x + y - z)(x - y + z)$; $(x + y - z)(x - y - z)$.
12. $(x - y - z)(y - x - z)$; $(x - y - z)(y - x + z)$.
13. $(4ab + 9ac + 12bc)(2ab + 3ac - 6bc)$.
14. $(9ac - 2ad + 5bc - bd)(9ac + 2ad - 5bc + bd)$.
15. $(2a + 7b)(9a - 5b) - (6a - 4b)(2a + 11b)$.
16. $(4a - 3b)(5a + 6b) - (2a + 3b)(6a - 4b) - (a - b)(2a - b)$.
17. $(3a - 4b)(6a + 5b) - (a - 3b)(5a + 6b) - (2a - b)(a - b)$.
18. $(4x - 2y)(3x - 6z)(7x + 8)$; $(x + 1)(x + 2)(x + 3)$.
19. $[(a + b) + (x + y)] . [(a + b) - (x + y)]$.
20. $(3{,}2a - 4{,}3b)(5{,}4a - 2{,}4b)$; $(-61{,}2x + 13{,}3y)(-8{,}3c + 9{,}12d)$.
21. $(0{,}4m - 3{,}5n + 4{,}7u - 5{,}5t)(1{,}3m + 2{,}4n - 3{,}2u + 5{,}3t)$.
22. $(a + b - c)(a + b) + (b - a + c)(b + c) + (a - b + c)(a + c)$.
23. $(x - y + 1)(x - 1) - (y - x + 1)(y - 1) - (x + y - 1)(x - y)$.

35. Besondere Fälle bei der Multiplikation gleicher Summen. Multipliziert man die Summe $(a + b)$ mit sich selbst, bildet man also das Produkt: $(a + b) \cdot (a + b)$, so erhält man

$$(a + b)(a + b) = a^2 + ab + ab + b^2, \text{ d. i.:}$$
$$= a^2 + 2ab + b^2.$$

Nach Ziffer 30, S. 21) ist aber $(a + b)(a + b) = (a + b)^2$. Setzt man diesen Wert an die Stelle der linken Seite der vorletzten Gleichung, so erhält man:

$$(a + b)^2 = a^2 + 2ab + b^2.$$

Führt man dieselbe Rechnung für die Differenz $(a - b)$ durch, so ergibt sich:

$$(a - b)^2 = a^2 - 2ab + b^2.$$

Setzt man die Summe $(a + b)$ dreimal als Faktor, so folgt:

$$(a + b) \cdot (a + b) \cdot (a + b) = (a^2 + 2ab + b^2) \cdot (a + b), \text{ d. i.:}$$
$$(a + b)^3 = a^3 + 3a^2b + 3ab^2 + b^3.$$

Auf diese Weise entstehen eine Reihe von Formeln, welche bei weiteren Rechnungsarten vielfach Verwendung finden. Dieselben sollen in übersichtlicher Zusammenstellung hier angeführt werden:

1) $(a + b)^2 = a^2 + 2ab + b^2.$
2) $(a - b)^2 = a^2 - 2ab + b^2.$
3) $(a + b)^3 = a^3 + 3a^2b + 3ab^2 + b^3.$
4) $(a - b)^3 = a^3 - 3a^2b + 3ab^2 - b^3.$
5) $(a + b)^4 = a^4 + 4a^3b + 6a^2b^2 + 4ab^3 + b^4.$
6) $(a + b)^5 = a^5 + 5a^4b + 10a^3b^2 + 10a^2b^3 + 5ab^4 + b^5.$
7) $a^2 - b^2 = (a + b)(a - b).$
8) $a^3 + b^3 = (a + b)(a^2 - ab + b^2).$
9) $a^3 - b^3 = (a - b)(a^2 + ab + b^2).$
10) $a^4 - b^4 = (a + b)(a^3 - a^2b + ab^2 - b^3).$
11) $a^3 - a^2b + ab^2 - b^3 = (a^2 + b^2)(a - b).$

Die unter 1) und 3) angegebenen Formeln sind gut einzuprägen, da sie für das Ausziehen der Quadrat- und Kubikwurzel von besonderer Bedeutung sind. Auch wird es sich für den Leser empfehlen, sämtliche Formeln auf ihre Richtigkeit nachzuprüfen.

Aufgaben:

1. $(x + y)^2$; $(m - n)^2$; $(x - y)^2$; $(p + q)^2$.
2. $(a + 1)^2$; $(1 - x)^2$; $(-a - b)^2$; $(2a + 5b)^2$.
3. $(7a - 9b)^2$; $(-24a - 7n)^2$; $(m + n)(m - n)$.
4. $(x + 1)(x - 1) - (1 + x)(1 - x)$; $(5x + 3y)^2 + (2x - 4y)^2$.
5. $(2x + 3y)(2x - 3y)$; $(3a + 8b)^2 + (4a + 6b)^2 - (5a - 10b)^2$.
6. $(x + y)^3$; $(m - n)^3$; $(p + 1)^3$; $(2x - 3y)^3$; $(4ab + 2bc)^3$.
7. $(3{,}2a - 4{,}3b)^2$; $(0{,}5x - 7{,}2y)^2$; $(7{,}4a + 3{,}2b)^3$.
8. $(a + b)^3 + (a - b)^3$; $(x + 1)^3 + (x - 1)^3$.

V. Division.

36. Quotient. Die Division algebraischer Zahlen läßt sich darstellen durch die Gleichung:

$$\frac{18}{6} = 3,$$

in Buchstaben:

$$\frac{a}{n} = z.$$

Die Zahl 18 oder a, welche durch eine andere zu dividieren ist, heißt Dividend, die Zahl 6 oder n, durch welche dividierd werden soll, heißt Divisor, und die Zahl 3 oder z heißt Quotient.

Eine durch Zahlen oder Buchstaben nur angedeutete, aber nicht ausgeführte Division, z. B.

$$\frac{3}{8};\quad \frac{0,7}{1,2};\quad \frac{m}{n};\quad \frac{xy}{ab};\quad \frac{5abc}{18pqr};\quad \frac{a-b}{x+y}\,{}^{*)},$$

nennt man ebenfalls einen Quotienten.

37. Probe auf Richtigkeit. Jede Division ist richtig ausgeführt, wenn Quotient und Divisor miteinander multipliziert den Dividenden als Produkt ergeben.**)

Beispiele:

Ist $\frac{12}{3} = 4$, so muß auch $4 \cdot 3 = 12$ sein.

„ $\frac{a}{b} = c$, „ „ „ $b \cdot c = a$ „

„ $\frac{12xyz}{4xy} = 3z$, so muß auch $3z \cdot 4xy = 12xyz$ sein.

38. Besondere Fälle. Dividiert man eine Zahl durch sich selbst, so erhält man als Quotienten stets den Wert 1.

Beispiele:

$$\frac{5}{5} = 1;\quad \frac{a}{a} = 1;\quad \frac{a+b}{a+b} = 1;\quad \frac{3xy}{3xy} = 1;\quad \frac{0}{0} = 1.$$

*) Aus der Schreibweise des Quotienten geht hervor, daß derselbe als ein „Bruch“ aufgefaßt werden kann. Der Dividend wird beim Bruch zum „Zähler“, der Divisor zum „Nenner“.

**) Kurz: Quotient mal Divisor = Dividend!

Dividiert man eine Zahl durch 1, so erhält man als Quotienten stets die Zahl selbst.

Beispiele:

$$\frac{5}{1} = 5; \quad \frac{a}{1} = a; \quad \frac{a+b}{1} = a+b; \quad \frac{3xy}{1} = 3xy; \quad \frac{0}{1} = 0.$$

Demnach kann man jede ganze Zahl als einen Bruch auffassen, welcher den Nenner **1** besitzt.

Beispiele:

$$3 = \frac{3}{1}; \quad x = \frac{x}{1}; \quad x - y = \frac{x-y}{1}; \quad 5abc = \frac{5abc}{1}.$$

39. Einfluß der Vorzeichen. Mit Rücksicht auf die Vorzeichen sind bei der Division, ähnlich wie bei der Multiplikation, vier Fälle möglich:

$$1)\ \frac{+15}{+3} = ?$$

$$2)\ \frac{+15}{-3} = ?$$

$$3)\ \frac{-15}{+3} = ?$$

$$4)\ \frac{-15}{-3} = ?$$

1) Sieht man zunächst von den Vorzeichen ab, so ist: $\frac{15}{3} = 5$. Da hier sämtliche Zahlen ohne Vorzeichen erscheinen, so müssen sie nach Ziffer 10, S. 6) positiv sein. Damit ergibt sich:

$$\frac{+15}{+3} = +5.$$

Die Richtigkeit läßt sich ohne weiteres nach Ziffer 37, S. 30) beweisen, nach welcher „Quotient mal Divisor gleich dem Dividenden" sein muß. Führt man diese Probe aus, so folgt:

$$(+5) \cdot (+3) = +15.$$

Es ist also: $$\frac{+15}{+3} = \mathbf{+5}.$$

Auf gleiche Weise läßt sich die Richtigkeit der Fälle 2 bis 4) nachprüfen:

2) $\frac{+15}{-3} = \mathbf{-5}$, denn: $(-5) \cdot (-3) = +15$.

3) $\frac{-15}{+3} = -5$, denn: $(-5) \cdot (+3) = -15$.

4) $\frac{-15}{-3} = +5$, „ $(+5) \cdot (-3) = -15$.

Auf das Buchstabenrechnen angewandt, ergibt sich sinngemäß:

$$\frac{+ab}{+a} = +b, \text{ denn: } (+b) \cdot (+a) = +ab.$$

$$\frac{+ab}{-a} = -b, \quad „ \quad (-b) \cdot (-a) = +ab.$$

$$\frac{-ab}{+a} = -b, \quad „ \quad (-b) \cdot (+a) = -ab.$$

$$\frac{-ab}{-a} = +b, \quad „ \quad (+b) \cdot (-a) = -ab.$$

In übersichtlicher Zusammenstellung und nur auf die Vorzeichen bezogen erhält man alsdann:

$+ : + = +$; in Worten: plus durch plus gibt plus.
$+ : - = -$; „ „ plus „ minus „ minus.
$- : + = -$; „ „ minus „ plus „ minus.
$- : - = +$; „ „ minus „ minus „ plus.

Hieraus ergibt sich als Regel:

a) Der Quotient zweier Größen mit **gleichen** Vorzeichen ist **positiv**.

b) Der Quotient zweier Größen mit **ungleichen** Vorzeichen ist **negativ**.

Beispiele:

$$\frac{+60}{+15} = +4, \text{ denn: } (+4) \cdot (+15) = +60.$$

$$\frac{+36}{-6} = -6, \quad „ \quad (-6) \cdot (-6) = +36.$$

$$\frac{-69}{+23} = -3, \quad „ \quad (-3) \cdot (+23) = -69.$$

$$\frac{-120}{-12} = +10, \quad „ \quad (+10) \cdot (-12) = -120.$$

$$\frac{+18ab}{-9a} = -2b, \quad „ \quad (-2b) \cdot (-9a) = +18ab.$$

$$\frac{-52mnp}{+13mp} = -4n, \quad „ \quad (-4n) \cdot (+13mp) = -52mnp.$$

40. Division mit Buchstabenausdrücken. Mit Buchstabenausdrücken ist eine Division, ähnlich der, wie sie mit bestimmten Zahlen ausgeführt wird, nur möglich, wenn der Dividend ein Vielfaches des Divisors ist, d. h. wenn der Dividend durch den Divisor ohne Rest teilbar ist.

Ist dies nicht der Fall, so gestaltet sich die Division im allgemeinen schwierig. Man pflegt alsdann häufig die Division nur anzudeuten, indem man die in Betracht kommenden Größenbezeichnungen in Bruchform schreibt.

Soll die Division von a — b durch a + b nur angedeutet werden, so schreibt man:

$$\frac{a-b}{a+b}.$$

Bei der auf Seite 40 bis 43) gezeigten Partial-Division wird aber die Schreibweise mit dem Doppelpunkte als Divisionszeichen notwendig; man schreibt für diesen Fall:

$$(a-b):(a+b).$$

Die beiden Summen müssen alsdann in Klammern gesetzt werden. Hieraus ist ersichtlich,

daß die Anwendung des Bruchstriches als Divisionszeichen die Klammern überflüssig macht.
Es ist also auf die Vorzeichen besonders zu achten!

41. Besondere Fälle für Dividend und Divisor. Ist der Dividend gleich dem Divisor, so heben sich die in denselben enthaltenen Zahlenausdrücke gegenseitig; der Quotient wird hier stets = 1.

Beispiele:

$$\frac{7}{7}=1,\ \text{denn:}\ 1\cdot 7=7;\quad \frac{3\cdot 5}{3\cdot 5}=1;\quad \frac{ab}{ab}=1.$$

$$\frac{ab(x+y)}{ab(x+y)}=1;\qquad \frac{x+y+z-a}{x+y+z-a}=1.$$

Ist der Dividend ein Vielfaches des Divisors, so ist die Division ohne weiteres möglich; dieselbe geht dann ohne Rest auf. Haben hierbei Dividend und Divisor **Faktoren** gemeinsam, so heben sich diese gegenseitig.

Beispiele:

$\frac{3\cdot 7}{7}=3$, denn hier hebt sich 7 gegen 7.

$\frac{a\cdot c}{c}=a$, „ „ „ „ c „ c.

$\frac{12ab}{3ab} = 4$, denn hier hebt sich ab gegen ab.

$\frac{2mnx}{3m^2nx} = \frac{2}{3m}$; $\frac{16xy^2}{12yz} = \frac{4xy}{3z}$; $\frac{(m+n)(p-q)}{(p-q)} = m+n$.

$\frac{ab(f+g)}{2b(f+g)} = \frac{a}{2}$; $\frac{-16a}{8b} = -\frac{2a}{b}$; $\frac{8fmn}{-2fgm} = -\frac{4n}{g}$.

$\frac{-12abcde}{-8acd} = \frac{3be}{2}$; $\frac{36a^2b^2cfg}{-27abc^2ghk} = -\frac{4abf}{3chk}$.

$\frac{x(a+b)}{mx} = \frac{a+b}{m}$; $\frac{y(a+b)}{y} = a+b$; $\frac{y(a+b)}{a+b} = y$.

Sehr zu beachten ist hierbei, daß nur **Faktoren** gegenseitig gehoben (gestrichen) werden dürfen.

Niemals darf man einen Faktor gegen einen Summanden heben.

Beispiele:

Richtig: $\frac{6 \cdot a \cdot b}{7 \cdot a} = \frac{6 \cdot b}{7}$. Hier kann a gehoben werden, da es im Dividenden und im Divisor als **Faktor** erscheint.

Richtig: $\frac{21mnp}{14mnx} = \frac{3p}{2x}$. Hier kann gekürzt und gehoben werden, da im Dividenden und Divisor nur **Produkte** vorhanden sind.

Falsch: $\frac{6 \cdot a + b}{7 \cdot a} = \frac{6+b}{7}$. Hier darf a **nicht** gehoben werden, da im Zähler eine **Summe**, im Nenner aber ein **Produkt** steht.

Falsch: $\frac{6 \cdot (a+b)}{7 \cdot a} = \frac{6+b}{7}$. Hier darf a ebenfalls **nicht** gehoben werden, da es im Dividenden zum **Klammerausdrucke** $(a+b)$ und im Divisor zum **Produkte** $7 \cdot a$ gehört.

Falsch: $\frac{x+y+z}{x+y} = z$. Das ist gänzlich falsch!

Im Dividenden und im Divisor erscheinen nur **Summanden** und nicht ein einziger **Faktor!**

Falsch: $\frac{51x - 36y}{17x - 18y} = 3 - 2 = 1$! Gerade diese Art des Kürzens wird von Anfängern mit Vorliebe ausgeführt. Es soll deshalb hier besonders gewarnt sein!*)

Regel: Man darf niemals etwas aus einer Klammer oder aus einer Summe heraus kürzen, heben oder streichen!

Sind Dividend und Divisor so beschaffen, daß die Division nicht ohne Rest möglich ist, so wird der Quotient eine Zahl, welcher noch die Eigenschaft weiterer Division anhaftet. Eine solche Zahl heißt ein Bruch.

Über die beim Rechnen mit Brüchen zu beachtenden Regeln vgl. Seite 44 bis 59).

42. Division einer Summe durch eine Zahl. Ist der Dividend eine algebraische Summe, der Divisor aber eine ganze Zahl, so führt man die Division aus, indem man unter Berücksichtigung der Vorzeichen jedes Glied der Summe durch diese Zahl dividiert und die so erhaltenen Quotienten, entsprechend den bei dieser Division sich ergebenden Vorzeichen, addiert.**)

Beispiele:

$$\frac{m+n}{3} = \frac{m}{3} + \frac{n}{3}; \quad \frac{x+y}{a} = \frac{x}{a} + \frac{y}{a}.$$

$$\frac{ab+ac+ad}{a} = \frac{ab}{a} + \frac{ac}{a} + \frac{ad}{a} = b + c + d.$$

$$\frac{a+b-c+d}{f} = \frac{a}{f} + \frac{b}{f} - \frac{c}{f} + \frac{d}{f}.$$

$$\frac{-a+b+c-d}{-n} = \frac{a}{n} - \frac{b}{n} - \frac{c}{n} + \frac{d}{n}.$$

$$\frac{25axy+10ax}{5ax} = \frac{25axy}{5ax} + \frac{10ax}{5ax} = 5y + 2.$$

$$\frac{12acfg - 4afg + 5fgh}{4abfg} = \frac{12acfg}{4abfg} - \frac{4afg}{4abfg} + \frac{5fgh}{4abfg} =$$

$$= \frac{3c}{b} - \frac{1}{b} + \frac{5h}{4ab}.$$

43. Herausschreiben des gemeinschaftlichen Faktors. Vor der Besprechung der Division einer Summe durch eine andere Summe soll hier das „Herausschreiben oder Aus-

*) Über die richtige Lösung derartiger Aufgaben vgl. S. 40, Ziffer 44 A; Beispiele.

**) Erscheinen hierbei gleichartige Größen, so werden dieselben zusammengefaßt.

klammern des gemeinschaftlichen Faktors" erklärt werden.

Ebenso oft wie der Fall eintritt, eine Summe mit einer anderen Summe zu multiplizieren, kommt der umgekehrte Fall vor: **eine Summe in Faktoren zu zerlegen, also in ein Produkt zu verwandeln.**

In Ziffer 33a, S. 24) wurde eine Summe $(a + b + c)$ mit einer Zahl d multipliziert; das ergab:

$$d \cdot (a + b + c) = ad + bd + cd.$$

Vertauscht man die Seiten dieser Gleichung, so erhält man*):

$$ad + bd + cd = d \cdot (a + b + c).$$

Entsprechend würde man erhalten:

$$nx - ny + nz = n \cdot (x - y + z).$$

Hieraus läßt sich folgende Regel ableiten:

Besitzen mehrere durch Vorzeichen miteinander verbundene Produkte einen oder mehrere Faktoren gemeinschaftlich, so kann man diesen bzw. diese als sog. „gemeinschaftlichen Faktor herausschreiben" oder, wie man auch sagt: „ausklammern".

Dies geschieht, indem man den gemeinschaftlichen Faktor vor eine Klammer setzt und in diese Klammer von allen mit dem gemeinschaftlichen Faktor behafteten Gliedern das stellt, was sich nach Division derselben durch den gemeinschaftlichen Faktor ergibt.

A) Die Vorzeichen der einzelnen Glieder bleiben hierbei zunächst unverändert.

a) Gegeben: $7x + 7y$; der gemeinschaftliche Faktor soll herausgeschrieben werden. Derselbe ist $= 7$. Dividiert man $7x$ und $+ 7y$ durch 7, so erhält man x und $+ y$. Der vorstehenden Regel gemäß folgt alsdann:

$$7x + 7y = 7(x + y)^{**}).$$

b) Gegeben: $5a - 5b$. Gemeinschaftlicher Faktor $= 5$; die Division durch diesen ergibt: $a - b$. Mithin:

$$5a - 5b = 5(a - b).$$

c) Gegeben: $ab + ac$. Die Produkte ab und ac haben **a** als Faktor gemeinsam, **a** muß demnach ausgeklammert werden. Das ergibt:

$$ab + ac = a(b + c).$$

---

*) Vgl. Ziffer 33a, S. 24.

**) Die Richtigkeit der Beispiele unter a, b und c) ist sofort erwiesen, wenn man die rechten Seiten der entstandenen Gleichungen ausmultipliziert.

d) Sehr zu beachten sind hierbei diejenigen Glieder, welche einen geschriebenen Koeffizienten nicht besitzen. Diese Glieder sind stets als mit dem Koeffizienten **1** behaftet zu betrachten.*)

Soll demnach aus $9am - m$ der gemeinschaftliche Faktor m herausgeschrieben werden, so setze man zunächst:

$$9am - m = 9am - \mathbf{1} \cdot m.$$

Hieraus ergibt sich alsdann nach der vorstehenden Regel:

$$9am - 1m = m(9a - 1).$$

Beispiele:

$x + mx + nx = x(1 + m + n).$
$6a + 12ab - 54acx = 6a(1 + 2b - 9cx).$
$24bmnz - 32bny + 8bn = 8bn(3mz - 4y + 1).$

Die letzten beiden Beispiele zeigen, daß mehrere Faktoren zugleich ausgeklammert werden können.

e) Daß auch Summen als gemeinschaftliche Faktoren herausgeschrieben werden können, zeigen die folgenden

Beispiele:

$$x(a + b) - y(a + b) = ?$$

Der gemeinschaftliche Faktor ist $(a + b)$. Mithin:

$x(a + b) - y(a + b) = (a + b)(x - y).$**)
$(x + y)(3a + 5b) + (x + y)(a + 2b) =$
$(x + y) \cdot [(3a + 5b) + (a + 2b)] =$
$(x + y) \cdot [3a + 5b + a + 2b] = (x + y)(4a + 7b).$

f) Vielfach müssen die Glieder einer Summe zum Zwecke des Herausschreibens des gemeinschaftlichen Faktors in besonderer Weise zusammengefaßt bzw. angeordnet werden.

Beispiele:

$$ac + ad + bc + bd = ?$$

In dieser Summe läßt sich aus dem ersten und zweiten Gliede der Faktor a, aus dem dritten und vierten Gliede der Faktor b herausschreiben:

$$ac + ad + bc + bd = a(c + d) + b(c + d).$$

Auf der rechten Seite dieser Gleichung ist der gemeinschaftliche Faktor $(c + d)$, mithin:

$$ac + ad + bc + bd = (c + d)(a + b), \text{ oder}$$
$$= (a + b)(c + d).\text{***)}$$

*) Vgl. Ziffer 5, S. 3.
**) „ „ 34, „ 26.
***) „ „ 28, „ 19.

Dieselbe Aufgabe läßt sich noch in anderer Form lösen, wenn man das zweite Glied mit dem dritten vertauscht. Setzt man

$$ac + ad + bc + bd = ac + bc + ad + bd,$$

so erhält man, wenn man wieder das erste und zweite, sowie das dritte und vierte Glied zusammenfaßt:

$$ac + bc + ad + bd = c(a + b) + d(a + b), \text{ d. i.:}$$
$$= (a + b)(c + d).$$
$$ac - ad + bc - bd = a(c - d) + b(c - d), \text{ oder}$$
$$= (c - d)(a + b), \text{ d. i.:}$$
$$= (a + b)(c - d).$$
$$ax + 5y - 3x + by = ax - 3x + 5y + by, \text{ d. i.:}$$
$$= x(a - 3) + y(5 + b).$$
$$2ax - 3by - 2bx + 3ay = 2ax - 2bx + 3ay - 3by, \text{ oder}$$
$$= 2x(a - b) + 3y(a - b), \text{ d. i.:}$$
$$= (a - b)(2x + 3y).$$

g) Ist ein Faktor nicht allen vorhandenen Gliedern gemeinsam, so müssen diejenigen, welche den gemeinschaftlichen Faktor besitzen, zunächst vor dem Herausschreiben desselben entsprechend angeordnet werden.

Beispiele:

$$3a + nb + nc + nd = ?$$

Der gemeinsame Faktor n gehört nur zu den letzten drei Gliedern der gegebenen Summe; das erste Glied 3a muß demnach unverändert stehen bleiben. Damit ergibt sich:

$$3a + nb + nc + nd = 3a + n \cdot (b + c + d).$$
$$12m + 14ab - 21ac = 12m + 7a(2b - 3c).$$
$$6z + (a - 2b)(2x - 3y) + 5p + (a - 2b)(3x - 4y).$$

Ausdruck für das Ausklammern geordnet:

$$5p + 6z + (a - 2b)(2x - 3y) + (a - 2b)(3x - 4y).$$

Gemeinschaftlicher Faktor der letzten beiden Glieder: (a — 2b), folglich:

$$5p + 6z + (a - 2b)[(2x - 3y) + (3x - 4y)] =$$
$$5p + 6z + (a - 2b)[2x - 3y + 3x - 4y] =$$
$$5p + 6z + (a - 2b)(5x - 7y).$$

B) Die Vorzeichen der einzelnen Glieder ändern sich beim Ausklammern des gemeinschaftlichen Faktors.

Steht vor dem ersten mehrerer Produkte, aus welchen ein gemeinschaftlicher Faktor herausgeschrieben werden soll, ein Minuszeichen, so setze man nach diesem Minuszeichen zunächst eine Klammer, in die sämtliche Produkte, welche den gemeinschaftlichen Faktor enthalten, mit entgegengesetzten Vorzeichen aufzunehmen sind.

Aus dem auf diese Weise gebildeten Klammerwerte ist dann erst der gemeinschaftliche Faktor herauszuschreiben.

Beispiele:

$ac + ad - bc - bd = ac + ad - (bc + bd)$, d. i.:
$= a(c + d) - b(c + d)$, mithin:
$= (c + d)(a - b)$ oder
$= (a - b)(c + d)$.

$ac - ad - bc + bd = ac - ad - (bc - bd)$.
$= a(c - d) - b(c - d)$.
$= (a - b)(c - d)$.

$2ax - 5ay + a - 2bx + 5by - b =$
$2ax - 5ay + a - (2bx - 5by + b) =$
$a(2x - 5y + 1) - b(2x - 5y + 1) =$
$= (a - b)(2x - 5y + 1)$.

$x - yz - ya + yb = x - (yz + ya - yb) = x - y(z + a - b)$.

$5ax - 3by + 6bz = 5ax - (3by - 6bz) = 5ax - 3b(y - 2z)$.

$m - na - nb + nc = m - (na + nb - nc) = m - n(a + b - c)$.

Wie sehr sich ein Zahlenausdruck durch Faktorenzerlegung vereinfachen läßt, zeigt folgendes Beispiel:

$axy - ay^2 - x^2y + xy^2 + axz - ayz - x^2z + xyz =$
$axy - ayy - xxy + xyy + axz - ayz - xxz + xyz =$
$ay(x - y) - xy(x - y) + az(x - y) - xz(x - y) =$
$(x - y)(ay - xy + az - xz) = (x - y)[y(a - x) + z(a - x)] =$
$(x - y)[(a - x)(y + z)] = (x - y)(a - x)(y + z) =$
$(a - x)(x - y)(y + z)$.

Aufgaben:

1. $7a + 7b$; $5y - 5z$; $am + bm$; $nx - ny$; $gx - xz$.
2. $4x - 4$; $y - 5y$; $ax - x$; $mx - nx + x$.
3. $abx + aby - abz$; $x + x^2$; $a^2 - a$; $5c - 4ac + 3bc$.
4. $25xy + 30mn - 45ab$; $a(b + c) + d(b + c) = (a + d)(b + c)$.
5. $a(x - y) - b(x - y)$; $(x + y)(a + 2b) + (x + y)(3a + 5b)$.
6. $7a + 18xy + 27xz = 7a + 9x(2y + 3z)$; $12m - 14ab + 21ac$.
7. $ax - bx + cx - dx$; $am - ap + ax - ay + az$.
8. $am + bm + cm + an + bn + cn$; $24ap - 36aq - 35rx - 42ry$.
9. $ac + ad + bc + bd = a(c + d) + b(c + d) = (a + b)(c + d)$.
10. $pr - ps - qr + qs$; $2ax + 3bx - 2ay - 3by$.
11. $u + cx - cy + dx - dy + ex - ey$.
12. $90x^2 - 25ax - 288bx + 80ab$; $91x^2 - 112mx + 65nx - 80mn$.
13. $(x - y)(3a + 4b) - (4a - 5b)(x - y) + (x - y)(2a - 8b)$.
14. $7(a - 2b)(2x - 3y) - 5(a - 2b)(3x - 4y)$.

44. Division einer Summe durch eine andere Summe.

Soll eine Summe durch eine andere Summe dividiert werden, so kann man zwei Wege einschlagen:

A) Den Weg der Faktorenzerlegung.

Hierbei vereinfacht man die Zahlenausdrücke im Dividenden und im Divisor dadurch, daß man nach dem vorstehend angegebenen Verfahren gemeinschaftliche Faktoren herausschreibt. Erhalten hierbei Dividend und Divisor gleiche **Faktoren**, so heben sich diese gegenseitig. (Vgl. Ziffer 41, S. 33.)

Beispiele:

$$\frac{9a-9b}{3a-3b}=\frac{9(a-b)}{3(a-b)}=\frac{9}{3}=3; \qquad \frac{ab+ac}{fb+fc}=\frac{a(b+c)}{f(b+c)}=\frac{a}{f}.$$

Aus diesen beiden Beispielen ist ersichtlich, daß man die Summen im Dividenden und im Divisor erst **in Produkte** verwandeln muß, bevor man Faktoren heben oder kürzen kann.

$$\frac{ab+b^2}{4by-b^2}=\frac{ab+bb}{4by-bb}=\frac{b(a+b)}{b(4y-b)}=\frac{a+b}{4y-b}.^{*)}$$

$$\frac{ax-a}{a-ay}=\frac{a(x-1)}{a(1-y)}=\frac{x-1}{1-y}.^{*)}$$

$$\frac{a^2-a}{1-a^2}=\frac{a^2-a}{1^2-a^2}=\frac{a(a+1)}{(1+a)(1-a)}=\frac{a}{1-a}.^{**)}$$

$$\frac{n-n^2}{3an-3an^2}=\frac{n(1-n)}{3an(1-n)}=\frac{1}{3a}.$$

Aufgaben:

1. $\frac{ax+bx-cx}{az+bz-cz}$; $\frac{ps+qs+rs}{pn+qn+rn}$; $\frac{ax+x^2}{3bx+cx}$; $\frac{14a^2-7ab}{10ac-5bc}$.
2. $\frac{ac-bcx-cz}{9bcz-cz}$; $\frac{6ac+9bc-5c^2}{12adf+18bdf-10cdf}$; $\frac{5a^2-5ax}{a^2-x^2}$.
3. $\frac{6ac+10bc+9ad+15bd}{6c^2+9cd-2c-3d}$; $\frac{bm+am+an+bn}{2f+2fx+a+ax}$.
4. $\frac{4an-3bn-n^2}{8amz-6bmz-2nmz}$; $\frac{a^2+2ab+b^2-c^2+2cd-d^2}{a^2+2ac-b^2+2bd+c^2-d^2}$.

Diese Rechnungsart erfordert jedoch sehr viel Übung; allgemeine Regeln lassen sich für dieselbe nur schwer geben.

B) Den Weg der Partial-Division.

Trotzdem die Partial-Division in der Praxis wenig angewendet wird, soll sie an dieser Stelle, lediglich der Vollständigkeit halber, angeführt werden. Hierbei verfährt man, ähnlich wie bei bestimmten Zahlen, folgendermaßen:

Man ordnet die Glieder des Dividenden und des Divisors in alphabetischer Reihenfolge und dividiert das erste Glied des Dividenden durch das erste Glied des Divisors; das erhaltene Resultat bildet das erste Glied des Quotienten.

Mit diesem Quotienten multipliziert man den ganzen Divisor und subtrahiert das so erhaltene Produkt vom Divi-

*) Vgl. S. 33, Ziffer 40. Die Klammern fallen im Resultat fort.
**) „ „ 29, „ 35; Formel 7.

denden. Bleibt nach dieser Subtraktion ein Rest nicht übrig, so ist die Division hiermit beendet.

Entsteht aber ein Rest, so nimmt man von der Dividenden-Summe neue Glieder herunter und dividiert nunmehr das erste Glied des Restes durch das erste Glied des Divisors. Das erhaltene Resultat bildet das zweite Glied des Quotienten, mit welchem man ebenfalls wieder den ganzen Divisor multipliziert; das so erhaltene Produkt wird vom Dividenden subtrahiert.

Solange noch Glieder aus der Dividenden-Summe heruntergenommen werden können, ist das Verfahren im gleichen Sinne fortzusetzen.

1. Beispiel.

Dividend.	Divis. Quotient.
$(ac - bc + ad - bd)$:	$(a - b) = c + d.$
$ac - bc$	Subtrahend
$-\quad +$	Vorzeichen umgekehrt
" " $+ ad - bd$	Rest oder neuer Dividend
$+ ad - bd$	Subtrahend
$-\quad +$	Vorzeichen umgekehrt
" "	Rest.

Als Erklärung für den in Beispiel 1) dargestellten Rechnungsvorgang diene das folgende:

Man dividiert das erste Glied ac des Dividenden durch das erste Glied a des Divisors; das ergibt: $\frac{ac}{a} = c$. Dieses c ist das erste Glied des Quotienten, mit welchem nun der ganze Divisor $(a - b)$ multipliziert wird; das ergibt: $ac - bc$. Dieser Wert ist vom Dividenden zu subtrahieren, indem man gleichartige Glieder untereinander schreibt und entspr. Ziffer 25, S. 17) die Vorzeichen umkehrt. Damit heben sich die ersten beiden Glieder des Dividenden heraus. Jetzt nimmt man die übrig gebliebenen Glieder $+ ad - bd$ des Dividenden unter den Subtraktionsstrich; sie bilden hier den Rest und damit zugleich den neuen Dividenden. Dessen erstes Glied $+ ad$ dividiert man durch das erste Glied a des Quotienten und erhält: $\frac{+ad}{+a} = + d$. Dieses $+ d$ bildet das zweite Glied des Quotienten, mit welchem nun wiederum der ganze Divisor multipliziert wird; das ergibt: $ad - bd$. Dieser Wert ist von dem vorhandenen Rest $+ ad - bd$ zu subtrahieren, indem man gleichartige Glieder untereinander schreibt und die Vorzeichen umkehrt. Auch diese Glieder heben sich gegenseitig auf und der Rest der gesamten Division ist = Null. Die Division geht also auf.

In genau entsprechender Weise sind die folgenden Beispiele zu behandeln.

2. Beispiel.

Dividend.	Divis. Quotient.
$(ac + bc - ad - bd) :$	$(a + b) = c - d.$
$ac + bc$	Subtrahend
$-\quad -$	Vorzeichen umgekehrt
„ „ $- ad - bd$	Rest oder neuer Dividend; hierbei ist jetzt $- ad$ durch a zu dividieren also: $\frac{-ad}{+a} = -d!$
$- ad - bd$	Subtrahend
$+\quad +$	Vorzeichen umgekehrt
„ „	Rest.

3. Beispiel.

$$(35nx - 21xz + 40ny - 24yz) : (5n - 3z) = 7x + 8y.$$

```
35nx — 21xz
     +
————————————————————————————
 „        „  + 40ny — 24yz
             + 40ny — 24yz
             —        +
```

4. Beispiel.*)

$$(4x^2 + 12xy + 9y^2) : (2x + 3y) =$$
$$(4xx + 12xy + 9yy) : (2x + 3y) = 2x + 3y.$$

```
4xx + 6xy
—     —
————————————————
   „  + 6xy + 9yy
        6xy + 9yy
        —     —
————————————————
        „     „
```

5. Beispiel.

$$(14af - 21bf + 7cf + 6ag - 9bg + 3cg) : (7f + 3g) = 2a - 3b + c.$$

```
14af             + 6ag
—                —
——————————————————————————————
„  — 21bf + 7cf   „  — 9bg + 3cg
   — 21bf            — 9bg
   +                 +
——————————————————————————————
     „  + 7cf          „  + 3cg
        + 7cf             + 3cg
        —                 —
——————————————————————————————
```

6. Beispiel.

$$(8 + 10m - 27mm + 6mmm) : (4 - m) = 2 + 3m - 6mm.$$

```
8 — 2m
— +
————————————————————————
 + 12m — 27mm + 6mmm
 + 12m —  3mm
 —       +
————————————————————————
   „   — 24mm + 6mmm
       — 24mm + 6mmm
       +        —
————————————————————————
          „       „
```

*) Die hier erscheinenden Potenzen sind der größeren Deutlichkeit wegen nochmals als einzelne Faktoren geschrieben.

7. Beispiel.*)

$$
\begin{array}{l}
(4x^3 + 4x^2 - 29x + 21) : (2x - 3) = \\
(4xxx + 4xx - 29x + 21) : (2x - 3) = 2xx + 5x - 7. \\
\;4xxx - 6xx \qquad\qquad\qquad\qquad\quad = 2x^2 + 5x - 7. \\
\;- \quad\; + \\
\hline
\quad \text{„} \; + 10xx - 29x + 21 \\
\qquad\; + 10xx - 15x \\
\qquad\; - \qquad\; + \\
\hline
\qquad\quad \text{„} \; - 14x + 21 \\
\qquad\qquad - 14x + 21 \\
\qquad\qquad + \quad\; - \\
\hline
\qquad\qquad\; \text{„} \quad \text{„}
\end{array}
$$

8. Beispiel.*)

$$
\begin{array}{l}
(6b^2 - bc - c^2 + bx) : (3b + c) = \\
(6bb - bc - cc + bx) : (3b + c) = 2b - c. \\
\;6bb + 2bc \\
\;- \quad - \\
\hline
\;\text{„} \; - 3bc - cc + bx \\
\qquad - 3bc - cc \\
\qquad + \qquad + \\
\hline
\qquad \text{„} \qquad \text{„} \; \text{Rest} + bx.
\end{array}
$$

Die Division geht hier nicht auf; der Rest bx wäre demnach noch weiter durch $(3b + c)$ zu dividieren. Bricht man die Division hier ab, so sind Rest und Divisor in Bruchform dem bis jetzt erhaltenen Quotienten $2b - c$ anzuhängen und heißt letzterer nunmehr:

$$2b - c + \frac{bx}{3b + c}.\text{**)}$$

9. Beispiel.*)

$$
\begin{array}{l}
1 : (1 - b) = 1 + b + bb + bbb + \ldots. \\
1 - b \quad\;\; = 1 + b + b^2 + b^3 + \ldots. \\
- + \\
\hline
\text{„} \; + b \\
\quad\; + b - bb \\
\quad\; - \quad + \\
\hline
\qquad \text{„} \; + bb \\
\qquad\quad + bb - bbb \\
\qquad\quad - \qquad + \\
\hline
\qquad\qquad \text{„} \; + bbb \text{ usw.}
\end{array}
$$

Wie man sieht, wird hier die Division nie aufgehen; man kann dieselbe demnach unendlich weit fortsetzen.

Aufgaben:

1. $(ac - bc) : (a - b)$; $(3xy - 4xz) : (3y - 4z)$.
2. $(a^2 + 2ab + b^2) : (a + b)$; $(m^2 - 2mn + n^2) : (m - n)$.
3. $(ac + bc + ad + bd) : (a + b)$; $(15 + 2a - 8a^2) : (3 - 2a)$.
4. $(8ac + 20bc + 6ad + 15bd) : (4c + 3d)$.
5. $(6ax + 15bx - 9cx + 8ay - 20by - 12cy) : (3x + 4y)$.
6. $(12m^2 - 51mn - 24mp + 54n^2 + 48np) : (3m - 6n)$.

---

*) Die hier erscheinenden Potenzen sind der größeren Deutlichkeit wegen nochmals als einzelne Faktoren geschrieben.

**) Also genau wie beim Rechnen mit bestimmten Zahlen!

7. $(35a^2 + 24ab - 15ac + 4b^2 - 6bc) : (5a + 2b)$.
8. $(x^2 - y^2 - 2yz - z^2) : (x - y - z)$; $(x^3 + y^3) : (x + y)$.
9. $(a^2 + 2ab + b^2 - c^2) : (a + b - c)$.
10. $(0{,}06x^2 + 0{,}01xy - 0{,}18xz - 18{,}2y^2 + 13{,}57yz - 2{,}4z^2) : (0{,}3x - 5{,}2y + 1{,}5z) = 0{,}2x + 3{,}5y - 1{,}6z$.

45. Division eines Produktes. Ein Produkt wird durch eine Zahl dividiert, indem man nur einen Faktor dividiert und den erhaltenen Quotienten mit dem anderen Faktor multipliziert.

Beispiele:

$$\frac{9 \cdot 6}{3} = \frac{9}{3} \cdot 6 = 3 \cdot 6 = 18; \text{ oder auch:}$$

$$\frac{9 \cdot 6}{3} = 9 \cdot \frac{6}{3} = 9 \cdot 2 = 18.$$

Auch hier machen Anfänger gern den gleichen Fehler wie bei der Multiplikation,*) indem sie **jeden Faktor** des Produktes durch die Zahl dividieren:

$$\frac{9 \cdot 6}{3} = \frac{9}{3} \cdot \frac{6}{3} = 3 \cdot 2 = 6.$$

Das ist natürlich grundfalsch! Es darf nur **1** Faktor dividiert werden.

$$\frac{a \cdot b}{c} = \frac{a}{c} \cdot b = \frac{b}{c} \cdot a.$$

$$\frac{36ab}{9} = \frac{36}{9} \cdot ab = 4ab; \quad \frac{ab}{b} = \frac{b}{b} \cdot a = 1 \cdot a = a.^{**})$$

$$\frac{27mn}{9m} = \frac{27}{9} \cdot \frac{m}{m} \cdot n = 3 \cdot 1 \cdot n = 3n.$$

$$\frac{m \cdot (x + 1)}{x + 1} = m \cdot \frac{x + 1}{x + 1} = m \cdot 1 = m.$$

46. Der algebraische Bruch. Bei dem Rechnen mit Brüchen, welche aus Buchstabengrößen bestehen, verfahre man genau nach den für das Rechnen mit gewöhnlichen Brüchen aufgestellten Grundregeln, **jedoch unter Berücksichtigung der Vorzeichen.*****)

Ein aus Buchstaben gebildeter Bruch besteht, genau wie ein gewöhnlicher Bruch, aus Zähler und Nenner, beide getrennt durch den Bruchstrich.†)

---

*) Vgl. S. 19, Ziffer 28.

**) „ „ 30, „ 38 und S. 3, Ziffer 5.

***) „ „ 21, „ 31 „ „ 31, „ 39.

†) Faßt man jeden Bruch als eine nur angedeutete Division auf so wird der Zähler zum Dividenden und der Nenner zum Divisor. (Vgl. S. 30, Fußnote.)

Ein einfacher algebraischer Bruch hat die Form:

$$\frac{a}{b};\quad \frac{ax}{by};\quad \frac{+m}{-n};\quad \frac{-abc}{+xyz};\quad \frac{-p}{-r}.$$

Ein zusammengesetzter algebraischer Bruch hat die Form:

$$\frac{a+b}{x-y};\quad \frac{m-n}{a-x+z};\quad \frac{3a+5b-7c}{6mn-9xz}.$$

Während beim bürgerlichen Rechnen mit Brüchen Vorzeichen im Zähler und Nenner nicht vorkommen, ist denselben bei den algebraischen Brüchen besondere Aufmerksamkeit zu widmen.

Eine algebraische gemischte Zahl hat die Form:

$$a+\frac{x}{y};\quad a-\frac{b}{x-z}.$$

Bei der algebraischen gemischten Zahl kann der an die ganze Zahl angehängte Bruch sowohl ein positives als auch ein negatives Vorzeichen besitzen. Die hier angenommene Zahl a muß in jedem Falle eine **ganze** Zahl sein.

47. Die algebraische gemischte Zahl. Eine gemischte Zahl wird in einen gewöhnlichen Bruch verwandelt, indem man die ganze Zahl mit dem Nenner des Bruches multipliziert, zu dem so erhaltenen Produkte den Zähler des Bruches, seinem Vorzeichen entsprechend, addiert und das Ganze durch den Nenner des Bruches dividiert.

Beispiele:

*) $3+\frac{1}{2}=\frac{2\cdot 3+1}{2}=\frac{7}{2};\quad 5-\frac{2}{3}=\frac{3\cdot 5-2}{3}=\frac{13}{3}.$

$$9+\frac{n}{m}=\frac{9m+n}{m};\qquad a-\frac{x}{y}=\frac{ay-x}{y}.$$

$$x-\frac{a-b}{c}=\frac{xc-(a-b)}{c}=\frac{-a+b+cx}{c}.$$

$$x-\frac{xz}{z+1}=\frac{x(z+1)-xz}{z+1}=\frac{xz+x-xz}{z+1}=\frac{x}{z+1}.$$

$$\frac{3}{a+b}-4=\frac{3-4(a+b)}{a+b}=\frac{3-4a-4b}{a+b}.$$

$$x+y+\frac{a}{b-c}=\frac{(x+y)(b-c)+a}{b-c}=\frac{bx+by-cx-cy+a}{b-c}$$

---

*) Bei den aus bestimmten Zahlen gebildeten gemischten Zahlen läßt man das Vorzeichen zwischen der ganzen Zahl und dem Bruche weg; man schreibt also

nicht: $3+\frac{1}{2}$ und $5-\frac{2}{3}$, sondern: $3\frac{1}{2}$ und $4\frac{1}{3}$!

Wird eine gemischte Zahl in einen gewöhnlichen Bruch verwandelt, so sagt man, dieselbe wird „eingerichtet“.

Muß mit gemischten Zahlen gerechnet werden,. so ist es in jedem Falle zu empfehlen, dieselben vor Beginn der eigentlichen Rechnung einzurichten.

Aufgaben:

Es sind in gewöhnliche Brüche zu verwandeln:

1. $a+\frac{b}{c}$; $h+\frac{3a}{5b}$; $x+\frac{1}{c}$; $1-\frac{m}{n}$; $1-\frac{m}{m+n}$.
2. $3+\frac{4a-5b}{2a+3b}$; $x-\frac{x^2+2xy+y^2}{x+y}$; $\frac{(a-b)^2}{4ab}-1$.
3. $a-\frac{ax}{x+y}$; $\frac{18g}{2a-b}-8$; $\frac{8e}{5b-2c}-3$; $\frac{4a(b+2c)}{z}+4ab$.
4. $1+\frac{(a+b)^2}{4ab}$; $x-y-\frac{a}{b+c}$; $a-b+c-\frac{x-y}{m+n}$.

48. Erweitern eines Bruches. Ein Bruch wird erweitert, indem man Zähler und Nenner mit ein und derselben Zahl multipliziert.

Beispiele:

$$\frac{5}{8}=\frac{5\cdot 3}{8\cdot 3}=\frac{15}{24};\quad \frac{3}{4}=\frac{3\cdot x}{4\cdot x};\quad \frac{a}{b}=\frac{a\cdot m}{b\cdot m}.$$

$$\frac{5x-3y}{7b}=\frac{(5x-3y)\cdot 8a}{7b\cdot 8a}=\frac{40ax-24ay}{56ab}.$$

Das Erweitern der Brüche findet hauptsächlich Anwendung beim Gleichnamigmachen derselben. (Vgl. Ziffer 52, S. 49.)

Einen besonderen Fall bildet das Erweitern eines Bruches mit **— 1.**

$$\frac{3}{7}=\frac{3\cdot(-1)}{7\cdot(-1)}=\frac{-3}{-7};\quad \frac{a}{b}=\frac{a\cdot(-1)}{b\cdot(-1)}=\frac{-a}{-b}.$$

Aus den letzten beiden Beispielen geht hervor, daß

$$\frac{+3}{+7}=\frac{-3}{-7} \text{ und } \frac{+a}{+b}=\frac{-a}{-b} \text{ ist.}$$

Man kann demnach die Vorzeichen im Zähler und Nenner eines Bruches in die entgegengesetzten verwandeln, ohne an dem Wert des Bruches etwas zu ändern.

Besitzen jedoch Zähler und Nenner eines Bruches besondere Vorzeichen, so läßt man den Bruch nicht in dieser Form stehen; man faßt die Vorzeichen nach den Regeln in Ziffer 39, S. 32) zu einem einzigen zusammen, welches alsdann vor den Bruchstrich gesetzt wird.

Beispiele:

$$\frac{+5}{+8}=+\frac{5}{8}; \qquad \frac{+5}{-8}=-\frac{5}{8};$$

$$\frac{-5}{+8}=-\frac{5}{8}; \qquad \frac{-5}{-8}=+\frac{5}{8}.$$

$$\frac{+x}{+y}=+\frac{x}{y}; \qquad \frac{+x}{-y}=-\frac{x}{y};$$

$$\frac{-x}{+y}=-\frac{x}{y}; \qquad \frac{-x}{-y}=+\frac{x}{y}.$$

$$\frac{a}{b}+\frac{-d}{e}+\frac{x}{-y}+\frac{-x}{-z}=\frac{a}{b}+\left(-\frac{d}{e}\right)+\left(-\frac{x}{y}\right)+\left(+\frac{x}{z}\right)=$$

$$=\frac{a}{b}-\frac{d}{e}-\frac{x}{y}+\frac{x}{z}.^{*)}$$

$$\frac{-(a+b)}{+(a-b)}=-\frac{a+b}{a-b}^{**)}; \qquad \frac{29ab}{-36bc}=-\frac{29a}{36c}.$$

49. Kürzen oder Heben eines Bruches. Ein Bruch wird gekürzt oder gehoben, indem man Zähler und Nenner durch ein und dieselbe Zahl dividiert.

Beispiele:

$$\frac{18}{39}=\frac{18:3}{39:3}=\frac{6}{13}; \qquad \frac{a}{c}=\frac{a:n}{c:n}.$$

$$\frac{25nxy}{35xyz}=\frac{5n}{7z}; \qquad \frac{abc}{5abcn}=\frac{1}{5n}; \qquad \frac{a(x-y)}{b(x-y)}=\frac{a}{b}.$$

Die letzten drei Beispiele zeigen, daß das Heben gleicher Faktoren in Zähler und Nenner mit in Betracht kommt. Auch wird das in Ziffer 43, Seite 35) über das Herausschreiben des gemeinschaftlichen Faktors Gesagte zu beachten sein.

Beispiele:

$$\frac{ax+bx}{mx}=\frac{(a+b)x}{mx}=\frac{a+b}{m}; \qquad \frac{a^2+ab}{a^2-ab}=\frac{a(a+b)}{a(a-b)}=\frac{a+b}{a-b}$$

$$\frac{(a+b)^2}{a^2-b^2}=\frac{(a+b)(a+b)}{(a+b)(a-b)}=\frac{a+b}{a-b}.^{***)}$$

$$\frac{a^3-b^3}{a^2-b^2}=\frac{(a-b)(a^2+ab+b^2)}{(a+b)(a-b)}=\frac{a^2+ab+b^2}{a+b}.^{***)}$$

---

*) Vgl. S. 11, Ziffer 18a.

**) „ „ 33, „ 40.

***) „ „ 29, „ 35; 1, 7 und 9.

$$\frac{mx - m - x + 1}{(m-1)^2} = \frac{mx - x - m + 1}{(m-1)^2} = \frac{x(m-1) - (m-1)}{(m-1)^2} =$$

$$= \frac{(m-1)(x-1)}{(m-1)(m-1)} = \frac{x-1}{m-1}.$$

Durch das Kürzen oder Heben der Brüche läßt sich der Wert jedes Bruches in kleineren Zahlen angeben.

Ein von Anfängern gern und viel gemachter Fehler ist der, den Wert eines Bruches, dessen Zähler und Nenner sich beim Kürzen restlos heben, = **Null** zu setzen.

Beispiele:

Falsch: $\frac{24 \cdot 7 \cdot 39}{12 \cdot 14 \cdot 13 \cdot 3} = 0.$

Richtig: $\frac{24 \cdot 7 \cdot 39}{12 \cdot 14 \cdot 13 \cdot 3} = \mathbf{1}.$

Falsch: $\frac{6ab \cdot 14xy}{7xy \cdot 12ab} = 0.$

Richtig: $\frac{6ab \cdot 14xy}{7xy \cdot 12ab} = \mathbf{1}.$

Daß bei restlosem Kürzen das Ergebnis nur = **1** sein kann, geht bereits aus den Erklärungen in Ziffer 38, S. 30) und Ziffer 41, S. 33) hervor!

50. Der Doppelbruch. In Ziffer 49) war das Beispiel

$$\frac{18}{39} = \frac{18:3}{39:3}$$

angeführt. Schreibt man Zähler und Nenner der rechten Seite dieser Gleichung in Bruchform, so erhält man:

$$\frac{18:3}{39:3} = \frac{\frac{18}{3}}{\frac{39}{3}},$$

in Buchstaben:

$$\frac{a:n}{c:n} = \frac{\frac{a}{n}}{\frac{c}{n}}.$$

Ein Bruch, dessen Zähler und Nenner wieder Brüche sind, heißt ein Doppelbruch.

Die Schreibweise des Doppelbruches deutet an, daß ein Bruch durch einen anderen dividiert werden soll. Über die Ausführung dieses Rechnungsverfahrens ist in Ziffer 56, S. 57) das Erforderliche nachzulesen.

51. Gleichnamige und ungleichnamige Brüche. Brüche sind entweder gleichnamig oder ungleichnamig. Sie sind gleichnamig, wenn sie genau denselben Nenner besitzen; sie sind ungleichnamig, wenn dies nicht der Fall ist.

Gleichnamige Brüche sind:

$$\frac{3}{20} \text{ und } \frac{17}{20}; \quad \frac{13}{4} \text{ und } \frac{21}{4}; \quad \frac{a}{b} \text{ und } \frac{c}{b}; \quad \frac{mn}{xy} \text{ und } \frac{pq}{xy};$$

$$\frac{fg}{n+m} \text{ und } \frac{x-y-z}{n+m}.$$

Ungleichnamige Brüche sind:

$$\frac{5}{8} \text{ und } \frac{3}{7}; \quad \frac{38}{5} \text{ und } \frac{27}{2}; \quad \frac{a}{b} \text{ und } \frac{c}{d}; \quad \frac{xyz}{pqr} \text{ und } \frac{abc}{mn};$$

$$\frac{rs}{x+z} \text{ und } \frac{pq}{m-n}.$$

52. Gleichnamigmachen der Brüche. Ungleichnamige Brüche müssen, damit sie addiert oder subtrahiert werden können, gleichnamig gemacht werden.

Ungleichnamige Brüche werden gleichnamig gemacht, indem man ihren **Hauptnenner** feststellt.

Der Hauptnenner von bestimmten Zahlen ist diejenige **kleinste Zahl,** in welcher sämtliche Nenner gleichnamig zu machender Brüche bei der Division ohne Rest enthalten sind.

Sind z. B. die Zahlen 5 und 7 als Nenner gegeben, so ist deren Hauptnenner = **35,** denn die Division der Zahl 35 durch 5 und 7 geht ohne Rest auf.

Sind die Zahlen 4, 6 und 20 als Nenner gegeben, so ist die Zahl **60** der Hauptnenner, denn 60 ist die kleinste Zahl, in der 4, 6 und 20 ohne Rest enthalten sind. Für die Nenner 3, 9, 7 und 14 ist **126** der Hauptnenner.

Ist der Hauptnenner bekannt, so dividiert man mit dem Nenner jedes einzelnen Bruches in diesen Hauptnenner und multipliziert mit der so erhaltenen Zahl den zu dem betreffenden Nenner gehörenden Zähler.

Die erhaltenen Produkte bilden alsdann die Zähler der gleichnamig gemachten Brüche, deren gemeinschaftlicher Nenner der Hauptnenner wird.

Bei Buchstabengrößen ist der Hauptnenner genau ebenso die **kleinste Zahl,** in welcher sämtliche Nenner bei der Division ohne Rest enthalten sein müssen.

Im Hauptnenner von einzelnen Buchstaben oder von Buchstabenverbindungen darf jeder Buchstabe oder jede Buchstabenverbindung nur einmal vorkommen.

Für die Nenner a und b ist das Produkt **a · b,** für die Nenner a, b und c ist das Produkt **a b c** der Hauptnenner.

Die Nenner 5 a b, a c, a d, a e haben das Produkt **5 a b c d e,** und die Größen a b, (x + y), 30 (m — n) den Zahlenwert **30 · a b · (x + y) · (m — n)** zum Hauptnenner.

1. Beispiel. Die Brüche $\frac{5}{9}$ und $\frac{7}{12}$ sollen gleichnamig gemacht werden.

Der Hauptnenner ist = 36. Dividiert man mit dem Nenner 9 des ersten Bruches in den Hauptnenner 36, so ergibt sich der Quotient $\frac{36}{9} = 4$. Multipliziert man mit dieser 4 den zugehörigen Zähler 5, und setzt man unter das erhaltene Produkt $4 \cdot 5 = 20$ den Hauptnenner 36, so erhält man an Stelle des Bruches $\frac{5}{9}$ den **gleichwertigen** Bruch $\frac{20}{36}$.

Verfährt man mit dem zweiten Bruche $\frac{7}{12}$ auf gleiche Weise, so erhält man den gleichwertigen Bruch $\frac{21}{36}$. Die Brüche $\frac{5}{9}$ und $\frac{7}{12}$ ergeben somit, gleichnamig gemacht, die Werte:

$$\frac{20}{36} \text{ und } \frac{21}{36}.$$

Im vorliegenden Falle ist demnach der Bruch $\frac{5}{9}$ mit 4, der Bruch $\frac{7}{12}$ mit 3 erweitert worden:

$$\frac{5}{9} = \frac{5 \cdot 4}{9 \cdot 4} = \frac{20}{36}, \quad \frac{7}{12} = \frac{7 \cdot 3}{12 \cdot 3} = \frac{21}{36}.^{*)}$$

2. Beispiel. Die Brüche $\frac{a}{b}$ und $\frac{c}{d}$ sollen gleichnamig gemacht werden.

Der Hauptnenner ist = b d. Dividiert man mit dem Nenner b des ersten Bruches in den Hauptnenner b d, so ergibt sich der Quotient $\frac{b\,d}{b} = d$. Multipliziert man mit diesem d den

*) Vgl. S. 46, Ziffer 48.

zugehörigen Zähler a, und setzt man unter das erhaltene Produkt a d den Hauptnenner b d, so erhält man an Stelle des Bruches $\frac{a}{b}$ den **gleichwertigen** Bruch $\frac{ad}{bd}$.

Verfährt man mit dem zweiten Bruche $\frac{c}{d}$ auf gleiche Weise, so erhält man den gleichwertigen Bruch $\frac{bc}{bd}$. Die Brüche $\frac{a}{b}$ und $\frac{c}{d}$ ergeben somit, gleichnamig gemacht, die Werte:

$$\frac{ad}{bd} \text{ und } \frac{bc}{bd}.$$

Im vorliegenden Falle ist der Bruch $\frac{a}{b}$ mit d, der Bruch $\frac{c}{d}$ mit b erweitert worden:

$$\frac{a}{b} = \frac{a \cdot d}{b \cdot d} = \frac{ad}{bd}; \quad \frac{c}{d} = \frac{c \cdot b}{d \cdot b} = \frac{bc}{bd}.$$

3. Beispiel. Die Brüche $\frac{a}{b}$, $\frac{c}{d}$, $\frac{e}{f}$ und $\frac{g}{h}$ sind gleichnamig zu machen.

Der Hauptnenner ist, da jeder Buchstabe nur einmal in demselben vorkommen darf = **b d f h.** Dividiert man mit dem Nenner b des ersten Bruches in diesen Hauptnenner, so erhält man $\frac{bdfh}{b} = dfh$. Multipliziert man mit d f h den Zähler a und schreibt man unter dieses Produkt den Hauptnenner, so erhält man für den Bruch $\frac{a}{b}$ den gleichwertigen Bruch $\frac{adfh}{bdfh}$. Verfährt man mit den anderen Brüchen in gleicher Weise, so ergibt sich:

$$\frac{a}{b} = \frac{adfh}{bdfh}; \quad \frac{c}{d} = \frac{cbfh}{bdfh}; \quad \frac{e}{f} = \frac{ebdh}{bdfh}; \quad \frac{g}{h} = \frac{gbdf}{bdfh}$$

4. Beispiel. Die Brüche $\frac{16}{a - b}$ und $\frac{9}{x}$ sind gleichnamig zu machen.

Hauptnenner = (a — b) x. Denselben durch den Nenner des ersten Bruches dividiert, ergibt: $\frac{(a - b) \cdot x}{a - b} = x$. Mit dieesm x den Zähler 16 multipliziert, folgt:

$$\frac{16}{a-b}=\frac{16\cdot x}{(a-b)\cdot x}.$$

Den Hauptnenner durch den Nenner x des zweiten Bruches dividiert, ergibt: $\frac{(a-b)x}{x}=(a-b)$. Mit diesem $(a-b)$ den Zähler 9 multipliziert, folgt: $\frac{9}{x}=\frac{9(a-b)}{x(a-b)}$. Mithin:

$$\frac{16}{a-b}+\frac{9}{x}=\frac{16x}{(a-b)x}+\frac{9(a-b)}{x\cdot(a-b)}.$$

5. Beispiel. $\frac{23}{7(a+b)}-\frac{17}{9(a+b)}$.

Hauptnenner $=7\cdot9\cdot(a+b)=63(a+b)$. Mithin:

$$\frac{23}{7(a+b)}-\frac{17}{9(a+b)}=\frac{23\cdot9}{63(a+b)}-\frac{17\cdot7}{63(a+b)}=$$
$$=\frac{207}{63(a+b)}-\frac{119}{63(a+b)}$$

6. Beispiel. $\frac{7}{m+n}+\frac{a}{x-y}$.

Hauptnenner $=(m+n)\cdot(x-y)$. Mithin:

$$\frac{7}{m+n}+\frac{a}{x-y}=\frac{7(x-y)}{(m+n)(x-y)}+\frac{a(m+n)}{(m+n)(x-y)}.$$

7. Beispiel. $\frac{13}{p+q}-\frac{7}{p-q}$.

Hauptnenner $=(p+q)\cdot(p-q)=p^2-q^2$.*) **Mithin:**

$$\frac{13}{p+q}-\frac{7}{p-q}=\frac{13(p-q)}{p^2-q^2}-\frac{7(p+q)}{p^2-q^2}.$$

8. Beispiel. $\frac{1}{a+b}-\frac{9}{m-n}+\frac{18}{y+z}$.

Hauptnenner $=(a+b)\cdot(m-n)\cdot(y+z)$. Mithin:

$$\frac{1}{a+b}-\frac{9}{m-n}+\frac{18}{y+z}=\frac{(m-n)(y+z)}{(a+b)(m-n)(y+z)}$$
$$-\frac{9(a+b)(y+z)}{(a+b)(m-n)(y+z)}+\frac{18(a+b)(m-n)}{(a+b)(m-n)(y+z)}$$

Aufgaben:

Es sind gleichnamig zu machen:

1. $\frac{x}{4}$ und $\frac{y}{20}$; $\frac{a}{3}$, $\frac{b}{5}$ und $\frac{c}{10}$; $\frac{a}{b}$ und $\frac{x}{y}$; $\frac{1}{x}$ und $\frac{1}{y}$.

*) Vgl. S. 29, Ziffer 35; 7.

2. $\frac{1}{ab}$ und $\frac{1}{cd}$; $\frac{x}{u}$, $\frac{y}{v}$ und $\frac{z}{w}$; $\frac{x}{pq}$ und $\frac{y}{q}$.

3. $\frac{a}{xyz}$, $\frac{b}{yz}$ und $\frac{c}{z}$; $\frac{8}{3m}$ und $\frac{13}{15x}$; $\frac{a}{3x}$, $\frac{a}{2x}$, $\frac{a}{5x}$ und $\frac{a}{4x}$.

4. $\frac{3a}{4b}$, $\frac{5f}{8g}$ und $\frac{x}{7y}$; $\frac{af}{4bg}$, $\frac{5cd}{12bh}$ und $\frac{2}{3}$; $\frac{a}{4bcd}$, $\frac{h}{2bcg}$ und $\frac{3}{4}$.

5. $\frac{a+b}{2}$ und $\frac{a-b}{5}$; $\frac{x}{a-b}$ und $\frac{y}{c}$; $\frac{17x-4y}{11x}$ und $\frac{3y-5x}{13y}$.

6. $\frac{a-b}{b}$ und $\frac{b}{a+b}$; $\frac{5m-n}{12a}$ und $\frac{3m-5}{9a}$; $\frac{1}{m+n}$ und $\frac{1}{m-n}$

7. $\frac{a+b}{a-b}$ und $\frac{a-b}{a+b}$; $\frac{8}{3(a+1)}$ und $\frac{5}{4(a-1)}$; $\frac{c}{d(a+b)}$ und $\frac{d}{c(a-b)}$.

8. $\frac{5a+7b}{2a-3b}$ und $\frac{2a+3b}{5a-7b}$; $\frac{x-1}{2x+2}$, $\frac{3x-4}{3x+3}$ und $\frac{2x-1}{6x+6}$.

53. Addition und Subtraktion gleichnamiger Brüche. Gleichnamige Brüche werden addiert oder subtrahiert, indem man ihre Zähler addiert oder subtrahiert und der so erhaltenen Zahl den gemeinschaftlichen Nenner unterschreibt.

Beispiele:

$$\frac{3}{18}+\frac{8}{18}=\frac{3+8}{18}=\frac{11}{18};\quad 6\tfrac{1}{3}-1\tfrac{1}{3}=\frac{19}{3}-\frac{4}{3}=\frac{15}{3}=5.^{*)}$$

$$\frac{a}{c}+\frac{b}{c}=\frac{a+b}{c};\quad \frac{a}{c}-\frac{b}{c}=\frac{a-b}{c}.$$

$$\frac{5}{z}-\frac{4}{z}=\frac{5-4}{z}=\frac{1}{z};\quad \frac{17ab}{8xy}+\frac{b+c}{8xy}=\frac{17ab+b+c}{8xy}.$$

$$\frac{a-2b}{a+b}+\frac{a+3b}{a+b}=\frac{a-2b+a+3b}{a+b}=\frac{2a+b}{a+b}.^{**)}$$

$$\frac{a-2b}{a+b}-\frac{a+3b}{a+b}=\frac{a-2b-(a+3b)}{a+b}=\frac{a-2b-a-3b}{a+b}=$$

$$=\frac{-5b}{a+b}=-\frac{5b}{a+b}.^{***)}$$

In den letzten beiden Beispielen ist das zweite Glied der Aufgabe einmal positiv und einmal negativ. Es ist daher für den Verlauf der Rechnung besonders auf die Vorzeichen zu achten.

Während bei dem positiven Vorzeichen der Zähler $a+3b$ **ohne** Vorzeichenänderung auf den gemeinsamen Bruchstrich

---

*) Vgl. S. 45, Ziffer 47.

**) Wie müßte dieser Ausdruck geschrieben werden, um „$a+b$" kürzen zu können?

***) Kann hier b gekürzt werden? Bezüglich der Vorzeichen vgl. S. 46, Ziffer 48.

übernommen wird, muß derselbe bei dem negativen Vorzeichen **mit dem Minuszeichen** über den gemeinsamen Bruchstrich gestellt **und in Klammern gesetzt werden.** Wird die Klammer alsdann aufgelöst, so **ändern sich die Vorzeichen.**

Bei Brüchen mit negativen Vorzeichen vor dem Bruchstrich ist also besondere Aufmerksamkeit geboten!

$$\frac{3a+2b}{x}-\frac{2a+3b}{x}=\frac{3a+2b-(2a+3b)}{x}=$$
$$=\frac{3a+2b-2a-3b}{x}=\frac{a-b}{x}.$$

$$\frac{4x-3y+2z}{a-b}-\frac{2x+3y-7z}{a-b}+\frac{3x+5y-2z}{a-b}=$$
$$\frac{4x-3y+2z-(2x+3y-7z)+3x+5y-2z}{a-b}=$$
$$\frac{4x-3y+2z-2x-3y+7z+3x+5y-2z}{a-b}=\frac{5x-y+7z}{a-b}.$$

Aufgaben:

1. $\frac{m}{n}-\frac{p}{n}$; $\frac{5}{y}-\frac{a}{y}$; $\frac{a}{x}+\frac{3}{x}$; $\frac{6a}{11x}+\frac{7a}{11x}$; $\frac{a}{z}+\frac{1}{z}$.
2. $\frac{9x}{z}-\frac{5x}{z}-\frac{3x}{z}$; $\frac{17m}{20y}-\frac{13m}{20y}+\frac{21m}{20y}-\frac{19m}{20y}$.
3. $\frac{2m+5n}{x+y}+\frac{7m-9n}{x+y}-\frac{11m-8n}{x+y}$; $\frac{a+b}{2}-\frac{a-b}{2}$.
4. $\frac{ac-by}{ac}+\frac{cx}{ac}+\frac{by}{ac}$; $\frac{x}{a}-\frac{3x-2y+b}{a}-\frac{5y-3b}{a}$.
5. $9a+\frac{3x}{4y}-\frac{7z}{4y}$; $27p-\frac{11n}{r+s}-\frac{15b}{r+s}$.

54. Addition und Subtraktion ungleichnamiger Brüche.

Ungleichnamige Brüche werden addiert oder subtrahiert, indem man sie gleichnamig macht und dann wie gleichnamige Brüche addiert oder subtrahiert.

Beispiele:

$$\frac{3}{7}+\frac{5}{8}=\frac{24}{56}+\frac{35}{56}=\frac{24+35}{56}=\frac{59}{56}=1\tfrac{3}{56}.$$

$$\frac{a}{b}-\frac{c}{d}=\frac{ad}{bd}-\frac{bc}{bd}=\frac{ad-bc}{bd}.$$

$$\frac{x}{y}+\frac{x+y}{nz}=\frac{nxz}{nyz}+\frac{(x+y)y}{nyz}=\frac{nxz+xy+y^2}{nyz}.$$

$$\frac{x}{y}-\frac{x+y}{ab}=\frac{abx-(x+y)y}{aby}=\frac{abx-xy-y^2}{aby}.$$

$$\frac{9a+5b}{5}-\frac{6a-3b}{3}=\frac{3(9a+5b)}{15}-\frac{5(6a-3b)}{15}=$$

$$=\frac{3(9a+5b)-5(6a-3b)}{15}=\frac{27a+15b-30a+15b}{15}=$$

$$=\frac{-3a+30b}{15}=\frac{3(-a+10b)}{15}=\frac{-a+10b}{5}.$$

$$\frac{9}{a+b}-\frac{7}{a}=\frac{9a-7(a+b)}{(a+b)a}=\frac{9a-7a-7b}{a(a+b)}=\frac{2a-7b}{a^2+ab}.$$

$$\frac{6a+3b}{4a}+\frac{5b}{2a-6b}=\frac{(6a+3b)(2a-6b)+5b\cdot 4a}{4a(2a-6b)}=$$

$$=\frac{12a^2+6ab-36ab-18b^2+20ab}{4a(2a-6b)}=\frac{12a^2-10ab-18b^2}{8a^2-24ab}=$$

$$=\frac{2(6a^2-5ab-9b^2)}{2(4a^2-12ab)}=\frac{6a^2-5ab-9b^2}{4a^2-12ab}.$$

$$\frac{6}{3a-3}-\frac{4}{2a-2}+\frac{7}{4a-4}=$$

$$=\frac{6}{3(a-1)}-\frac{4}{2(a-1)}+\frac{7}{4(a-1)}=$$

$$=\frac{24-24+21}{12(a-1)}=\frac{21}{12(a-1)}=\frac{7}{4(a-1)}.$$

$$\frac{9a+7b}{3}-\frac{3b-5a}{4}+\frac{11a-13b}{12}=$$

$$=\frac{4(9a+7b)-3(3b-5a)+1\cdot(11a-13b)}{12}=$$

$$\frac{36a+28b-9b+15a+11a-13b}{12}=\frac{62a+6b}{12}=\frac{31a+3b}{6}.$$

$$\frac{1+x}{1-x}-\frac{1-x}{1+x}+\frac{5}{1-x^2}=\frac{(1+x)(1+x)-(1-x)(1-x)+5^{*)}}{1-x^2}=$$

$$=\frac{(1+x)^2-(1-x)^2+5}{1-x^2}=\frac{1+2x+x^2-(1-2x+x^2)+5}{1-x^2}=$$

$$=\frac{1+2x+x^2-1+2x-x^2+5}{1-x^2}=\frac{4x+5}{1-x^2}.$$

Aufgaben:

1. $\frac{a}{5}+\frac{a}{10}$; $\frac{m}{3}-\frac{n}{4}$; $\frac{11c}{12}+\frac{7d}{9}-\frac{13c}{15}-\frac{7d}{20}$; $\frac{1}{x}+\frac{1}{y}$
2. $\frac{1}{ab}-\frac{1}{cd}$; $\frac{1}{a}-\frac{1}{b}+\frac{1}{c}$; $\frac{a}{b}+\frac{c}{d}-\frac{e}{f}$; $\frac{a}{m}-\frac{b}{mn}$; $\frac{z}{5n}+\frac{n}{8}$.

---

*) Vgl. S. 29, Ziffer 35; 1, 2 und 7.

3. $\frac{5c}{x}+\frac{6d}{7x}$; $\frac{17x-4y}{11x}-\frac{3y-5x}{13y}$; $\frac{13a-5b}{4}-\frac{7a-2b}{6}-\frac{3a}{5}$.

4. $\frac{x}{pq}+\frac{y}{q}$; $\frac{3x}{4z}-\frac{5z}{2y}+\frac{11y}{6x}$; $\frac{1}{x}+\frac{1}{y}+\frac{1}{z}$; $\frac{1}{ab}+\frac{1}{ac}+\frac{1}{bc}$.

5. $\frac{a}{xyz}+\frac{b}{xz}+\frac{c}{z}$; $\frac{3a+2b}{c}-\frac{5bd-2a-3d}{4cd}$; $\frac{x}{a-b}+\frac{y}{c}$.

6. $\frac{6a+3b}{4a}+\frac{5b}{2a-6b}$; $\frac{1}{x+y}+\frac{1}{x-y}$; $\frac{a+b}{a-b}+\frac{a-b}{a+b}$.

7. $\frac{2m}{x-1}-\frac{m}{x^2-1}$; $\frac{5m+1}{1-3m}-\frac{4m+4}{5n-3}$; $\frac{5a+7b}{2a-3b}-\frac{2a+3b}{5a-7b}$.

8. $\frac{7x}{13y}+\frac{8y}{5x}+\frac{12x^2-63y^2}{65xy}$; $\frac{3x^2-2x+1}{4x-3}-\frac{2x^2+3x-4}{3x-6}$.

9. $\frac{x+y}{a+b}+\frac{y}{a}+\frac{x}{b}$; $\frac{a}{x+a}+\frac{b}{x+b}+\frac{c}{x+c}$.

10. $\frac{7}{2(m-1)}-\frac{3}{4(m-1)}$; $\frac{5a+3}{m+2}-\frac{3a+2}{m+3}+\frac{2a+15}{m^2+5m+6}$.

11. $\frac{7-15p}{4+n}-\frac{4+5p}{4-n}+\frac{12-5p}{16-n^2}$; $\frac{a+6b}{6a-3b}-\frac{2a-2b}{2b-4a}+\frac{1}{3}$.

55. Multiplikation von Brüchen. Brüche werden miteinander multipliziert, indem man Zähler mit Zähler und Nenner mit Nenner multipliziert.

Hierbei können **Faktoren** des Zählers gegen **gleiche Faktoren** des Nenners gekürzt werden.

Beispiele:

$$\frac{5}{8}\cdot\frac{3}{8}=\frac{5\cdot3}{8\cdot8}=\frac{15}{64};\quad \frac{6}{7}\cdot\frac{3}{11}=\frac{18}{77}.$$

$$\frac{ab}{c}\cdot\frac{e}{fg}=\frac{abe}{cfg};\quad \frac{7abc}{6mn}\cdot\frac{16mnx}{14ayz}=\frac{7\cdot16\cdot abcmnx}{6\cdot14mnayz}=\frac{4bcx}{3yz}.$$

$$\frac{x}{y}\cdot\left(\frac{a}{b}-\frac{m}{n}\right)=\frac{ax}{by}-\frac{mx}{ny};\quad \frac{3n}{5y}\cdot\left(\frac{2a}{7b}+\frac{9x}{11z}\right)=\frac{6an}{35by}+\frac{27nx}{55yz}.$$

$$\left(\frac{m}{n}-\frac{p}{q}\right)\cdot\left(\frac{x}{y}+\frac{a}{b}\right)=\frac{mx}{ny}-\frac{px}{qy}+\frac{am}{bn}-\frac{ap}{bq}.$$

Aufgaben:

1. $\frac{a}{3}\cdot\frac{x}{4}$; $\frac{2n}{7m}\cdot\frac{9x}{5y}$; $\frac{13}{b}\cdot\frac{8}{d}\cdot\frac{34}{c}$; $\frac{8a}{9b}\cdot\frac{15d}{32g}\cdot\frac{14b}{3m}$; $\frac{2ax}{3}\cdot\frac{5ax}{9bc}$.

2. $\frac{35abc}{36pqr}\cdot\frac{16qrs}{35acd}$; $\frac{24a}{25b}\cdot\frac{4y}{3x}\cdot\frac{5by}{6ax}$; $\left(\frac{8y}{6}-\frac{3a}{5}\right)\cdot\frac{4b}{7n}$.

3. $\left(\frac{2ag}{b}+\frac{4zy}{x}-\frac{14ad}{v}\right)\cdot\frac{12u}{5}$; $\left(\frac{3m}{4n}-\frac{5c}{3d}\right)\cdot\left(\frac{3g}{n}+\frac{6c}{p}\right)$.

4. $\left(\frac{2a}{b}-\frac{3b}{a}\right)\cdot\left(\frac{a}{3b}-\frac{b}{2a}\right)$; $\left(\frac{1}{a}-\frac{2}{b}+\frac{1}{2c}\right)\cdot\left(\frac{2}{a}+\frac{4}{b}-\frac{1}{c}\right)$.

5. $\left(\frac{2a}{3b}-\frac{3b}{4a}\right)\cdot\left(\frac{3a}{4b}+\frac{2b}{3a}\right)-\left(\frac{a}{6b}-\frac{b}{8a}\right)\cdot\left(\frac{a}{2b}-\frac{b}{3a}\right)$.

56. Division zweier Brüche. Soll ein Bruch durch einen anderen dividiert werden, so lasse man den Dividendenbruch unverändert, kehre den Divisorbruch um und multipliziere alsdann die beiden Brüche.*) Auch hier ist auf die Möglichkeit des Kürzens zu achten.

Beispiele:

$$\frac{4}{5}:\frac{7}{9}=\frac{4}{5}\cdot\frac{9}{7}=\frac{4\cdot 9}{5\cdot 7}=\frac{36}{35};\quad 3\tfrac{1}{8}:4\tfrac{1}{2}=\frac{25}{8}:\frac{9}{2}=\frac{25}{8}\cdot\frac{2}{9}=\frac{25}{36}.$$

$$\frac{a}{b}:\frac{c}{d}=\frac{a}{b}\cdot\frac{d}{c}=\frac{a\,d}{b\,c};\quad \frac{14\,x}{9\,y}:\frac{8\,x}{27\,y}=\frac{14\,x\cdot 27\,y}{8\,x\cdot 9\,y}=\frac{21}{4}=5\tfrac{1}{4}.$$

$$\frac{5\,a\,x}{9\,b\,y}:\frac{7\,p\,q}{11\,r\,s}=\frac{5\,a\,x}{9\,b\,y}\cdot\frac{11\,r\,s}{7\,p\,q}=\frac{55\,a\,r\,s\,x}{63\,b\,p\,q\,y}.$$

$$\left(x+\frac{b}{c}\right):\left(b-\frac{x}{d}\right)=\left(\frac{c\,x+b}{c}\right):\left(\frac{b\,d-x}{d}\right)=\frac{c\,x+b}{c}\cdot\frac{d}{b\,d-x}=$$

$$=\frac{(c\,x+b)\cdot d}{c\cdot(b\,d-x)}=\frac{c\,d\,x+b\,d}{b\,c\,d-c\,x}.^{**)}$$

Aufgaben:

1. $\frac{s}{t}:\frac{x}{y};\quad \frac{7\,a}{8\,y}:\frac{4\,m}{3\,n};\quad \frac{5\,a\,m}{b\,c}:\frac{15\,m\,x}{6\,a\,c};\quad \left(+\frac{a}{m}\right):\left(-\frac{a}{m}\right).$
2. $\frac{2\,m\,n}{3}:\frac{2\,m\,n}{3\,b\,c};\quad \frac{26\,x\,y\,z}{45\,p\,q\,r}:\frac{39\,x\,y\,z}{40\,p\,q\,r};\quad \frac{13\,a\,b^2c}{20\,x^2y}:\frac{30\,x\,y^2z}{52\,b\,c^2n}.$
3. $\frac{a-m}{5\,a}:\frac{a+m}{6\,y};\quad \frac{m-3}{2\,m}:\frac{4\,m}{m-2};\quad \frac{2\,(a-1)}{(b-1)\,m}:\frac{7\,(1-a)}{(b-1)\,m}.$
4. $\frac{9\,a\,b\,(c-d)}{3\,c\,d\,(a-b)}:\frac{4\,a\,d\,(b-c)}{5\,a\,c\,(b+d)};\quad \frac{5\,a\,b\,(m-n)}{6\,x\,y\,(m+n)}:\frac{10\,a\,x\,(m-n)}{3\,b\,y\,(m+n)}.$
5. $\left(\frac{5\,x}{8\,u}+\frac{12\,u\,x}{32\,u}-\frac{9\,u}{16\,x}\right):\frac{15\,x}{32\,u};\quad \frac{n}{m}:\frac{a\,m}{m+n+p};\quad \frac{a+x}{a-x}:\frac{a\,x+x^2}{a\,x-x^2}.$
6. $\left(\frac{5\,a\,b\,c}{12\,p\,q\,r}\cdot\frac{40\,p\,r\,x}{25\,b\,c\,x}\right):\frac{5\,a\,b\,c\,p\,x}{25\,b\,q\,r};\quad \left(\frac{2\,m\,n}{6\,a\,b\,c}:\frac{18\,m\,n\,p}{3\,b\,c\,x}\right)\cdot\frac{7\,p\,q}{9\,a\,b}.$
7. $\left(12-\frac{19\,x}{2}-\frac{5\,x^2}{12}\right):\left(3-\frac{5\,x}{2}\right)=4+\frac{x}{6}.^{***)}$

57. Reziproke Werte. Aus Ziffer 56) ist ersichtlich, daß ein neuer Bruch entsteht, wenn man Zähler und Nenner eines gegebenen Bruches miteinander vertauscht. Diesen neu ent-

---

*) Einen Bruch umkehren heißt, den Zähler zum Nenner und den Nenner zum Zähler machen. Kehrt man den Bruch $\frac{3}{4}$ um, so erhält man $\frac{4}{3}$. Den Bruch $\frac{5\,a}{7\,x\,y}$ umgekehrt, gibt: $\frac{7\,x\,y}{5\,a}$.

**) Vgl. hierzu Ziffer 47, S. 45.

***) „ „ „ 44 B, S. 40.

standenen Bruch bezeichnet man als den „**reziproken Wert**" des ersten.

Beispiele:

Der reziproke Wert von $\frac{6}{7}$ ist $\frac{7}{6}$.

" " " " $\frac{x}{y}$ " $\frac{y}{x}$.

" " " " $\frac{a+n}{cd}$ ist $\frac{cd}{a+n}$.

" " " " $3\frac{1}{2} = \frac{7}{2}$ ist $\frac{2}{7}$.

" " " " $4 = \frac{4}{1}$ ist $\frac{1}{4}$.

" " " " $z = \frac{z}{1}$ " $\frac{1}{z}$.

" " " " $0{,}375$ ist $\frac{1}{0{,}375} = \frac{1000}{375} = \frac{8}{3}$.

" " " " $5{,}25$ " $\frac{1}{5{,}25} = \frac{100}{525} = \frac{4}{21}$.

" " " " $\frac{1}{3}$ ist $\frac{3}{1} = 3$.

" " " " $\frac{1}{x}$ " $\frac{x}{1} = x$.

Aus diesen Beispielen folgt: Um den reziproken Wert **einer gemischten Zahl** zu erhalten, ist dieselbe vorher in einen gewöhnlichen Bruch zu verwandeln. **Eine ganze Zahl** muß in einen Bruch mit dem Nenner **1** verwandelt werden, bevor man ihren reziproken Wert bilden kann.*)

58. **Division einer ganzen Zahl durch einen Bruch.** Soll eine ganze Zahl durch einen Bruch dividiert werden, so kehre man den Bruch um und multipliziere die ganze Zahl mit dem Zähler des neu entstandenen Bruches. Das erhaltene Produkt ist durch den Nenner des neuen Bruches zu dividieren.

Beispiele:

$$12 : \frac{5}{7} = 12 \cdot \frac{7}{5} = \frac{12 \cdot 7}{5} = \frac{84}{5} = 16\tfrac{4}{5}.$$

$$3 : 4\tfrac{1}{2} = 3 : \frac{9}{2} = 3 \cdot \frac{2}{9} = \frac{6}{9} = \frac{2}{3}; \qquad x : \frac{y}{z} = x \cdot \frac{z}{y} = \frac{xz}{y}.$$

$$xyz : \frac{uvw}{mn} = xyz \cdot \frac{mn}{uvw} = \frac{mnxyz}{uvw}; \quad 15n : \frac{7ab}{8xy} = \frac{120nxy}{7ab}.$$

*) Vgl. S. 31, Ziffer 38.

Aufgaben:

1. $15mn:\frac{5am}{3t}$; $7ax:\frac{3mx}{4y}$; $12pt:\frac{18np}{5a}$; $16ax:\frac{32ax}{5by}$.

2. $(a-m):\frac{a-m}{6y}$; $(x+y):\frac{3m}{x-y}$; $(x+5):\frac{7(a+b)}{x-5}$.

59. Multiplikation eines Bruches mit einer ganzen Zahl. Ein Bruch wird mit einer ganzen Zahl multipliziert, indem man den Zähler des Bruches mit dieser Zahl multipliziert und den Nenner unverändert läßt.

Beispiele:

$$\frac{9}{11}\cdot 3=\frac{9\cdot 3}{11}=\frac{27}{11};\quad \frac{a}{b}\cdot c=\frac{ac}{b};\quad \frac{4p}{5r}\cdot 7=\frac{4p\cdot 7}{5r}=\frac{28p}{5r}.$$

$$\frac{15mn}{28xy}\cdot 7x=\frac{15mn\cdot 7x}{28xy}=\frac{15\cdot 7\cdot mnx}{28xy}=\frac{15mn}{4y}.$$

$$3abc\cdot\frac{7pq}{9abc}=\frac{3abc\cdot 7pq}{9abc}=\frac{3\cdot 7abcpq}{9abc}=\frac{7pq}{3}.$$

Aufgaben:

1. $\frac{7}{9}\cdot 5$; $\frac{6x}{5y}\cdot 7$; $\frac{2m}{9n}\cdot(-35)$; $\frac{15xyz}{23pqr}\cdot 17prs$.

2. $\frac{1}{a^2}\cdot a$; $\frac{32ab}{27(x-y)}\cdot 36(x-y)$; $\left(\frac{11x}{12y}+\frac{5x^2}{4y^2}-\frac{7x^3}{8y}\right)\cdot 4ab$.

3. $\left(\frac{x}{a+x}+a\right)\cdot\left(\frac{a}{a-x}-x\right)-\left(\frac{a}{a+x}+x\right)\cdot\left(\frac{x}{a-x}-a\right)$.

60. Division eines Bruches durch eine ganze Zahl. Ein Bruch wird durch eine ganze Zahl dividiert, indem man den Nenner des Bruches mit dieser Zahl multipliziert und den Zähler unverändert läßt.

Beispiele:

$$\frac{13}{30}:5=\frac{13}{30\cdot 5}=\frac{13}{150};\quad \frac{a}{b}:c=\frac{a}{bc};\quad \frac{4p}{5r}:7=\frac{4p}{5r\cdot 7}=\frac{4p}{35r}.$$

$$\frac{22xyz}{7ab}:33xy=\frac{22xyz}{7ab\cdot 33xy}=\frac{2z}{21ab}.$$

$$\frac{x+y}{x-y}:x+y=\frac{(x+y)}{(x-y)(x+y)}=\frac{1}{x-y}.$$

Aufgaben:

1. $\frac{9}{7}:5$; $\frac{x}{y}:z$; $\frac{ab}{x}:x$; $\frac{12pq}{3n}:6p$; $\frac{x+y}{z}:z$; $\frac{15ab}{16xy}:2abc$.

2. $\frac{3a^2b^2}{5xy^2}:9a^2bx$; $\frac{4axy}{3bn}:(-6xy)$; $\left(-\frac{36mp}{9p}\right):(-4mn)$.

3. $\frac{c}{x+1}:(x+1)$; $\frac{x-y}{a+b}:(x-y)$; $\frac{a}{m-1}:(m+1)$.

61. Zusammenstellung einiger besonderen Werte. Im Anschlusse an die vorstehend besprochenen vier Grundrechnungsarten sollen einige Zahlenwerte, welche für das spätere praktische Rechnen von besonderer Bedeutung sind, in übersichtlicher Zusammenstellung aufgeführt werden:

1. $5 + 0 = 5;\quad a + 0 = a;\quad x + y + 0 = x + y;\quad 0 + 0 = 0.$
2. $5 - 0 = 5;\quad a - 0 = a;\quad x + y - 0 = x + y;\quad 0 - 0 = 0.$
3. $5 \cdot 0 = 0;\quad a \cdot 0 = 0;\quad (x + y) \cdot 0 = 0;\quad 0 \cdot 0 = 0.$
4. $\frac{5}{0} = \infty;\quad \frac{a}{0} = \infty;\quad \frac{x + y}{0} = \infty$, das Zeichen des unendlich Großen. Der Wert Null ist in jedem anderen Zahlenwerte unendlich viele Male enthalten: je kleiner der Nenner eines Bruches ist, um so größer ist der Wert des Bruches.
5. $\frac{5}{\infty} = 0;\quad \frac{a}{\infty} = 0;\quad \frac{x + y}{\infty} = 0$, denn je größer der Nenner eines Bruches ist, um so kleiner ist der Wert des Bruches.
6. $\frac{0}{5} = 0;\quad \frac{0}{a} = 0;\quad \frac{0}{x + y} = 0$, aber:
7. $\frac{0}{0} = 0 = 1 = 5 = 7 = 100 = \frac{1}{2} = 0{,}75 = a = \frac{x}{y} = \frac{a + b}{c}$, d. h. Null dividiert durch Null ergibt jeden beliebigen Zahlenwert.
8. $\frac{5}{5} = 1;\quad \frac{a}{a} = 1;\quad \frac{x + y}{x + y} = 1;\quad \frac{0}{0} = 1.$
9. $\frac{5}{1} = 5;\quad \frac{a}{1} = a;\quad \frac{x + y}{1} = x + y;\quad \frac{0}{1} = 0.$

Die Richtigkeit der vorstehenden Gleichungen folgt ohne weiteres aus den Proben der Subtraktion und Division. Vgl. S. 14, Ziffer 21 und S. 30, Ziffer 37.

VI. Potenzen.

62. Allgemeines. Auf S. 20, Ziffer 30) wurde bereits erklärt: Eine Potenz entsteht durch die wiederholte Multiplikation ein und desselben Faktors; so schreibt man

statt $5 \cdot 5 \cdot 5 \cdot 5$ . . . . . . 10-mal, kurz: 5^{10} und
„ $x \cdot x \cdot x \cdot x$ . . . . . . n- „ „ x^n.

Der Ausdruck x^n zeigt demnach allgemein an: die Zahl x ist n-mal als Faktor zu setzen. Man nennt den Ausdruck x^n eine Potenz der Zahl x und sagt, man potenziere x mit n, oder man habe x zur n-ten Potenz erhoben. Für x^n sagt man auch kurz: x hoch n.

Die Zahl x, welche potenziert wird, heißt Grundzahl oder Basis; die Zahl n, mit welcher man potenziert, wird Exponent der Potenz genannt.

63. Grundzahl oder Basis. Exponent. Grundzahl kann jeder beliebige Zahlenausdruck sein. Die Grundzahl **muß** in Klammern gesetzt werden, wenn dieselbe

1) eine Summe,
2) ein Produkt oder
3) ein Quotient (Bruch) ist.

Beispiel zu 1): Die zweite Potenz von

$$a + b + c \text{ ist} = (a + b + c)^2.$$

Beispiel zu 2): Die dritte Potenz von

$x \cdot y$ ist $= (xy)^3$ und von $3 \cdot a \cdot b \cdot c \cdot d = (3abcd)^3$.

Beispiel zu 3): Die fünfte Potenz von

$$\frac{x}{y} \text{ ist} = \left(\frac{x}{y}\right)^5 \text{und von } \frac{6xyz}{7pqr} = \left(\frac{6xyz}{7pqr}\right)^5.$$

Man achte beim Schreiben von Potenzen auf die Unterschiede von:

$$(a + b + c)^2 \text{ und } a + b + c^2.$$

$$(x \cdot y)^3 \quad \text{„} \quad x \cdot y^3.$$

$$\left(\frac{x}{y}\right)^5 \quad \text{„} \quad \frac{x^5}{y} \text{ oder } \frac{x}{y^5}.$$

Während, wie vorstehend aufgeführt, **links** eine ganze Summe, ein ganzes Produkt und ein ganzer Quotient potenziert werden sollen, ist **rechts** nur je ein Buchstabe mit dem gleichen Exponenten versehen!

Ebenso wie die Grundzahl, kann auch der Exponent ein ganz beliebiger Zahlenausdruck sein:

$$a^3; \quad b^n; \quad c^{\frac{1}{3}}; \quad n^{0,25}; \quad x^{a+b}; \quad y^{3\,(n-m)};$$

$$m^{(a+b)(x-y)}; \quad z^{\frac{a-b}{n+m}} \text{ usw.}$$

64. Grundzahl und Exponent. Namentlich von Anfängern ist besonders zu beachten, daß man Grundzahl und Exponent niemals miteinander vertauschen darf, wie das bei Addenden und Faktoren erlaubt ist.*) (Vgl. S. 8, Ziffer 15 und S. 19, Ziffer 28).

*) Es besteht nur ein einziger Fall, in welchem diese Vertauschung möglich ist: $4^2 = 2^4 = 16$.

Es ist also 3^5 **niemals** $= 5^3$ und entsprechend
x^n „ $= n^x$;
denn: 3^5 ist $= 3 \cdot 3 \cdot 3 \cdot 3 \cdot 3 = 243$ und
5^3 „ $= 5 \cdot 5 \cdot 5 = 125$!

Gleichzeitig soll auf einen anderen Fehler hingewiesen werden, der ebenfalls oft gemacht wird, nämlich auf das Bestreben, den Exponenten als Faktor vor die Grundzahl zu setzen. So ist z. B.

a^3 **nur** $= a \cdot a \cdot a$ und
niemals $= 3 \, . \, a$. Denn es ist
$3 \, . \, a$ **nur** $= a + a + a$ und nichts anderes!

65. Gleichartige Potenzen. Potenzen sind gleichartig, wenn ihre Grundzahlen und deren Exponenten genau gleich sind.

So sind z. B.: $3a^5$ und $7a^5$ gleichartig, während
$3a^5$ und $7a^9$ **nicht** gleichartig sind.

66. Addition und Subtraktion gleichartiger Potenzen. Potenzen können nur addiert oder subtrahiert werden, wenn sie gleichartig sind; man addiert oder subtrahiert alsdann wie mit gewöhnlichen Buchstabengrößen.*)

Beispiele:

$4a^2 + 12a^2 = 16a^2$; $15a^2b^3 - 20a^2b^3 = -5a^2b^3$.

$9x^4 + 3n^3 - 6x^4 - 5n^3 + 3x^4 + 7n^3 = 6x^4 + 5n^3$.

$3(a+b)^2 - 7(a+b)^2 + 9(a+b)^2 = 5(a+b)^2$.

$\frac{1}{2}ab^3 + \frac{2}{5}ab^3 = \frac{5}{10}ab^3 + \frac{4}{10}ab^3 = \frac{9}{10}ab^3 = 0{,}9 \cdot ab^3$.

$$\frac{x^3y}{4} - \frac{2x^3y}{5} + \frac{3x^3y}{10} = \frac{5x^3y - 8x^3y + 6x^3y}{20} = \frac{3x^3y}{20}.$$

$$\frac{5a^3}{b^4} - \frac{7a^3}{b^4} + \frac{11a^3}{b^4} + a^4 = \frac{9a^3}{b^4} + a^4.$$

$6x^3 - \{3x - [4x^4 - (2x^2 + 5x^4) + 7x^2] - x^3\} + 8x =$
$6x^3 - \{3x - [4x^4 - 2x^2 - 5x^4 + 7x^2] - x^3\} + 8x =$
$6x^3 - \{3x - 4x^4 + 2x^2 + 5x^4 - 7x^2 - x^3\} + 8x =$
$6x^3 - 3x + 4x^4 - 2x^2 - 5x^4 + 7x^2 + x^3 + 8x =$
$7x^3 + 5x - x^4 + 5x^2$.

In dieser Form läßt man jedoch ein Ergebnis, welches Potenzen derselben Grundzahl mit verschiedenen Exponenten enthält, nicht stehen; man ordnet in bestimmter Reihenfolge. Schreibt man das Ergebnis in der Form:

$$-x^4 + 7x^3 + 5x^2 + 5x,$$

*) Vgl. S. 9, Ziffer 16, A.

so sagt man: die Summe sei nach fallenden Potenzen von x geordnet. Schreibt man:

$$5x + 5x^2 + 7x^3 - x^4,$$

so sagt man: die Summe sei nach steigenden Potenzen von x geordnet.

Aufgaben:

1. $-6a^2 + 10a^2 - 12a^3 + 4b^4 + 14a^3 + 18b^4.$
2. $8a^3b - 12a^2b^2 + 4a^3b - 14a^2b^2 - 8ab^3 + 6x^2y^2.$
3. $3a^{-7} + 10a^{-7} - 5a^{-7} + a^2b.$
4. $-3a^2b - (7ab^2 + 3a^3b) - (2ab^2 - 8a^2b) - 3a^3b.$
5. $9a^m x^2 - 13 + 20ab^3x - 4b^m cx^2 - (3b^m cx^2 + 9a^m x^2 - 6 + $
$+ 3ab^3x).$

67. Besondere Fälle.

a) **Jede** Potenz der Grundzahl **Eins** ist wieder **Eins.**

$$1^4 = 1 \cdot 1 \cdot 1 \cdot 1 = 1; \quad 1^6 = 1; \quad 1^x = 1; \quad 1^0 = 1.$$

$$1^{a+b} = 1; \quad 1^{\frac{x}{n-m}} = 1.$$

b) **Jede** Potenz, deren Exponent **Eins** ist, ist gleich der Grundzahl der Potenz.

$3^1 = 3$, denn 3 soll einmal als Faktor gesetzt werden und: $1 . 3 = 3.$
$x^1 = x$, „ x „ „ „ „ „ „ „ $1 . x = x.$

$$100^1 = 100; \quad (a + b)^1 = a + b; \quad \left(\frac{x}{y}\right)^1 = \frac{x}{y}; \quad 0^1 = 0.$$

Es ist daher bei dem späteren Rechnen mit Potenzen jede Zahl, welcher kein besonderer Exponent beigeschrieben ist, als mit dem Exponenten 1 behaftet zu betrachten; man kann also auf diese Weise **jeder Zahl die Form einer Potenz mit dem Exponenten 1 geben.**

$$3 = 3^1; \quad x = x^1; \quad a + b = (a + b)^1; \quad \frac{a}{b} = \left(\frac{a}{b}\right)^1.$$

c) **Jede** Potenz der Grundzahl **Null** ist wieder **Null.**

$$0^4 = 0 \cdot 0 \cdot 0 \cdot 0 = 0; \quad 0^n = 0; \quad 0^{100} = 0; \quad 0^0 = 0.$$

Über Potenzen, deren Exponent **Null** ist, siehe S. 67, Ziffer 69b).

68. Multiplikation von Potenzen mit gleichen Grundzahlen.

Sollen die beiden Potenzen 2^3 und 2^2 miteinander multipliziert werden, so kann man, wenn man beide Potenzen in ihre Faktoren zerlegt, schreiben:*)

$$2^3 \cdot 2^2 = 2 \cdot 2 \cdot 2 \cdot 2 \cdot 2.$$

---

*) Vgl. S. 21, Ziffer 30.

Schreibt man die rechte Seite dieser Gleichung wieder als Potenz, so erhält man:

$$2^3 \cdot 2^2 = 2^5.$$

Den Exponenten 5 der rechten Seite erhält man aber auch, wenn man die Exponenten 2 und 3 der linken Seite addiert. Damit ergibt sich:

$$2^3 \cdot 2^2 = 2^{3+2} = 2^5.$$

Auf Buchstaben angewendet, folgt:

$$a^m \cdot a^n = a^{m+n}$$

Hieraus ergibt sich als Regel:

Potenzen mit gleichen Grundzahlen werden multipliziert, indem man die einzelnen Exponenten addiert und die so erhaltene Summe der gemeinsamen Grundzahl zum Exponenten gibt.*)

Beispiele:

$3^2 \cdot 3^3 = 3^{2+3} = 3^5 = 3 \cdot 3 \cdot 3 \cdot 3 \cdot 3 = 243.$

$y^3 \cdot y^2 = y^{3+2} = y^5; \quad x^m \cdot x^n = x^{m+n}.$

$4^3 \cdot 4^2 \cdot 4 = 4^{3+2+1} = 4^6 = 4096.$

$a \cdot a^5 \cdot a^9 = a^{1+5+9} = a^{15}; \quad b^x \cdot b^y \cdot b^z = b^{x+y+z}.$

$6a^2 \cdot 3a^5 \cdot a = 6 \cdot 3 \cdot a^2 \cdot a^5 \cdot a^1 = 6 \cdot 3 \cdot a^{2+5+1} = 18a^8.$

$2b^{10} \cdot 4b^{-6} = 2 \cdot 4 \cdot b^{10-6} = 8b^4; \quad x^m \cdot x^n \cdot x = x^{m+n+1}.$

$5ab^2c^3 \cdot 3a^2bc^4 \cdot 2a^3b^4c = 30a^6b^7c^8.$

$6x^{-3}y^2z \cdot 3x^4y^{-3}z^2 \cdot 4xy^5z^{-7} = 72x^2y^4z^{-4}.$

$5a^2b^2 - 3ab(2a^3b - 6ab + 4a^2b^3) + 12a^3b^4 =$

$= 5a^2b^2 - 6a^4b^2 + 18a^2b^2 - 12a^3b^4 + 12a^3b^4 =$

$= 23a^2b^2 - 6a^4b^2.$

$n^{3+a} \cdot n^{5-2a} = n^{(3+a)+(5-2a)} = n^{3+a+5-2a} = n^{8-a}.$

$\frac{a^{4x-3y}}{b^{6x+2y}} \cdot \frac{a^{8y-7x}}{b^{4y-3x}} = \frac{a^{4x-3y+8y-7x}}{b^{6x+2y+4y-3x}} = \frac{a^{-3x+5y}}{b^{3x+6y}}.$**)

$(a-b) \cdot (a-b)^3 = (a-b)^1 \cdot (a-b)^3 = (a-b)^{1+3} = (a-b)^4.$

Aufgaben:

1. $a^3 . a^4; \quad x^5 . x^2 . x^4; \quad c^{x-1} . c^2; \quad d^{y-1} . d; \quad p^{m-4} . p^{n-5}.$
2. $a^{x+1} . a^{x+2} . a^{2x+3}; \quad 2n^3 . 5n^7; \quad x^7 . y^9 . x^5 . y^3 . y; \quad ab . a^2b^2.$
3. $3b^2x . 9bx^2; \quad \frac{1}{4}n^3m^4 . \frac{1}{5}n^2m^7; \quad 0{,}8a^mb^n . 0{,}4a^4b^6.$
4. $9a^3x^4y^5 . 8x^3y^2 . a^4; \quad 5a^{2x+3} . 7a^{3-4x} . 9a^{7x-9}; \quad 8a^{-3}b^{-2} . 7a^6b^3.$

---

*) In kürzerer Fassung findet man wohl auch den Wortlaut: Potenzen mit gleichen Grundzahlen werden multipliziert, indem man die Exponenten addiert.

Nur mit Potenzen mit gleichen Grundzahlen kann die Multiplikation ausgeführt werden; diejenige mit Potenzen mit ungleichen Grundzahlen kann man nur andeuten:

$x^2 . y^5$ ist und bleibt: $\mathbf{x^2 . y^5}$.

**) Vgl. S. 56, Ziffer 55.

5. $-4a^{p+q} . b^{r-s} . -2a^{m+n} . b^r$; $3a^{-m+n} . b^r . 4a^{-3n+5m} . b^{2r-p}$
6. $(a+b) . (a+b)$; $(x+y)^3 . (x+y)^4$; $(p+q+r)^5 . (p+q+r)$.
7. $(a+b) . 3a$; $(ab^4 - a^3b) . 6a^4b^3$; $(p^{x+1} - p^{x-1}) . p^{n-x}$.
8. $(a^2 - 2ab + b^2) . 6a^2b^3$; $(x^m + x^n) . (y^m - y^n)$.
9. $(a^3 + 3ab^2 - b^3) . (a^2 - b^2)$; $(6a^2 - 11ab + 3b^2) . (9a^2 - 3ab - 2b^2)$.
10. $(3n^2 + 7m^4) . (3n^2 - 7m^4)$; $(2a^4x^2 + 3b^4y^2) . (2a^4x^2 - 3b^4y^2)$.
11. $(\frac{2}{3}n^4 - \frac{1}{2}mn^2 + \frac{3}{4}m^2) \cdot (\frac{1}{2}m + \frac{1}{3}n^2)$; $(x-1)^2$; $(3x-3)^3$.
12. $\frac{a^2}{b^2} \cdot \frac{a^n}{b^x}$; $\frac{5b^3}{6} \cdot \frac{8b^4}{5}$; $\frac{3n^5}{4p^2} \cdot \frac{6n^8}{9p^5}$; $\frac{3a^4b}{8} \cdot \frac{5a^3b^4}{6 . n}$; $\frac{a^{3x-4y}}{b^{5x+3y}} \cdot \frac{a^{8y-7x}}{b^{4y-2x}}$.

Umkehrung. a) Eine Zahl wird mit einer Summe potenziert, indem man dieselbe mit den Summanden des Exponenten einzeln potenziert und die so erhaltenen Potenzen miteinander multipliziert.

$$a^{m+n} = a^m \cdot a^n.$$

Beispiele:

$3^5 = 3^{2+3} = 3^2 \cdot 3^3$; $y^7 = y^{3+4} = y^3 \cdot y^4$; $n^{a+b} = n^a \cdot n^b$.
$b^8 = b^{4+4} = b^4 \cdot b^4$; $b^8 = b^{7+1} = b^7 \cdot b$; $b^8 = b^{2+6} = b^2 \cdot b^6$.
$x^{3+m+n} = x^3 \cdot x^m \cdot x^n$; $z^{a-b+c} = z^a \cdot z^{-b} \cdot z^c$.
$n^{8-a} = n^{3+a} \cdot n^{5-2a} = n^3 \cdot n^a \cdot n^5 \cdot n^{-2a}$.
$(a-b)^{n+2} = (a-b)^n \cdot (a-b)^2$.

b) Jede Potenz kann in Faktoren zerlegt werden, welche Potenzen der gleichen Grundzahl sind und deren Exponenten als Summe den Exponenten der gegebenen Potenz haben.

$$a^n = a^{n-m} \cdot a^m.$$

69. Division von Potenzen mit gleichen Grundzahlen. Hierbei sind, ähnlich wie bei der Subtraktion S. 14, Ziffer 22), drei Fälle zu unterscheiden: Der Exponent der Divisorpotenz kann kleiner, gleich oder größer als derjenige der Dividendenpotenz sein

a) Der Exponent des Divisors ist kleiner als der Exponent des Dividenden.

Soll die Potenz 3^5 durch die Potenz 3^2 dividiert werden, so kann man, wenn man beide Potenzen in ihre Faktoren zerlegt, schreiben:

$$\frac{3^5}{3^2} = \frac{3 \cdot 3 \cdot 3 \cdot 3 \cdot 3}{3 \cdot 3} = 3 \cdot 3 \cdot 3.\text{*)}$$

Schreibt man die rechte Seite dieser Gleichung wieder als Potenz, so erhält man:

$$\frac{3^5}{3^2} = 3^3.$$

*) Vgl. S. 33, Ziffer 41.

Den Exponenten 3 auf der rechten Seite erhält man aber auch, wenn man den Exponenten 2 des Divisors vom Exponenten 5 des Dividenden subtrahiert. Damit ergibt sich:

$$\frac{3^5}{3^2} = 3^{5-2} = 3^3.$$

Auf Buchstaben angewendet, erhält man:

$$\frac{a^m}{a^n} = a^{m-n}.$$

Hieraus folgt als Regel:

Potenzen mit gleichen Grundzahlen werden dividiert, indem man den Exponenten des Divisors (Nenners) von dem Exponenten des Dividenden (Zählers) subtrahiert und die so erhaltene Differenz der gemeinsamen Grundzahl zum Exponenten gibt.*)

Beispiele:

$$2^3 : 2^2 = \frac{2^3}{2^2} = \frac{2\cdot 2\cdot 2}{2\cdot 2} = 2, \text{ oder auch:}$$

$$2^3 : 2^2 = \frac{2^3}{2^2} = 2^{3-2} = 2^1 = 2.$$

$$a^m : a^n = \frac{a^m}{a^n} = a^{m-n};\; x^n : x = \frac{x^n}{x^1} = x^{n-1}.$$

$$\frac{x^9}{x^3} = x^{9-3} = x^6;\; x^3 : x^9 = x^{3-9} = x^{-6};\; \frac{8a^7}{4a^3} = 2\frac{a^7}{a^3} = 2a^4.$$

$$6a^{-8} : 2a^{-7} = \frac{6a^{-8}}{2a^{-7}} = \frac{6}{2}a^{-8-(-7)} = 3a^{-8+7} = 3a^{-1}.$$

$$\frac{a^{y+z}}{a^y} = a^{y+z-y} = a^z;\; \frac{a^x}{a^{y-z}} = a^{x-(y-z)} = a^{x-y+z}.\text{**)}$$

$$\frac{n^{3x+5}}{n^{x-2}} = n^{3x+5-(x-2)} = n^{3x+5-x+2} = n^{2x+7}.\text{**)}$$

$$\frac{b^m}{b^{n-p+q}} = b^{m-(n-p+q)} = b^{m-n+p-q}.\text{**)}$$

---

*) In kürzerer Fassung findet man wohl auch den Wortlaut: Potenzen mit gleichen Grundzahlen werden dividiert, indem man die Exponenten subtrahiert.

Nur mit Potenzen mit gleichen Grundzahlen kann die Division ausgeführt werden; diejenige mit Potenzen mit ungleichen Grundzahlen kann man nur andeuten:

$$x^2 : y^5 = \frac{x^2}{y^5} \text{ ist und bleibt: } x^2 : y^5 = \frac{x^2}{y^5}.$$

**) Bei diesen Beispielen ist der Exponent des Divisors (Nenners) mehrgliedrig; hier eine Differenz bzw. eine Summe. Es ist in diesen Fällen darauf zu achten, daß mehrgliedrige Exponenten stets in

$$\frac{x^{32} \cdot y^{55}}{x^{24} \cdot y^{40}} = \frac{x^{32}}{x^{24}} \cdot \frac{y^{55}}{y^{40}} = x^{32-24} \cdot y^{55-40} = x^8 y^{15}.$$

$$24 x^5 y^7 z^9 : 6 x^3 y^4 z^5 = 4 x^2 y^3 z^4.$$

$$\left(\frac{a}{b}\right)^3 : \left(\frac{a}{b}\right)^5 = \left(\frac{a}{b}\right)^{3-5} = \left(\frac{a}{b}\right)^{-2}; \quad \left(\frac{x}{z}\right)^m : \left(\frac{x}{z}\right)^n = \left(\frac{x}{z}\right)^{m-n}.$$

$$(a+b)^5 : (a+b)^{-2} = (a+b)^{5+2} = (a+b)^7.$$

Aufgaben:

1. $\frac{a^9}{a^5}$; $\frac{x^{13}}{x^4}$; $\frac{m^{42}}{m^{26}}$; $\frac{p^x}{p^y}$; $\frac{y^n}{y^5}$; $\frac{a^{3x}}{a^{4y}}$; $\frac{n^9}{n}$; $\frac{5y^{13}}{7y^6}$; $\frac{12a^n}{15a^m}$.
2. $\frac{20x^p}{4x^7}$; $\frac{b^{n-2}}{b^2}$; $\frac{m^{10x+8}}{m^{3x}}$; $\frac{y^{17}}{y^{n-12}}$; $\frac{z^{23}}{z^{p-q}}$; $\frac{a^{x+3}}{a^{x-2}}$.
3. $\frac{n^{3m+4}}{n^{2m-2}}$; $\frac{36x^{4p-12}}{27x^{4-3p}}$; $\frac{1{,}25b^{5n-3m}}{0{,}75b^{3m-2n}}$; $\frac{a^9 . b^8}{a^7 . b^5}$; $\frac{x^{72}y^{98}}{x^{36}y^{49}}$.
4. $\frac{24x^4y^7z^9}{8x^2y^4z^5}$; $\frac{p^{m+5}q^{2n-7}r^x}{p^{m-3}q^{n+5}r^9}$; $\frac{7x^{15n-7m}y^{12m-17n}}{105x^{5m+3n}y^{2m-7n}}$; $\frac{(a+b)^7}{(a+b)^{5x-2}}$.
5. $\frac{(a+b)^{-7}}{(a+b)^{5x-2}}$; $\frac{16(n+m)^{13-x}}{4(n+m)^{6-x+y}}$; $\frac{b^x(n-1)^5}{b^{1-x}(n-1)^3}$.

b) Der Exponent des Divisors ist gleich dem Exponenten des Dividenden.

Sind die Exponenten im Dividenden (Zähler) und im Divisor (Nenner) einander gleich, so kann man z. B. schreiben:

$$\frac{3^5}{3^5} = 3^{5-5} = 3^0.$$

Man erhält also eine Potenz, deren Exponent **Null** ist. Nach S. 30, Ziffer 38) ist aber auch:

$$\frac{3^5}{3^5} = \ldots. = 1.^{*)}$$

Da in den letzten beiden Gleichungen die linken Seiten gleich sind, so müssen auch die rechten Seiten gleich sein,**) d. h. es muß:

$$\mathbf{3^0 = 1}$$

sein. Auf Buchstaben angewendet, ergibt sich:

$$\frac{x^n}{x^n} = x^{n-n} = x^0 = 1.$$

Klammern zu setzen sind und dann nach den Regeln S. 11, Ziffer 18) zu verfahren ist.

*) Vgl. auch S. 33, Ziffer 41.

**) Sind zwei Größen einer dritten gleich, so sind sie auch einander gleich.

Hieraus folgt als Regel:

Jede Potenz, welche Null zum Exponenten hat, ist gleich der Zahl Eins.

Beispiele:

$$7^0 = 1;\ (-7)^0 = 1;\text{*)}\ 1000000^0 = 1;\ 0^0 = 1;\ \left(\frac{5}{6}\right)^0 = 1.$$

$$a^0 = 1;\ (a \cdot b)^0 = 1;\ \left(\frac{a}{b}\right)^0 = 1;\ (a+b)^0 = 1;\ \left(\frac{x^n}{a-b}\right)^0 = 1.$$

Aufgaben:

1. $\frac{a^6}{a^6};\ \frac{x^n}{x^n};\ \frac{(m-n)^x}{(m-n)^x};\ \frac{(p+q)^{x+1}}{(p+q)^{1+x}};\ \frac{a^5}{a^0};\ \frac{n^0}{n^5};\ \frac{x^0}{y^0}.$
2. $3{,}125^0;\ 0{,}8^0;\ a^4 . a^0;\ b^0 . z^0;\ 3x^0;\ 4(a-b)^0.$
3. $6^0 . (x+y);\ 10^0 . (n-m)^0;\ 1^0 . 5^0;\ \frac{1}{7^0};\ \frac{n^0}{m^3};\ \frac{m^3}{n^0}.$

c) Der Exponent des Divisors ist größer als der Exponent des Dividenden.

Soll die Potenz 3^2 durch die Potenz 3^5 dividiert werden, so erhält man nach dem vorstehenden:

$$\frac{3^2}{3^5} = 3^{2-5} = 3^{-3}.$$

Löst man die Potenzen in ihre Faktoren auf, so ergibt sich:

$$\frac{3^2}{3^5} = \frac{3 \cdot 3}{3 \cdot 3 \cdot 3 \cdot 3 \cdot 3} = \frac{1}{3 \cdot 3 \cdot 3} = \frac{1}{3^3}.$$

Da die linken Seiten der letzten beiden Gleichungen gleich sind, so müssen auch die rechten Seiten gleich sein, d h. es muß

$$3^{-3} = \frac{1}{3^3}$$

sein. Auf Buchstaben angewendet, erhält man sinngemäß:

$$a^{-x} = \frac{1}{a^x}.\text{**)}$$

---

*) Um zu beweisen, daß $(-7)^0 = 1$ ist, kann man schreiben:

$$(-7)^0 = (-7)^{1-1} = \frac{(-7)^1}{(-7)^1} = \frac{-7}{-7} = +\frac{7}{7} = +1.$$

**) Auch aus dem bisher über Potenzen Gesagten läßt sich die Richtigkeit nachweisen. Geht man z. B. von der Potenz a^{-x} aus, so kann man dafür den Gleichwert a^{0-x} setzen, also:

$a^{-x} = a^{0-x}$. Es ist aber entspr. S. 66, Ziffer 69a):

$a^{0-x} = \frac{a^0}{a^x}$. Nach S. 67, Ziffer 69b) ist weiter:

$a^0 = 1$. Mithin muß, da $0 - x = -x$ ist,

$a^{-x} = \frac{1}{a^x}$ sein.

Ist also der Divisorexponent größer als der Dividendenexponent, so entsteht eine Potenz mit negativem Exponenten, die man jedoch, wie die letzte Gleichung zeigt, in eine solche mit positivem Exponenten verwandeln kann.

Hieraus folgt als Regel:

Jede Potenz mit negativem Exponenten ist gleich einem Bruch, dessen Zähler **Eins**, und dessen Nenner die Grundzahl der Potenz mit positivem Exponenten ist.

Sieht man von den Exponenten ab, so ist $\frac{1}{a}$ der reziproke Wert*) von a; infolgedessen kann man auch sagen:

Jede Potenz mit negativem Exponenten ist gleich dem reziproken Werte der Grundzahl mit positivem Exponenten.

Beispiele:

$$3^3 : 3^6 = \frac{3^3}{3^6} = 3^{3-6} = 3^{-3} = \frac{1}{3^3} = \frac{1}{3 \cdot 3 \cdot 3} = \frac{1}{27}.$$

$$\frac{x^8}{x^{10}} = x^{8-10} = x^{-2} = \frac{1}{x^2}; \quad 10^{-2} = \frac{1}{10^2} = \frac{1}{100} = 0{,}01.$$

$$\frac{b^x}{b^{x+1}} = b^{x-(x+1)} = b^{x-x-1} = b^{-1} = \frac{1}{b^1} = \frac{1}{b}.$$ Vgl. S. 63, Ziffer 67 b.

$$\frac{a^p}{a^{p+q}} = a^{p-p-q} = a^{-q} = \frac{1}{a^q}; \quad 3a^{-2}b^6f^{-3} = \frac{3b^6}{a^2f^3}.$$

$$4^{-3} = \frac{1}{4^3} = \frac{1}{64} = 0{,}015625; \quad 10^{-7} = \frac{1}{10^7} = 0{,}0000001.$$

$$\left(\frac{2}{3}\right)^{-4} = \left(\frac{3}{2}\right)^4 = \frac{81}{16} = 5\frac{1}{16} = 5{,}0625.$$

$$\left(3\frac{1}{2}\right)^{-2} = \left(\frac{7}{2}\right)^{-2} = \left(\frac{2}{7}\right)^2 = \frac{4}{49} = 0{,}0816 \ldots.$$

Aufgaben:

1. $\frac{n^{13}}{n^{15}}$; $\frac{a^{3x}}{a^{9x}}$; $\frac{b^p}{b^{p+q}}$; $\frac{x^{-7}}{x^{13}}$; $\frac{m^{-8}}{m^{-8}}$; $\frac{9a^{-10}}{3a^{-9}}$; $\frac{21x^{12}y^{-15}z}{7x^{18}y^3z^2}$.
2. $x^6 . x^{-3}$; $y^{-5} . y^{-7}$; $a^m . a^{-n}$; $z^{m+3} . z^{-4}$; $8a^{-8}b^5 . 3a^5b^{-5}$.
3. $\frac{-36(m+n)^{7x}}{-72(m+n)^{8x}}$; $\frac{a^5 . b^{-6}}{a^8 . b^{-5}}$; $\frac{8a^4b^{-3}c^0}{4a^5b^7}$.
4. $\frac{4a^{-2}b^8}{2a^{-5}b^{-1}}$; $\frac{a^{2-m} \cdot b^{m-2}}{3a^{-m} \cdot b^{1-m}}$; $\frac{2a^{-3} \cdot b^{-1}}{3a^{m-4} \cdot b^{1-m}}$.

---

*) Vgl. S. 57, Ziffer 57.

70. Verwandlung von Potenzen mit negativen Exponenten in solche mit positiven Exponenten. Die Umkehrung der Gesetze in Ziffer 69) ergibt folgendes:

a) Eine Zahl wird mit einer Differenz potenziert, indem man dieselbe mit dem Minuenden und dem Subtrahenden des Exponenten einzeln potenziert und die erste Potenz durch die letztere dividiert.

$$a^{m-n} = \frac{a^m}{a^n}.$$

Beispiele:

$$3^5 = 3^{7-2} = \frac{3^7}{3^2}; \quad y^{n-4} = \frac{y^n}{y^4}; \quad z^{8a-5b} = \frac{z^{8a}}{z^{5b}}.$$

$$a^{x+y-z} = \frac{a^{x+y}}{a^z} = \frac{a^x \cdot a^y}{a^z}; \quad b^{m-(n-p+q)} = \frac{b^m}{b^{n-p+q}}.$$

$$n^{8x+5-(x-2)} = \frac{n^{8x+5}}{n^{x-2}}; \quad x^{m-3} \cdot y^{n-5} = \frac{x^m}{x^3} \cdot \frac{y^n}{y^5}.$$

b) Jede Potenz kann als Quotient zweier Potenzen der gleichen Grundzahl dargestellt werden, in welcher der Dividend irgendeine ganze Zahl, der Divisor aber die Differenz zwischen dieser Zahl und dem Exponenten der gegebenen Potenz zum Exponenten hat.

$$a^n = \frac{a^m}{a^{m-n}}.$$

c) Jeder Bruch, dessen Zähler die Zahl **1** und dessen Nenner eine Potenz mit negativem Exponenten ist, wird gleich einer ganzzahligen Potenz, deren Grundzahl diejenige des Nenners und deren Exponent der positive Exponent des Nenners ist.

Beispiele:

$$\frac{1}{3^{-3}} = 3^3 = 3 \cdot 3 \cdot 3 = 27^{*}); \quad \frac{1}{6^{-2}} = 6^2 = 36; \quad \frac{1}{1^{-1}} = 1^1 = 1.$$

$$\frac{1}{10^{-n}} = 10^n; \quad \frac{1}{10^{-4}} = 10^4 = 10000; \quad \frac{1}{10^{-7}} = 10000000.$$

---

*) Daß $\frac{1}{3^{-3}} = 3^3$ ist, kann man auch folgendermaßen beweisen:

$$\frac{1}{3^{-3}} = \frac{1}{\frac{1}{3^3}} = 1 \cdot \frac{3^3}{1} = 3^3.$$

$$\frac{1}{a^{-n}} = a^n;\ \frac{1}{1^{-x}} = 1^x;\ \frac{1}{(a \cdot b)^{-2}} = (a \cdot b)^2;\ \frac{1}{(a+b)^{-n}} = (a+b)^n$$

$$\frac{1}{(3n)^{-2}} = (3n)^2, \textbf{ aber: } \frac{1}{3n^{-2}} = \frac{1}{3} \cdot \frac{1}{n^{-2}} = \frac{1}{3} \cdot n^2.\text{*)}$$

d) Bei einem Bruche kann man jede **als Faktor** vorkommende Potenz mit entgegengesetzt genommenem**) Exponenten aus dem Zähler in den Nenner, und umgekehrt, aus dem Nenner in den Zähler bringen.

Beispiele:

$$\frac{3^{-2}}{5^{-3}} = \frac{5^3}{3^2};\ \frac{4^3}{7^{-2}} = \frac{7^2}{4^{-3}};\ \frac{a^{-4}}{b^{-n}} = \frac{b^n}{a^4};\ \frac{x^{-m}}{p^n} = \frac{p^{-n}}{x^m}.$$

$$\frac{6a^{-n}}{5b^3} = \frac{5b^{-3}}{6a^n};\ \frac{a^{-4}b^{-n}}{x^{-7}y^{-m}} = \frac{x^7y^m}{a^4b^n};\ \frac{(a+b)^{-3}}{(x-y)^{-7}} = \frac{(x-y)^7}{(a+b)^3}.$$

Es sei hier hervorgehoben, daß diese Regel **nur für Faktoren und niemals für Addenden** gilt. So ist z. B.:

$$\frac{n^{-2}+m^{-3}}{a^x - b^y} \text{ niemals} = \frac{a^{-x} - b^{-y}}{n^2 + m^3}!$$

$$\textbf{Sondern nur } \frac{n^{-2} \cdot m^{-3}}{a^x \cdot b^y} \text{ ist} = \frac{a^{-x} \cdot b^{-y}}{n^2 \cdot m^3}!$$

Danach läßt sich jeder algebraische Ausdruck, welcher Potenzen mit negativen Exponenten enthält, derart umformen, daß nur noch Potenzen mit positiven Exponenten in demselben vorkommen. Das Rechnen mit negativen Exponenten wird dadurch gänzlich vermieden.

Beispiele:

$$8 \cdot 2^{-2} = \frac{8}{2^2} = \frac{8}{4} = 2;\quad 9^2 \cdot 3^{-4} = \frac{9^2}{3^4} = \frac{81}{81} = 1.$$

$$\frac{x^{-5}}{x^{-11}} = \frac{x^{11}}{x^5} = x^6;\quad \frac{y^{n-4}}{y^n} = \frac{y^n \cdot y^{-4}}{y^n} = y^{-4} = \frac{1}{y^4}.$$

$$\frac{x^{-3}b^4}{x^2y^{-5}} = \frac{b^4y^5}{x^5};\ \frac{36a^0b^{-4}}{24a^{-1}b^3c^{-4}} = \frac{3ac^4}{2b^7};\ \frac{a^3b^{-4}}{x^{-7}y^5} \cdot \frac{a^{-4}b^5}{x^9y^{-3}} = \frac{b}{ax^2y^2}.$$

$$\frac{a^{-8}}{-a^8} = -\frac{1}{a^{16}};\ \frac{-8a}{a^{-8}} = -8a^9;\ \frac{-4x^{-3}y^2}{-6xy^{-2}} = \frac{2y^4}{3x^4}.$$

Aufgaben:

1. $\frac{a^{-5}b^{-x}}{x^{-4}y^{-a}};\ \frac{2a^0b^{-1}c^{-2}}{4x^0y^{-1}z^{-2}};\ \frac{6a^5b^{-3}c^0}{2x^{-3}yz^{-1}};\ \frac{5a^6b^{-2}c^4}{2a^{-7}b^3c^{-6}}.$

*) Vgl. S. 56, Ziffer 55. Beachte die Schreibweise von Grundzahl und Exponent!

**) Vgl. S. 7, Ziffer 11.

2. $\frac{7x^{-4}y^3z^{-5}}{9n^3p^{-4}r^{-3}}$; $\frac{a^3b^4c^6}{3x^{-7}}$; $\frac{2^{-2}x^{-4}nb^{-3}}{6p^{-9}q}$; $\frac{3^3p^{-2}q^{-5}s^{-8}}{3^4p^{-3}y^{-2}s^5}$.

3. $\frac{9x^7b^5y^6}{10a^8b^7c^5}\cdot\frac{35a^{10}b^{15}c^7}{36x^2y^4z}$; $\frac{8a^{5x+3}}{7b^{12x-9}}\cdot\frac{14a^{21-7x}}{25b^{13-9x}}\cdot\frac{15a}{16b^2}$; $\frac{16(x+y)^{-3}}{2(x+y)^{-9}}$.

4. $\frac{a^7}{b^9}:\frac{a^5}{b^7}$; $\frac{x^8y^5}{z^4}:\frac{b^5y^8}{z^9}$; $\frac{6b^7c^4z^2}{7a^8xy^4}:\frac{12b^5c^2z}{21a^4x^2y^5}$; $\frac{a^{x-y}}{b^{r-s}}:\frac{b^{2r-3s}}{a^{4y-3x}}$.

5. $\frac{x^{-6}}{-6x}$; $\frac{-9n}{n^{-9}}$; $\frac{5a^5}{-5a^{-5}}$; $\frac{3y^{-4}}{4}:\frac{y^8}{8}$; $\frac{2n^3}{3}:\frac{-5n^{x+3}}{6}$.

71. Potenzierung einer Potenz. Soll eine Potenz 2^3 mit 2 potenziert werden, so ist nach der Erklärung der Potenz:

$$(2^3)^2 = 2^3\cdot 2^3 = 2^{3+3} = 2^6.$$

Den Exponenten 6 auf der rechten Seite erhält man aber auch, wenn man die Exponenten 3 und 2 auf der linken Seite miteinander multipliziert. Damit ergibt sich:

$$(2^3)^2 = 2^{3\cdot 2} = 2^6.$$

Auf Buchstaben angewendet, erhält man:

$$(x^m)^n = x^{m\cdot n}.$$

Hieraus folgt als Regel:

Eine Potenz wird potenziert, indem man die einzelnen Exponenten miteinander multipliziert und das so erhaltene Produkt der Grundzahl zum Exponenten gibt.

Beispiele:

$(3^2)^3 = 3^2\cdot 3^2\cdot 3^2 = 3^{2+2+2} = 3^6 = 729$; oder auch:

$(3^2)^3 = 3^{2\cdot 3} = 3^6 = 729$; $(3^3)^2 = 3^{3\cdot 2} = 3^6 = 729$.

$(a^4)^2 = a^{4\cdot 2} = a^8$; $(b^5)^n = b^{5n}$; $(x^m)^3 = x^{3m}$; $(x^n)^m = x^{n\cdot m}$.

$(y^{2p})^{5q} = y^{10pq}$; $(z^{-4})^6 = z^{-4\cdot 6} = z^{-24} = \frac{1}{z^{24}}$.

$(m^{-3})^{-6} = m^{(-3)\cdot(-6)} = m^{+18} = m^{18}$.

$(x^m)^{-n} = x^{-m\cdot n} = \frac{1}{x^{mn}}$; $[(a^2)^3]^4 = a^{2\cdot 3\cdot 4} = a^{24}$.

$[(b^z)^y]^x = b^{zyx} = b^{yzx} = b^{yxz} = b^{xyz}$.*)

$(x^{n-5})^{a-3} = x^{(n-5)(a-3)} = x^{an-5a-3n+15} = x^{15-5a+an-3n}$

Aufgaben:

1. $(a^3)^5$; $(x^3)^m$; $(b^{2n})^{3m}$; $(n^{a-2})^5$; $(p^7)^{x+4}$; $(a^{n-2})^{n+7}$.
2. $(x^{2a+5b})^{3a-6b}$; $(a^{-2})^3$; $(p^{-3})^{-n}$; $[(a^{5x})^{3y}]^{7z}$.
3. $(((a^2)^3)^4)^5$; $((x^{-2})^{-3})^{-5}$; $(a^{2x-3y})^{4x+5y}\cdot(a^{4x+3y})^{5y-2x}$.
4. $(m^{10a-18b})^{3a+12b} : (m^{15a+9b})^{2a-4b}$.

---

*) Vgl. S. 19, Ziffer 28.

Umkehrung. Statt eine Zahl mit einem Produkt zu potenzieren, kann man die Zahl mit den Faktoren des Produktes nacheinander in beliebiger Reihenfolge potenzieren.*)

Beispiele:

$$3^6 = (3^2)^3 = 9^3 = 729;\quad 3^6 = (3^3)^2 = 27^2 = 729.$$

$$2^8 = ((2^2)^2)^2 = (4^2)^2 = 16^2 = 256.$$

$$a^{12} = (a^3)^4 = (a^4)^3 = ((a^2)^2)^3.$$

$$n^{3x} = (n^3)^x = (n^x)^3;\quad b^{6mn} = (b^{3m})^{2n}.$$

72. Potenzierung eines Produktes. Soll das Produkt $5x$ mit 3 potenziert werden, so kann man schreiben:

$$(5\cdot x)^3 = 5x\cdot 5x\cdot 5x = 5\cdot 5\cdot 5\cdot x\cdot x\cdot x = 5^3 . x^3.$$

Die rechte Seite dieser Gleichung erhält man jedoch auch, wenn man die Faktoren **5** und **x** des gegebenen Produktes einzeln mit dem Exponenten **3** potenziert. Auf Buchstaben angewendet, ergibt sich entsprechend:

$$(a . b)^m = a^m . b^m.$$

Hieraus folgt als Regel:

Ein Produkt wird potenziert, indem man die Faktoren des Produktes einzeln potenziert und die so erhaltenen Potenzen miteinander multipliziert.

Beispiele:

$$(6a)^4 = 6^4\cdot a^4 = 1296a^4;\quad (xy)^m = x^m\cdot y^m.$$
$$(3xy)^2 = 3^2\cdot x^2\cdot y^2 = 9x^2y^2;\quad (2abc)^3 = 8a^3b^3c^3.$$
$$(5x\cdot 2y\cdot 6z)^2 = (5x)^2\cdot(2y)^2\cdot(6z)^2 =$$
$$= 5^2\cdot 2^2\cdot 6^2\cdot x^2y^2z^2 = 3600x^2y^2z^2.$$
$$(m^4n)^5 = (m^4)^5\cdot n^5 = m^{4\cdot 5}\cdot n^5 = m^{20}\cdot n^5.$$
$$(a^2x^3y)^7 = a^{2\cdot 7}\cdot x^{3\cdot 7}\cdot y^{1\cdot 7} = a^{14}x^{21}y^7.$$
$$[2\cdot(x-y)\cdot z]^2 = 2^2\cdot(x-y)^2\cdot z^2 = 4(x-y)^2z^2.$$

Aufgaben:

1. $(abc)^5$; $(5xyz)^3$; $(7pqrs)^n$; $(3xy)^4$; $(m^3n^5)^7$; $(4x^6y^4)^3$.
2. $(2a^2b^3c^4)^4$; $[(3a^2bc^3)^2]^3$; $(5x^3yz^3)^{-3}$; $[3^{(a+b)m}]^3$.
3. $(5ab)^2 . (3ab)^3$; $(2xy)^5 . (3xy)^2 . 6xy . (6xy)^3$; $(a^{-3}b^2)^2$.
4. $(x^{-3}bz^{-3})^{-3}$; $(12a^{-4}b^6c^8)^{3n}$.

Umkehrung. Potenzen mit gleichen Exponenten, aber mit verschiedenen Grundzahlen werden multipliziert, indem

*) Vgl. S. 19, Ziffer 28.

man das Produkt der Grundzahlen mit dem gemeinsamen Exponenten potenziert. Hierbei ist das Produkt der Grundzahlen in Klammern zu setzen.

Beispiele:

$6^3 \cdot 2^3 = (6 \cdot 2)^3 = 12^3 = 1728$; $5^3 \cdot x^3 = (5 \cdot x)^3$.

$x^m \cdot y^m = (x \cdot y)^m$; $4^5 a^5 n^5 x^5 = (4anx)^5$.

$3^2 \cdot (ab)^2 = (3ab)^2$; $7^n \cdot (xyz)^n \cdot a^n = (7axyz)^n$.

$$\left(\frac{2}{3}\right)^2 \cdot \left(\frac{1}{2}\right)^2 \cdot \left(\frac{9}{6}\right)^2 = \left(\frac{2}{3} \cdot \frac{1}{2} \cdot \frac{9}{6}\right)^2 = \left(\frac{1}{2}\right)^2 = \frac{1}{2} \cdot \frac{1}{2} = \frac{1}{4}.$$

$$\left(\frac{a}{b}\right)^x \cdot \left(\frac{b}{c}\right)^x \cdot \left(\frac{c}{d}\right)^x = \left(\frac{a}{b} \cdot \frac{b}{c} \cdot \frac{c}{d}\right)^x = \left(\frac{abc}{bcd}\right)^x = \left(\frac{a}{d}\right)^x.$$

Aufgaben:

1. $2^3 . 5^3$; $4^2 . 25^2$; $2^4 . 4^4 . 25^4$; $a^x . b^x$; $a^5 . b^5 . c^5$.
2. $x^{n-3} . y^{n-3} . z^{n-3}$; $(3ab)^2 . (5ab)^2$; $(2xyz)^4 . (3nm)^4$.
3. $(x+y)^2 . (x-y)^2$; $(2a+3n)^2 . (2a-3n)^2$; $(0,5)^2 . (0,7)^2$.
4. $(x+y+z)^3 . (x-y-z)^3$; $\left(\frac{10}{3}\right)^3 . \left(\frac{7}{16}\right)^3 . \left(\frac{24}{5}\right)^3$.
5. $\left(\frac{5mn}{6xy}\right)^2 . \left(\frac{9xyz}{15mnp}\right)^2$; $(3,25)^3 . (0,07)^3 . (2,105)^3$.

73. Potenzierung eines Quotienten (Bruches). Soll der Bruch $\frac{3}{4}$ mit 3 potenziert werden, so kann man schreiben:

$$\left(\frac{3}{4}\right)^3 = \frac{3}{4} \cdot \frac{3}{4} \cdot \frac{3}{4} = \frac{3 \cdot 3 \cdot 3}{4 \cdot 4 \cdot 4} = \frac{3^3}{4^3}.$$

Die rechte Seite dieser Gleichung erhält man jedoch auch, wenn man den Zähler 3 und den Nenner 4 des gegebenen Bruches einzeln mit dem Exponenten 3 potenziert. Auf Buchstaben angewendet, ergibt sich entsprechend:

$$\left(\frac{a}{b}\right)^m = \frac{a^m}{b^m}.$$

Hieraus folgt als Regel:

Ein Bruch wird potenziert, indem man den Zähler und den Nenner einzeln potenziert und die so erhaltenen Potenzen durcheinander dividiert.

Beispiele:

$\left(\frac{2}{3}\right)^3 = \frac{2^3}{3^3} = \frac{8}{27}$; $\left(\frac{5}{2}\right)^3 = \frac{5^3}{2^3} = \frac{125}{8} = 15\frac{5}{8}$.

$\left(\frac{a}{x}\right)^n = \frac{a^n}{x^n}$; $\left(\frac{1}{x}\right)^n = \frac{1^n}{x^n} = \frac{1}{x^n}$. (Vgl. S. 63, Ziffer 67a.)

$$\left(\frac{ab}{cd}\right)^x = \frac{a^x b^x}{c^x d^x}; \quad \left(\frac{x^2}{y^3}\right)^n = \frac{x^{2n}}{y^{3n}}; \quad \left(\frac{a^2b^3x}{cd^4}\right)^5 = \frac{a^{10}b^{15}x^5}{c^5d^{20}}.$$

$$\left(\frac{2n}{3m}\right)^2 = \frac{2^2n^2}{3^2m^2} = \frac{4n^2}{9m^2}; \quad \left(\frac{3ab}{2cd}\right)^3 = \frac{3^3a^3b^3}{2^3c^3d^3} = \frac{27a^3b^3}{8c^3d^3}.$$

$$\left(\frac{n+m}{n-m}\right)^2 = \frac{(n+m)^2}{(n-m)^2} = \frac{n^2+2mn+m^2}{n^2-2mn+m^2}.\text{*)}$$

Aufgaben:

1. $\left(\frac{2}{3}\right)^4$; $\left(\frac{xyz}{pq}\right)^{3n}$; $\left(\frac{3abc}{5xyz}\right)^2$; $\left(\frac{2n^3x}{4my^4}\right)^4$; $\left(\frac{a^{-3}b^4}{n^{-2}y^{-5}}\right)^2$.
2. $\left(\frac{n^{-8}x^2}{a^3b^{-7}}\right)^{-3}$; $\left[\left(\frac{2xy}{nm}\right)^3\right]^4$; $\left(\frac{x-y}{x+y}\right)^3$; $\left(\frac{2+x}{3-x}\right)^4$.
3. $\left(\frac{a}{b}\right)^2 \cdot \left(\frac{b}{c}\right) \cdot \left(\frac{c}{d}\right)^4$; $\left(\frac{ax}{by}\right)^2 \cdot \left(\frac{bx}{cy}\right)^3 \cdot \left(\frac{cy}{ax}\right)^5$.
4. $\left(\frac{3a^{-2}}{2b^{-1}}\right)^2$; $\frac{(ab^2)^{-2}}{(a^{-1}b^{-2})^2}$; $\frac{(a^{-1}b^{-2})^{-3}}{(ab^2)^3}$.

Eine gemischte Zahl wird potenziert, indem man sie in einen gewöhnlichen Bruch verwandelt und dann wie einen solchen potenziert.**)

Beispiele:

$$(3\tfrac{1}{2})^2 = \left(\frac{7}{2}\right)^2 = \frac{7^2}{2^2} = \frac{49}{4}.$$

$$\left(a+\frac{b}{c}\right)^3 = \left(\frac{ac+b}{c}\right)^3 = \frac{(ac+b)^3}{c^3} = \frac{a^3c^3+3a^2c^2b+3ab^2c+b^3}{c^3}.$$

$$\left(2x-\frac{3y}{4z}\right)^2 = \left(\frac{8xz-3y}{4z}\right)^2 = \frac{(8xz-3y)^2}{(4z)^2} =$$

$$= \frac{64x^2z^2-48xyz+9y^2}{16z^2}.$$

Umkehrung. Potenzen mit gleichen Exponenten, aber mit verschiedenen Grundzahlen werden dividiert, indem man den Quotienten der Grundzahlen mit dem gemeinsamen Exponenten potenziert. Hierbei ist der Quotient der Grundzahlen in Klammern zu setzen.

Beispiele:

$$\frac{2^3}{3^3} = \left(\frac{2}{3}\right)^3; \quad \frac{a^n}{x^n} = \left(\frac{a}{x}\right)^n; \quad \frac{93^5}{31^5} = \left(\frac{93}{31}\right)^5 = 3^5 = 243.$$

*) Vgl. S. 29, Ziffer 35; 1 u. 2. Kann hier gekürzt werden?

**) „ „ 45, „ 47.

$$(2\tfrac{1}{3})^3 : (3\tfrac{1}{2})^3 = \left(\frac{7}{3}\right)^3 : \left(\frac{7}{2}\right)^3 = \frac{7^3}{3^3} : \frac{7^3}{2^3} = \frac{7^3 \cdot 2^3}{7^3 \cdot 3^3} = \frac{2^3}{3^3} = \frac{8}{27}.$$

$$\frac{(4xyz)^2}{(20xy)^2} = \left(\frac{4xyz}{20xy}\right)^2 = \left(\frac{z}{5}\right)^2 = \frac{z^2}{25} = \frac{1}{25} z^2.$$

$$\frac{(36mn)^4}{(9pq)^4} = \left(\frac{36mn}{9pq}\right)^4 = \left(4 \cdot \frac{mn}{pq}\right)^4 = 256 \cdot \left(\frac{mn}{pq}\right)^4.$$

$$\frac{(x^2 - y^2)^n}{(x+y)^n} = \left(\frac{x^2 - y^2}{x+y}\right)^n = \left[\frac{(x+y)(x-y)}{(x+y)}\right]^n = (x-y)^n.$$

Aufgaben:

1. $\frac{10^4}{2^4}$; $\frac{165^3}{33^3}$; $\frac{169^5}{39^5}$; $\frac{25^3 \cdot 72^2}{9^3 \cdot 20^4}$; $\frac{18^4 \cdot 30^5}{27^4 \cdot 15^3}$; $\frac{28^3 \cdot 45^4}{36^4 \cdot 35^3}$.
2. $\frac{(3ab)^2}{(24abx)^2}$; $\frac{(5ab)^2 \cdot (4mn)^5}{(25mnp)^3 \cdot (2abp)^5}$; $\frac{(4x^2 - 9y^2)^3}{(2x - 3y)^3}$; $\frac{(a+b)^4}{(p-q)^4} \cdot \frac{(p-q)^3}{(a+b)^3}$.
3. $\frac{(a^2 - b^2)^n}{(a-b)^n}$; $\frac{(x^3 + y^3)^2}{(x+y)^2}$; $\frac{0{,}57^4}{0{,}95^4}$; $\frac{1{,}83^3}{0{,}61^3}$.

74. Potenzierung einer Summe oder einer Differenz. Eine Summe oder eine Differenz wird potenziert, indem man sie so oft mit sich selbst multipliziert, wie der Exponent Einheiten besitzt.

Beispiele:

$(a + b)^2 = (a + b) \cdot (a + b) = a^2 + 2ab + b^2.$
$(x + y - z)^3 = (x + y - z) \cdot (x + y - z) \cdot (x + y - z).$
$(1 + x)^4 = (1 + x) \cdot (1 + x) \cdot (1 + x) \cdot (1 + x).$

Aufgaben:*)

1. $(b - a)^2$; $(y - x)^2$; $(x + 1)^2$; $(1 - x)^2$; $(3ab + c)^2$.
2. $(2x + 3y)^2$; $(6x - 5y)^2$; $\left(a + \frac{b}{2}\right)^2$; $\left(\frac{a}{2} - b\right)^2$.
3. $\left(x - \frac{3a}{4}\right)^2$; $\left(\frac{x}{3} + \frac{y}{4}\right)^2$; $(a^2 - b^2)^2$; $(2a^3 + 3b^4)^2$.
4. $(a + b)^3 + (a - b)^3$; $(x + 1)^3 - (x - 1)^3$; $(a + b + c)^2$.

75. Gerade und ungerade Potenzen positiver und negativer Zahlen. Je nachdem der Exponent einer Potenz eine gerade oder ungerade Zahl ist, wird die Potenz eine gerade oder ungerade Potenz genannt.

a) **Jede gerade oder ungerade** Potenz einer positiven Zahl ist stets eine positive Zahl.

---

*) Unter Beachtung der auf S. 29, Ziffer 35) gegebenen Formeln ist die Ausrechnung dieser Aufgaben leicht durchzuführen.

Der Leser rechne auch die Aufgaben 1—3) mit dem Exponenten 3 durch.

Beispiele:

$(+4)^3 = (+4) \cdot (+4) \cdot (+4) = +64.$
$(+2)^4 = (+2) \cdot (+2) \cdot (+2) \cdot (+2) = +16.$
$(+3)^5 = +243; \quad 7^6 = 117\,649.$
$(+x)^3 = +x^3; \quad (+x)^6 = x^6; \quad (+xy)^5 = x^5y^5.$

b) **Jede gerade** Potenz einer negativen Zahl ist stets eine positive Zahl. (Vgl. S. 23, Ziffer 31, d.)

Beispiele:

$(-3)^2 = (-3) \cdot (-3) = +9 = 9.$
$(-4)^4 = (-4) \cdot (-4) \cdot (-4) \cdot (-4) = +256 = 256.$
$(-a)^4 = (-a) \cdot (-a) \cdot (-a) \cdot (-a).$

Faßt man hier je 2 Faktoren zusammen, so erhält man:

$(-a)^4 = (+a^2) \cdot (+a^2) = +a^{2+2} = +a^4.$
$(-2)^6 = +2^6 = +64.$

*) **Aber:** $\mathbf{-2^6 = -64!}$ Beachte die Fußnote!

c) **Jede ungerade** Potenz einer negativen Zahl ist stets eine negative Zahl. (Vgl. S. 23, Ziffer 31, e.)

---

*) Bezüglich der Schreibweise der Potenzen mit negativen Grundzahlen ist stets auf den Unterschied zu achten, welcher entsteht, je nachdem die negative Grundzahl in Klammern gesetzt wird oder nicht; z. B.:

$(-x)^7$ und: $-x^7$.

$(-x)^7$ ist die abgekürzte Schreibweise für:

$(-x) \,.\, (-x) \,.\, (-x) \,.\, (-x) \,.\, (-x) \,.\, (-x) \,.\, (-x)$, während

$-x^7$ die abgekürzte Schreibweise für:

$-x \,.\, x \,.\, x \,.\, x \,.\, x \,.\, x \,.\, x$ ist.

Im ersten Falle ist das Minuszeichen mit in die Klammer eingeschlossen, also auch mit zu multiplizieren; denn

die Grundzahl heißt $\mathbf{(-x)}$,

im zweiten Falle ist jedoch nur gesagt, daß

die Potenz x^7 **negativ** zu nehmen ist.

Der Exponent bezieht sich im allgemeinen nur auf die Grundzahl der Potenz, welcher er unmittelbar angehört, und nicht auch immer auf das Vorzeichen. Soll z. B. nach dem Vorstehenden berechnet werden:

1) $(-8)^3$, soll also die negative Zahl 8 in die 3te Potenz erhoben werden, so ist zu schreiben:

$(-8)^3 = (-8) \,.\, (-8) \,.\, (-8) = (+64) \,.\, (-8) = -512.$ Soll

2) -8^4, also der negative Wert der 4ten Potenz von der Zahl 8 gebildet werden, so ist zu schreiben:

$-8^4 = -8 \,.\, 8 \,.\, 8 \,.\, 8 = -4096.$ Weiter gilt:

3) $(-5)^6 = +15\,625$ und:

4) $-5^6 = -15\,625.$

Beispiele:

$$(-4)^5 = (-4)\cdot(-4)\cdot(-4)\cdot(-4)\cdot(-4) =$$
$$= (-4)^4\cdot(-4) = +256\cdot(-4) = -1024.$$
$$(-2)^5 = -32;\quad (-3)^3 = -27;\quad (-4)^7 = -16\,384.$$
$$(-a)^5 = (-a)\cdot(-a)\cdot(-a)\cdot(-a)\cdot(-a).$$

Faßt man auch hier je 2 Faktoren zusammen, so ergibt sich:

$$(-a)^5 = (+a^2)\cdot(+a^2)\cdot(-a) = (+a^4)\cdot(-a) = -a^5.$$

Die Richtigkeit der in vorstehendem gegebenen Regeln läßt sich ohne weiteres unter Anwendung der einfachen Multiplikationsgesetze nachweisen, wie dies zum Teil schon in den gegebenen Beispielen geschehen ist.

Aufgaben:

1. $(-5)^2$; $(-6)^3$; $(-4)^4$; $(-a)^6$; $(-b)^9$; $(-5)^3 + 3^2$.
2. $(-4)^5 + (-5)^3$; $6^3 - (-4)^3$; $(-7)^2 - (-2)^5$.
3. $(-5)^3 + (-2)^4$; $(-2)^6 + (-2)^5 + (-2)^4 + (-2)^3 +$ [illegible] $-2)^2 + 1$.
4. $n^3 + (-n)^3$; $p^4 + (-p)^4$; $x^3 + (-x)^3 - x^4 + (-$ [illegible] $)^4$.
5. $(-5)^3 . (-2)^4$; $(-4)^3 . (-3)^4$; $(-a)^2 - (2a)^2 + 2(-$ [illegible] $a)^2 - 2(-a)^2$.
6. $(-n^2)^4$; $[(-n^2)^3]^4$; $[(-n^2)^3]^5$; $(-n^2)^{-5}$; [illegible] $ab)^3 - (3ab)^3$.
7. $(-n^3)^{-5}$; $\frac{(-b)^5}{(-b)^3}$; $\frac{(-b)^5}{b^3}$; $\frac{(-n^2)^4}{(-n^2)^3}$; $\frac{1}{(-\text{[illegible]})^6}$.

VII. Wurzeln.

A. Allgemeines.

76. Begriff der Wurzel. Zerlegt man eine Zahl oder einen Zahlenausdruck in mehrere **gleiche** Faktoren, so bezeichnet man das hierbei einzuschlagende Rechnungsverfahren mit dem Ausdrucke „Wurzelausziehen oder Radizieren". Jeden dieser gleichen Faktoren nennt man eine „Wurzel" aus der zerlegten Zahl.

Zerlegt man eine Zahl in 2, 3 oder mehr gleiche Faktoren, so erhält man entsprechend die 2te, 3te oder eine höhere Wurzel.

Löst man die Zahl 9 in die beiden Faktoren $3\cdot 3$ auf, schreibt man also:

$$9 = 3\cdot 3,$$

so sagt man, die Zahl 3 ist die zweite Wurzel aus der Zahl 9.

Schreibt man

$$64 = 4 \cdot 4 \cdot 4,$$

zerlegt man also die Zahl 64 in 3 gleiche Faktoren, so sagt man, die Zahl 4 ist die dritte Wurzel aus der Zahl 64.

Setzt man

$$243 = 3 \cdot 3 \cdot 3 \cdot 3 \cdot 3,$$

so ist 3 die fünfte Wurzel aus 243.

Das letzte Beispiel erhält in richtiger Schreibweise die Form:

$$\sqrt[5]{243} = 3,$$

gelesen: fünfte Wurzel aus 243 = 3.

Das Zeichen $\sqrt{}$ (verzogenes r von dem lateinischen Wort: radix = Wurzel) ist das Wurzelzeichen; der wagerechte Strich desselben erstreckt sich stets ganz über den zu radizierenden Zahlenausdruck. Die winkelartige Öffnung im senkrechten Teile des Wurzelzeichens dient zur Aufnahme des Wurzelexponenten, der angibt, welche Wurzel aus der unter dem wagerechten Strich stehenden Zahl gezogen werden soll.

Eine Wurzel ist richtig ausgezogen, wenn die Zahl, welche die Wurzel bezeichnet, mit dem Wurzelexponenten potenziert die Zahl ergibt, welche unter dem Wurzelzeichen steht. Ist also

$\sqrt[5]{243} = 3$, so muß
$3^5 = 243$ sein, was richtig ist, da
$3^5 = 3 \cdot 3 \cdot 3 \cdot 3 \cdot 3 = 243$ ist.

Ist $\sqrt[2]{25} = 5$, so muß $5^2 = 25$ sein.
„ $\sqrt[3]{125} = 5$, „ „ $5^3 = 125$ „
„ $\sqrt[4]{16} = 2$, „ „ $2^4 = 16$ „
„ $\sqrt[5]{1024} = 4$, „ „ $4^5 = 1024$ „ usw.

Auf Buchstaben angewendet, erhält man:

Ist $\sqrt[n]{a} = x$, so muß $x^n = a$ sein.

Hieraus folgt: Aus einer Zahl a die n^{te} Wurzel ziehen, oder was dasselbe ist, eine Zahl a mit einer Zahl n radizieren, heißt eine Zahl x suchen, welche mit n potenziert wieder die Zahl a ergibt.

Die zu radizierende Zahl a heißt Radikand, die Zahl n heißt Wurzelexponent und die Zahl x bildet die gesuchte Wurzel. Radikand kann jeder beliebige Zahlenausdruck sein; der Exponent ist im allgemeinen eine ganze und positive Zahl.

Die zweite Wurzel aus einer Zahl a heißt „Quadratwurzel"; man schreibt dieselbe kurz: $\sqrt{a}$, d. h. ohne Exponenten.

Die dritte Wurzel nennt man auch „Kubikwurzel".

77. Beziehungen zwischen Wurzel und Potenz. Geht man von der Potenzgleichung: $5^2 = 25$ aus, so wurde nach der Lehre von den Potenzen aus der Grundzahl 5 und dem Exponenten 2 die neue Zahl 25 gebildet. Betrachtet man die vorstehende Wurzelgleichung: $\sqrt[2]{25} = 5$, so erkennt man, daß aus dem Radikanden 25 und dem Wurzelexponenten 2 die neue Zahl 5 zu bilden ist.

Nun ist aber $25 = 5 \cdot 5 = 5^2$. Setzt man diese Potenz 5^2 an Stelle des Radikanden 25, so kann man auch schreiben:

$$\sqrt[2]{5^2} = 5.$$

Ähnlich läßt sich bilden:

$$\sqrt[3]{5^3} = 5; \qquad \sqrt[4]{6^4} = 6; \qquad \sqrt[5]{10^5} = 10 \text{ usw.}$$

Auf Buchstaben angewendet, ergibt sich:

$$\sqrt[n]{a^n} = a.$$

Hieraus folgt: Wird eine Zahl gleichzeitig mit ein und demselben Exponenten potenziert und radiziert, so bleibt die Zahl unverändert, d. h. Potenzieren und Radizieren heben sich in diesem Falle gegenseitig auf.

Beispiele:

$$\sqrt[5]{x^5} = x; \qquad \sqrt[3]{(a+b)^3} = a + b; \qquad \sqrt[n]{(ab)^n} = ab.$$

$$\sqrt[m]{\left(\frac{x-y}{z}\right)^m} = \frac{x-y}{z}.$$

Dieses Gesetz findet seine Erweiterung in folgendem: Geht man von der ganz beliebigen Gleichung

$$a = x^2$$

aus, und zieht man auf beiden Seiten dieser Gleichung die 2te Wurzel, so erhält man:

$$\sqrt[2]{a} = \sqrt[2]{x^2}.$$

Entsprechend dem vorstehenden Gesetz ist aber $\sqrt[2]{x^2} = x$; damit geht die vorletzte Gleichung über in:

$$\sqrt[2]{a} = x.$$

Potenziert man beide Seiten dieser Gleichung mit 2, so ergibt sich:

$$\left(\sqrt[2]{a}\right)^2 = x^2.$$

Nach der Ausgangsgleichung war aber auch:

$$a = x^2.$$

Sind jedoch in zwei Gleichungen die rechten Seiten gleich, so müssen auch die linken gleich sein, folglich:

$$\left(\sqrt[2]{a}\right)^2 = a.$$

Ähnlich läßt sich bilden:

$$\left(\sqrt[3]{a}\right)^3 = a; \qquad \left(\sqrt[5]{a}\right)^5 = a,$$

oder ganz allgemein:

$$\left(\sqrt[n]{a}\right)^n = a.$$

Nach vorstehendem war aber auch:

$$\sqrt[n]{a^n} = a.$$

Da auch in den beiden letzten Gleichungen die rechten Seiten gleich sind, muß

$$\left(\sqrt[n]{a}\right)^n = \sqrt[n]{a^n} = a$$

sein. Hieraus folgt:

Es ist gleichgültig, ob man die ganze Wurzel oder nur den Radikanden mit dem Wurzelexponenten potenziert; in jedem Falle heben sich Potenzieren und Radizieren gegenseitig auf.

78. Die Bruchpotenz. Aus den in Ziffer 76) abgegebenen Erklärungen geht hervor, in welchem Zusammenhange Potenzieren und Radizieren miteinander stehen. Die nunmehr folgenden, für das Rechnen mit Wurzeln gegebenen Regeln lassen sich leicht auf die entsprechenden, für die Potenzen geltenden zurückführen. Es dürfte deshalb für den Leser vorteilhaft sein, jedes Gesetz der Wurzellehre mit dem entsprechenden der Potenzlehre zu vergleichen.

Es wird dies mit um so größerem Verständnis geschehen, wenn man sich der in der Praxis vielfach angewandten, zweiten Schreibweise für einen Wurzelausdruck bedient.

Es ist üblich, an Stelle der Wurzel die „Bruchpotenz" treten zu lassen; man setzt allgemein:

$$\sqrt[n]{a} = a^{\frac{1}{n}}.$$

Daß diese Gleichung richtig ist, läßt sich beweisen wie folgt: Geht man von der Gleichung

$$\sqrt[n]{a} = a^{\frac{1}{n}}$$

aus und potenziert man beide Seiten mit n, so erhält man:

$$\left(\sqrt[n]{a}\right)^n = \left(a^{\frac{1}{n}}\right)^n.$$

Das ergibt aber nach Ziffer 77 und 71):

$$a = a^{\frac{1}{n} \cdot n} = a^{\frac{n}{n}} = a^1; \text{ folglich:}$$

$$a = a.$$

Da man auf beiden Seiten dasselbe Resultat erhält, ist die Ausgangsgleichung richtig. Hieraus folgt:

Jede Wurzel aus einer Zahl ist gleich einer Potenz, deren Exponent ein Bruch ist, dessen Zähler von dem Potenzexponenten und dessen Nenner von dem Wurzelexponenten gebildet wird. So schreibt man z. B.:

$$\sqrt[3]{n} = n^{\frac{1}{3}}; \quad \sqrt{x} = x^{\frac{1}{2}}; \quad \sqrt[4]{16} = 16^{\frac{1}{4}}; \quad \sqrt[n]{a} = a^{\frac{1}{n}} \text{ usw.*)}$$

Befindet sich unter dem Wurzelzeichen eine Potenz, so findet das Gesetz allgemein seinen Ausdruck in der Gleichung:

$$\sqrt[m]{x^n} = x^{\frac{n}{m}}.$$

Eine Bruchpotenz ist demnach eine Potenz, deren Exponent ein Bruch ist; dieser Bruch selbst heißt „Bruchexponent."

Die Richtigkeit der letzten Gleichung wird ohne weiteres durch folgendes Beispiel erwiesen. Es ist nach Ziffer 77):

$$\sqrt[2]{a^2} = a.$$

Wendet man die Schreibweise der Bruchpotenz an, so folgt:

$$\sqrt[2]{a^2} = a^{\frac{2}{2}} = a^1 = a,$$

welche Rechnung dasselbe Resultat ergibt.

---

*) Sämtliche unter den Wurzelzeichen stehenden Zahlengrößen besitzen stillschweigend den Exponenten 1, denn nach Ziffer 67b, S. 63) ist:

$$n = n^1; \quad x = x^1; \quad 16 = 16^1; \quad a = a^1 \text{ usw.}$$

Beispiele:

$$\sqrt[3]{4^9} = 4^{\frac{9}{3}} = 4^3; \quad \sqrt[4]{7^8} = 7^{\frac{8}{4}} = 7^2.$$

$$\sqrt[3]{x^6} = x^{\frac{6}{3}} = x^2; \quad \sqrt[3]{9^{\frac{3}{2}}} = 9^{\frac{\frac{3}{2}}{3}} = 9^{\frac{3}{6}} = 9^{\frac{1}{2}}.$$

$$\sqrt[4]{a^{-8}} = a^{\frac{-8}{4}} = a^{-2} = \frac{1}{a^2}; \quad \sqrt[3]{(x-y)^2} = (x-y)^{\frac{2}{3}}.$$

$$\sqrt[5]{ab} = (ab)^{\frac{1}{5}} = a^{\frac{1}{5}} \cdot b^{\frac{1}{5}}.$$

$$\sqrt[3]{x^3y^3} = \sqrt[3]{(x \cdot y)^3} = (x \cdot y)^{\frac{3}{3}} = (x \cdot y)^1 = x \cdot y.$$

$$\sqrt[4]{\left(\frac{x}{y}\right)^2} = \left(\frac{x}{y}\right)^{\frac{2}{4}} = \left(\frac{x}{y}\right)^{\frac{1}{2}} = \frac{x^{\frac{1}{2}}}{y^{\frac{1}{2}}}.$$

Aufgaben:

Verwandle die Wurzeln in Bruchpotenzen:

1. $\sqrt[4]{3^{16}}$; $\sqrt[3]{2^{15}}$; $\sqrt[3]{a^3}$; $\sqrt[3]{n^2}$; $\sqrt[4]{x^8}$; $\sqrt[5]{b^{15}}$; $\sqrt[9]{y^{27}}$.
2. $\sqrt{7^{\frac{5}{8}}}$; $\sqrt[3]{5^{\frac{3}{2}}}$; $\sqrt[5]{xyz}$; $\sqrt[6]{n^2m^2z^2}$; $\sqrt{\frac{a}{b}}$.
3. $\sqrt[n]{\left(\frac{a}{b}\right)^{\frac{m}{n}}}$; $\sqrt{\left(\frac{2}{7}\right)^9}$; $\sqrt[3]{(x-y)^6}$; $\sqrt[n]{(a+b)^{pq}}$.
4. $\sqrt[5]{(m+n)^3 \cdot a^3}$; $\sqrt[5]{a^{-10}}$; $\sqrt[-4]{a^{20}}$; $\sqrt[-9]{a^{-36}}$; $\sqrt[\frac{2}{3}]{a^4}$.

Verwandle die Bruchpotenzen in Wurzeln:

5. $36^{\frac{1}{2}}$; $64^{\frac{1}{3}}$; $81^{\frac{1}{4}}$; $100^{\frac{1}{2}}$; $1000^{\frac{1}{3}}$; $25^{-\frac{1}{2}}$; $x^{\frac{1}{2}}$; $x^{\frac{1}{3}}$.
6. $x^{\frac{1}{5}}$; $y^{\frac{2}{3}}$; $y^{\frac{3}{4}}$; $a^{\frac{1}{n}}$; $a^{\frac{2}{n}}$; $a^{\frac{m}{n}}$; $(p \cdot q)^{\frac{2}{3}}$; $(x^4y^4)^{\frac{3}{4}}$.
7. $(a-b)^{\frac{1}{3}}$; $(a+b)^{\frac{1}{5}}$; $(27x^3y^3)^{\frac{4}{3}}$; $n^{-\frac{1}{2}}$; $x^{-\frac{3}{5}}$.

79. Regeln für das Rechnen mit Bruchpotenzen. Für das Rechnen mit Bruchpotenzen sind genau dieselben Regeln zu befolgen, welche für Potenzen, deren Exponenten ganze Zahlen sind, gegeben wurden. So ist entsprechend

S. 62, Ziffer 66): $4n^{\frac{3}{5}} + 3n^{\frac{3}{5}} - 2n^{\frac{3}{5}} = 5n^{\frac{3}{5}} = 5 \cdot \sqrt[5]{n^3}$.

$$10a^{\frac{n}{m}} - 9a^{\frac{n}{m}} + 2a^{\frac{n}{m}} = 3a^{\frac{n}{m}} = 3 \cdot \sqrt[m]{a^n}.$$

„ 64, „ 68): $x^{\frac{1}{2}} \cdot x^{\frac{3}{4}} = x^{\frac{1}{2} + \frac{3}{4}} = x^{\frac{5}{4}} = \sqrt[4]{x^5}$.

$$x^{\frac{m}{n}} \cdot x^{\frac{p}{q}} = x^{\frac{m}{n} + \frac{p}{q}}.$$

S. 65, Ziffer 69a): $a^{\frac{5}{6}} : a^{\frac{1}{6}} = a^{\frac{5}{6} - \frac{1}{6}} = a^{\frac{4}{6}} = a^{\frac{2}{3}} = \sqrt[3]{a^2}.$

$a^{\frac{m}{n}} : a^{\frac{p}{q}} = a^{\frac{m}{n} - \frac{p}{q}}.$

„ 68, „ 69c): $b^{-\frac{2}{3}} = \frac{1}{b^{\frac{2}{3}}} = \frac{1}{\sqrt[3]{b^2}}.$

$b^{-\frac{m}{n}} = \frac{1}{b^{\frac{m}{n}}} = \frac{1}{\sqrt[n]{b^m}}.$

„ 70, „ 70c): $\frac{1}{x^{-\frac{3}{4}}} = x^{\frac{3}{4}} = \sqrt[4]{x^3}.$

$\frac{1}{x^{-\frac{p}{q}}} = x^{\frac{p}{q}} = \sqrt[q]{x^p}.$

„ 71, „ 70d): $\frac{a^{-\frac{5}{6}}}{z^{-\frac{3}{7}}} = \frac{z^{\frac{3}{7}}}{a^{\frac{5}{6}}} = \frac{\sqrt[7]{z^3}}{\sqrt[6]{a^5}}.$

$\frac{a^{-\frac{m}{n}}}{z^{-\frac{p}{q}}} = \frac{z^{\frac{p}{q}}}{a^{\frac{m}{n}}} = \frac{\sqrt[q]{z^p}}{\sqrt[n]{a^m}}.$

„ 72, „ 71): $\left(y^{\frac{1}{3}}\right)^{\frac{5}{2}} = y^{\frac{1}{3} \cdot \frac{5}{2}} = y^{\frac{5}{6}} = \sqrt[6]{y^5}.$

$\left(y^{\frac{m}{n}}\right)^{\frac{p}{q}} = y^{\frac{m}{n} \cdot \frac{p}{q}} = y^{\frac{m \cdot p}{n \cdot q}} = \sqrt[n \cdot q]{y^{m \cdot p}}.$

„ 73, „ 72): $\left(a \cdot x\right)^{\frac{3}{4}} = a^{\frac{3}{4}} \cdot x^{\frac{3}{4}} = \sqrt[4]{a^3} \cdot \sqrt[4]{x^3}.$

$\left(a \cdot x\right)^{\frac{m}{n}} = a^{\frac{m}{n}} \cdot x^{\frac{m}{n}} = \sqrt[n]{a^m} \cdot \sqrt[n]{x^m}.$

73, „ 72): $b^{\frac{2}{3}} \cdot y^{\frac{2}{3}} = (b \cdot y)^{\frac{2}{3}} = \sqrt[3]{(b \cdot y)^2}.$

$b^{\frac{m}{n}} \cdot y^{\frac{m}{n}} = (b \cdot y)^{\frac{m}{n}} = \sqrt[n]{(b \cdot y)^m}.$

„ 74, „ 73): $\left(\frac{c}{d}\right)^{\frac{1}{2}} = \frac{c^{\frac{1}{2}}}{d^{\frac{1}{2}}} = \frac{\sqrt{c}}{\sqrt{d}} = \sqrt{\frac{c}{d}}.$

$\left(\frac{c}{d}\right)^{\frac{p}{q}} = \frac{c^{\frac{p}{q}}}{d^{\frac{p}{q}}} = \frac{\sqrt[q]{c^p}}{\sqrt[q]{d^p}} = \sqrt[q]{\frac{c^p}{d^p}}.$

S. 75, Ziffer 73): $\dfrac{x^{\frac{4}{5}}}{y^{\frac{4}{5}}} = \left(\dfrac{x}{y}\right)^{\frac{4}{5}} = \sqrt[5]{\left(\dfrac{x}{y}\right)^4}.$

$$\frac{x^{\frac{m}{n}}}{y^{\frac{m}{n}}} = \left(\frac{x}{y}\right)^{\frac{m}{n}} = \sqrt[n]{\left(\frac{x}{y}\right)^m}.$$

Aufgaben:

1. $x^{\frac{1}{2}} . x^{\frac{1}{3}}$; $\quad n^{\frac{1}{5}} . n^{\frac{2}{3}}$; $\quad a^{\frac{2}{3}} . a^{-\frac{3}{4}}$; $\quad b^{-\frac{1}{3}} . b^{-\frac{1}{5}}$; $\quad y . y^{-\frac{3}{4}}$.

2. $a^{\frac{1}{2}} . a^{\frac{1}{3}} . a^{\frac{1}{6}}$; $\quad b^{\frac{2}{5}} . \sqrt[5]{b^2}$; $\quad z^{\frac{2}{3}} . \sqrt[3]{z}$; $\quad \dfrac{x^{\frac{1}{2}}}{x^{\frac{1}{3}}}$; $\quad \dfrac{n^{\frac{1}{5}}}{n^{\frac{2}{3}}}$; $\quad \dfrac{a^{\frac{2}{3}}}{a^{-\frac{1}{12}}}$

3. $\dfrac{\sqrt[5]{c^3}}{c^{\frac{1}{10}}}$; $\quad \dfrac{\sqrt[5]{b^2}}{b^{-\frac{2}{5}}}$; $\quad \dfrac{x^{\frac{1}{3}} \cdot y^{\frac{3}{4}}}{x^{\frac{1}{2}} \cdot y^{\frac{1}{6}}}$; $\quad \dfrac{a^{\frac{1}{2}} \cdot b^{\frac{3}{4}} \cdot c^{\frac{4}{5}}}{a^{\frac{1}{3}} \cdot b^{\frac{1}{6}} \cdot c^{\frac{3}{10}}}$; $\quad \dfrac{(a+b)^{\frac{1}{2}}}{(a+b)^{\frac{2}{3}}}$; $\left(5\frac{1}{3}\right)^{\frac{2}{3}}$.

4. $\left(a^{\frac{2}{3}}\right)^{\frac{3}{4}}$; $\quad \left(x^{\frac{3}{5}}\right)^{-\frac{5}{6}}$; $\quad \left(8 . a\right)^{\frac{1}{3}}$; $\quad \left(64 . n^3\right)^{\frac{2}{3}}$; $\quad \left[\left(5^{\frac{1}{2}}\right)^{\frac{2}{5}}\right]^8$.

5. $\left[\left(1-x\right)^{\frac{2}{3}}\right]^{\frac{1}{2}}$; $\quad \left(a^{\frac{5}{6}}\right)^0$; $\quad \left(n^0\right)^{\frac{2}{3}}$, $\quad \dfrac{\sqrt[3]{x^4} \cdot \sqrt[5]{x}}{\sqrt[6]{x^7}}$.

80. Gleichartige Wurzeln. Wurzeln werden als gleichartig bezeichnet, wenn ihre Grundzahlen und Exponenten genau dieselben sind.

So sind z. B. $3\sqrt[3]{a^5}$ und $5\sqrt[3]{a^5}$ gleichartig, während $3\sqrt[3]{a^5}$ und $5\sqrt{a^7}$ **nicht** gleichartig sind.

81. Addition und Subtraktion gleichartiger Wurzeln. Wurzeln können nur addiert oder subtrahiert werden, wenn sie gleichartig sind; man addiert oder subtrahiert alsdann wie mit gewöhnlichen Buchstabengrößen.

Beispiele:

$2\sqrt{2} + 3\sqrt{2} = 5\sqrt{2}$; $\quad 6\sqrt[3]{a} + 5\sqrt[3]{a} - 8\sqrt[3]{a} = 3\sqrt[3]{a}$.

$9\sqrt[6]{ab} + 8\sqrt[6]{ab} - 12\sqrt[6]{ab} - \sqrt[6]{ab} + 2\sqrt[6]{ab} = 6\sqrt[6]{ab}$.

$$5\sqrt[4]{x} + 3\sqrt[5]{y} - 2\sqrt[4]{x} - 9\sqrt[5]{y} =$$
$$= 5\sqrt[4]{x} - 2\sqrt[4]{x} + 3\sqrt[5]{y} - 9\sqrt[5]{y} = 3\sqrt[4]{x} - 6\sqrt[5]{y}.$$

$$\left.\begin{array}{l} x\sqrt{5}+y\sqrt{5}=(x+y)\cdot\sqrt{5}\cdot \\ a\sqrt{3}-\sqrt{3}=(a-1)\cdot\sqrt{3}\cdot \end{array}\right\}$$ (Vgl. S. 36, **Ziffer 43**, c und d.

$$a\sqrt[5]{x}-b\sqrt[5]{x}+c\sqrt[5]{x}=(a-b+c)\cdot\sqrt[5]{x}.$$

$$x\sqrt{p+q}+y\sqrt{p+q}-3\sqrt{p+q}=(x+y-3)\cdot\sqrt{p+q}.$$

Aufgaben:

1. $2\sqrt[6]{ab}+9\sqrt[6]{ab}-12\sqrt[6]{ab}-\sqrt[6]{ab}+8\sqrt[6]{ab}+\sqrt[6]{ab}.$
2. $7\sqrt[3]{a}-(-6\sqrt[3]{a}+5\sqrt[4]{b}-9\sqrt[3]{a}-5\sqrt[4]{c}).$
3. $12\sqrt{a}-a\sqrt{b}-(\sqrt[3]{a}-8\sqrt{b}-7\sqrt{a}).$
4. $7\sqrt[3]{a}-9\sqrt[3]{ab}+6\sqrt[4]{ab}-(-9\sqrt[4]{ab}+5\sqrt[3]{ab}+7\sqrt[3]{a}).$
5. $3x\sqrt[5]{mn}-a\sqrt[3]{x}+2\sqrt[5]{mn}+5\sqrt[3]{x}.$
6. $n\sqrt[3]{x-y}-2\sqrt[3]{x-y}+p\sqrt[3]{x+y}-5\sqrt[3]{x+y}.$

82. Besondere Fälle.

a) **Jede** Wurzel aus Eins ist = **Eins.**

$$\sqrt[3]{1}=1;\quad \sqrt[10]{1}=1;\quad \sqrt[n]{1}=1.$$

b) **Jede** Wurzel aus Null ist = **Null.**

$$\sqrt[3]{0}=0;\quad \sqrt[9]{0}=0;\quad \sqrt[n]{0}=0.$$

83. Multiplikation von Wurzeln mit gleichen Exponenten. Sollen die beiden, den gleichen Exponenten 3 besitzenden Wurzeln: $\sqrt[3]{5}$ und $\sqrt[3]{7}$ miteinander multipliziert werden, so erhält man, wenn man beide Wurzeln als Bruchpotenzen schreibt:

$$\sqrt[3]{5}\cdot\sqrt[3]{7}=5^{\frac{1}{3}}\cdot 7^{\frac{1}{3}}.$$

Für die rechte Seite dieser Gleichung kann man aber nach Seite 73, Ziffer 72) — Umkehrung — schreiben:

$$5^{\frac{1}{3}}\cdot 7^{\frac{1}{3}}=(5\cdot 7)^{\frac{1}{3}}.$$

Setzt man diesen Wert in die vorletzte Gleichung ein, so erhält man:

$$\sqrt[3]{5}\cdot\sqrt[3]{7}=(5\cdot 7)^{\frac{1}{3}}.$$

Verwandelt man die als Bruchpotenz erscheinende rechte Seite dieser Gleichung nach Ziffer 78) wieder in eine Wurzel, so ergibt sich:

$$\sqrt[3]{5} \cdot \sqrt[3]{7} = \sqrt[3]{5 \cdot 7}.$$

Die rechte Seite dieser Gleichung erhält man aber auch, wenn man die Grundzahlen 5 und 7 als Faktoren unter eine gemeinsame Wurzel bringt. Auf Buchstaben angewendet, folgt:

$$\sqrt[n]{a} \cdot \sqrt[n]{b} = \sqrt[n]{a \cdot b}.$$

Hieraus ergibt sich als Regel:

Wurzeln mit gleichen Exponenten werden multipliziert, indem man das Produkt der Radikanden mit dem gemeinsamen Wurzelexponenten radiziert.

Beispiele:

$\sqrt{2} \cdot \sqrt{5} = \sqrt{2 \cdot 5} = \sqrt{10}$; $\quad \sqrt[3]{7} \cdot \sqrt[3]{13} = \sqrt[3]{7 \cdot 13} = \sqrt[3]{91}$.

$\sqrt[4]{13} \cdot \sqrt[4]{15} = \sqrt[4]{195}$; $\quad \sqrt[5]{5} \cdot \sqrt[5]{7} \cdot \sqrt[5]{10} = \sqrt[5]{5 \cdot 7 \cdot 10} = \sqrt[5]{350}$.

$\sqrt[n]{a} \cdot \sqrt[n]{b} = \sqrt[n]{a \cdot b}$; $\quad \sqrt[x]{nm} \cdot \sqrt[x]{ab} = \sqrt[x]{nm \cdot ab} = \sqrt[x]{abmn}$.

$\sqrt[3]{a} \cdot \sqrt[3]{b} \cdot \sqrt[3]{ac} = \sqrt[3]{a^2bc}$; $\quad \sqrt[3]{x^2y} \cdot \sqrt[3]{xy^2} = \sqrt[3]{x^3y^3} = xy$.

$$\sqrt{\frac{a}{b}} \cdot \sqrt{\frac{b}{a}} = \sqrt{\frac{a}{b} \cdot \frac{b}{a}} = \sqrt{\frac{ab}{ab}} = \sqrt{1} = 1.$$

$$\sqrt{\frac{a-b}{a+b}} \cdot \sqrt{a^2-b^2} = \sqrt{\frac{a-b}{a+b} \cdot (a+b)\,(a-b)^{*)}} =$$

$$= \sqrt{\frac{(a-b) \cdot (a+b) \cdot (a-b)}{(a+b)}} = \sqrt{(a-b) \cdot (a-b)} =$$

$$= \sqrt{(a-b)^2} = (a-b)^{\frac{2}{2}} = (a-b)^1 = a-b$$

$\sqrt{2} \cdot \sqrt{50} = \sqrt{2 \cdot 50} = \sqrt{100} = \sqrt{10^2} = 10$.

$\sqrt{3} \cdot \sqrt{12} = \sqrt{3 \cdot 12} = \sqrt{36} = 6$; $\quad \sqrt[3]{4} \cdot \sqrt[3]{54} = \sqrt[3]{216} = 6$.

$2\sqrt{x} \cdot 4\sqrt{x} = 2 \cdot 4\sqrt{x \cdot x} = 8\sqrt{x^2} = 8x$.

$\sqrt[3]{2n} \cdot \sqrt[3]{4n^2} = \sqrt[3]{2n \cdot 4n^2} = \sqrt[3]{8n^3} = 2n$.

$(\sqrt{2} + \sqrt{8} - 2\sqrt{3} + \sqrt{75}) \cdot \sqrt{6} = \sqrt{12} + \sqrt{48} - 2\sqrt{18} + \sqrt{450}$.

$$(3 + \sqrt{6}) \cdot (4 - \sqrt{6}) = 12 + 4\sqrt{6} - 3\sqrt{6} - \sqrt{6^2} =$$
$$= 12 + \sqrt{6} - 6 = 6 + \sqrt{6}.$$

---

*) Vgl. S. 29, Ziffer 35; 7.

$$(9-2\cdot\sqrt{11})\cdot(17+6\cdot\sqrt{11}) = 153-34\cdot\sqrt{11}+54\cdot\sqrt{11}-$$
$$-12\cdot\sqrt{11^2} = 153+20\cdot\sqrt{11}-12\cdot 11 = 21+20\cdot\sqrt{11}.$$
$$(\sqrt{ay}-\sqrt{by}+\sqrt{cy})\cdot\sqrt{y} = \sqrt{ay^2}-\sqrt{by^2}+\sqrt{cy^2}.$$
$$(2+\sqrt{3})^2 = 2^2+2\cdot 2\cdot\sqrt{3}+(\sqrt{3})^2 = 4+4\cdot\sqrt{3}+3 =$$
$$= 7+4\sqrt{3}.$$

Aufgaben:

1. $\sqrt{5}\cdot\sqrt{5};\quad \sqrt{2}\cdot\sqrt{32};\quad \sqrt[3]{9}\cdot\sqrt[3]{3};\quad \sqrt[3]{10}\cdot\sqrt[3]{100}.$
2. $\sqrt{x}\cdot\sqrt{16x};\quad \sqrt{3y^2}\cdot\sqrt{12y^2};\quad \sqrt{2x}\cdot\sqrt{3y}\cdot\sqrt{6xy}.$
3. $4\sqrt[3]{a}\cdot\sqrt[3]{b}\cdot 5\sqrt[3]{8a^2b^2};\quad 2\sqrt[4]{xy}\cdot 3\sqrt[4]{xy}\cdot 5\sqrt[4]{x^2y^2};$
   $\sqrt[n]{a^{n-3}}\cdot\sqrt[n]{a^3};\ \sqrt{a+b}\cdot\sqrt{a-b}\cdot\sqrt{a^2-b^2}.$
4. $\sqrt{\frac{16}{3}}\cdot\sqrt{\frac{3}{4}};\quad \sqrt{\frac{9x}{z}}\cdot\sqrt{\frac{z}{x}};\quad \sqrt[3]{\frac{a^4}{b}}\cdot\sqrt[3]{\frac{b^3}{c}}\cdot\sqrt[3]{\frac{bc^4}{a}}.$
5. $(8+\sqrt{3})\cdot(5-\sqrt{3});\ (\sqrt{3}+\sqrt{5})\cdot(\sqrt{15}-1).$
6. $(\sqrt{2}+\sqrt{5}-\sqrt{7})\cdot(\sqrt{2}-\sqrt{5}+\sqrt{7}).$
7. $(3\sqrt{6}-5\sqrt{10}-2\sqrt{15})\ (2\sqrt{6}+3\sqrt{10}-4\sqrt{15}).$
8. $\left(\sqrt[3]{2}-2\sqrt[3]{6}\right)\left(3\sqrt[3]{4}-\sqrt[3]{36}\right);\ \left(5\sqrt[3]{4}-2\sqrt[3]{16}\right)\left(3\sqrt[3]{4}-2\sqrt[3]{2}\right).$
9. $(\sqrt{a}+\sqrt{b})\cdot(\sqrt{c}-\sqrt{d});(\sqrt{a}+\sqrt{b}-\sqrt{c})\cdot(\sqrt{a}-\sqrt{b}+\sqrt{c}).$
10. $\left(\sqrt[3]{a^2b}+\sqrt[3]{ab}+\sqrt[3]{ab^2}\right)\cdot\left(\sqrt[3]{a^2b}+\sqrt[3]{ab}-\sqrt[3]{ab^2}\right).$
11. $(5-\sqrt{2})^2;\quad (-1+\sqrt{6})^2;\quad (\sqrt{3}+\sqrt{2})^2;\quad (\sqrt{5}-\sqrt{3})^2.$

84. Radizierung eines Produktes. Geht man von dem zu radizierenden Produkt $\sqrt{3\cdot 7}$ aus, so erhält man unter Anwendung der Schreibweise der Bruchpotenz:

$$\sqrt{3\cdot 7} = (3\cdot 7)^{\frac{1}{2}}.$$

Für die rechte Seite dieser Gleichung kann man aber nach S. 73, Ziffer 72) schreiben:

$$(3\cdot 7)^{\frac{1}{2}} = 3^{\frac{1}{2}}\cdot 7^{\frac{1}{2}}.$$

Setzt man diesen Wert in die vorletzte Gleichung ein, so ergibt sich:

$$\sqrt{3\cdot 7} = 3^{\frac{1}{2}}\cdot 7^{\frac{1}{2}}.$$

Verwandelt man in dieser Gleichung die Bruchpotenzen wieder in Wurzeln, so erhält man:

$$\sqrt{3\cdot 7} = \sqrt{3}\cdot\sqrt{7}.$$

Die rechte Seite dieser Gleichung erhält man aber auch, wenn man die Faktoren 3 und 7 einzeln mit dem gegebenen Exponenten radiziert. Auf Buchstaben angewendet, folgt:

$$\sqrt[n]{a\cdot b}=\sqrt[n]{a}\cdot\sqrt[n]{b}.$$

Hieraus ergibt sich als Regel:

Die Wurzel aus einem Produkt wird gezogen, indem man sie aus jedem Faktor einzeln zieht und die erhaltenen Wurzeln multipliziert.

Hierbei sind folgende Fälle zu beachten:

a) Die Faktoren des Produktes unter der Wurzel sind derartig beschaffen, daß man sie in Potenzen verwandeln kann, deren Exponent gleich dem Wurzelexponenten oder ein ganzes Vielfaches desselben ist. In diesem Falle läßt sich die Wurzel ohne weiteres ausziehen.

Beispiele:

$$\sqrt{16\cdot 25}=\sqrt{16}\cdot\sqrt{25}=\sqrt{4^2}\cdot\sqrt{5^2}=4\cdot 5=20.$$

$$\sqrt{36\cdot 81}=\sqrt{36}\cdot\sqrt{81}=\sqrt{6^2}\cdot\sqrt{9^2}=6\cdot 9=54.$$

$$\sqrt{a^2\cdot b^2}=\sqrt{a^2}\cdot\sqrt{b^2}=a\cdot b;\quad \sqrt{x^2y^2z^2}=xyz.$$

$$\sqrt[3]{27\cdot 125}=\sqrt[3]{27}\cdot\sqrt[3]{125}=\sqrt[3]{3^3}\cdot\sqrt[3]{5^3}=3\cdot 5=15.$$

$$\sqrt[3]{m^3n^3}=\sqrt[3]{m^3}\cdot\sqrt[3]{n^3}=m\cdot n;\quad \sqrt[3]{x^3y^3z^3}=xyz.$$

$$\sqrt{36a^2}=\sqrt{36}\cdot\sqrt{a^2}=\sqrt{6^2}\cdot\sqrt{a^2}=6a.$$

$$\sqrt[4]{81x^4}=\sqrt[4]{81}\cdot\sqrt[4]{x^4}=\sqrt[4]{3^4}\cdot\sqrt[4]{x^4}=3x.$$

$$\sqrt{x^2y^4}=\sqrt{x^2}\cdot\sqrt{y^4}=x^{\frac{2}{2}}\cdot y^{\frac{4}{2}}=x\cdot y^2.$$

$$\sqrt[3]{x^6b^{3n}}=\sqrt[3]{x^6}\cdot\sqrt[3]{b^{3n}}=x^{\frac{6}{3}}\cdot b^{\frac{3n}{3}}=x^2\cdot b^n.$$

$$\sqrt[3]{6^6a^3}=\sqrt[3]{6^6}\cdot\sqrt[3]{a^3}=6^{\frac{6}{3}}\cdot a^{\frac{3}{3}}=6^2\cdot a=36a.$$

$$\sqrt[3]{27a^9b^6}=\sqrt[3]{3^3a^9b^6}=3^{\frac{3}{3}}a^{\frac{9}{3}}b^{\frac{6}{3}}=3a^3b^2.$$

$$\sqrt[4]{16(a+b)^4}=\sqrt[4]{16}\cdot\sqrt[4]{(a+b)^4}=2\cdot(a+b).$$

$$\sqrt{4a^2b^2}+\sqrt[3]{8a^3b^3}-\sqrt[4]{16a^4b^4}=2ab+2ab-2ab=2ab.$$

Aufgaben:

1. $\sqrt{81.121}$; $\sqrt{49.256}$; $\sqrt[3]{27.216}$; $\sqrt[3]{a^6}$; $\sqrt[7]{a^{28}b^{14}}$; $\sqrt[4]{x^8y^8}$.

2. $\sqrt{36m^4n^6}$; $\sqrt[3]{8x^3y^3}$; $\sqrt[5]{32a^{10}b^{15}n^5x^{20}}$; $\sqrt[4]{81(x+y-z)^8}$.

3. $\sqrt[5]{a^{-10}.b^{45}c^5}$; $\sqrt[x]{a^{2x}b^{nx}}$; $\sqrt[3]{a^{3n+3m}}$; $\sqrt{a^2+2ab+b^2}$.

b) **Läßt sich die Wurzel aus den Zahlenwerten nicht ohne weiteres, wie unter a) gezeigt, ziehen, so zerlege man diese Zahlenwerte derart in Faktoren, daß aus einzelnen derselben die Wurzel gezogen werden kann.**

Man sagt in diesem Falle, man habe einen oder mehrere Faktoren **vor die Wurzel geschafft.**

Beispiele:

$$\sqrt{12}=\sqrt{4\cdot3}=\sqrt{4}\cdot\sqrt{3}=\sqrt{2^2}\cdot\sqrt{3}=2\cdot\sqrt{3}.$$

$$\sqrt{75}=\sqrt{25\cdot3}=\sqrt{5^2}\cdot\sqrt{3}=5\cdot\sqrt{3}.$$

$$\sqrt[3]{54}=\sqrt[3]{27\cdot2}=\sqrt[3]{27}\cdot\sqrt[3]{2}=3\sqrt[3]{2}.$$

$$5\cdot\sqrt[3]{56}=5\cdot\sqrt[3]{8\cdot7}=5\cdot\sqrt[3]{8}\cdot\sqrt[3]{7}=5\cdot2\cdot\sqrt[3]{7}=10\sqrt[3]{7}.$$

$$\sqrt{a^2b^2\cdot n}=\sqrt{a^2}\cdot\sqrt{b^2}\cdot\sqrt{n}=ab\cdot\sqrt{n}.$$

$$\sqrt{5x^2y^6}=\sqrt{5}\cdot\sqrt{x^2}\cdot\sqrt{y^6}=\sqrt{5}\cdot x^{\frac{2}{2}}\cdot y^{\frac{6}{2}}=xy^3\sqrt{5}.$$

$$6\sqrt[3]{m^4}=6\sqrt[3]{m^3\cdot m}=6\sqrt[3]{m^3}\cdot\sqrt[3]{m}=6m\sqrt[3]{m}.$$

$$\sqrt{98a^4b^6}=\sqrt{49\cdot2\cdot a^4\cdot b^6}=\sqrt{49}\cdot\sqrt{2}\cdot\sqrt{a^4}\cdot\sqrt{b^6}=7a^2b^3\cdot\sqrt{2}.$$

$$\sqrt[x]{a^{x+3}}=\sqrt[x]{a^x\cdot a^3}=\sqrt[x]{a^x}\cdot\sqrt[x]{a^3}=a^{\frac{x}{x}}\cdot\sqrt[x]{a^3}=a\sqrt[x]{a^3}.^{*)}$$

$$\sqrt{20}+\sqrt{245}=\sqrt{4\cdot5}+\sqrt{49\cdot5}=2\sqrt{5}+7\sqrt{5}=9\sqrt{5}.$$

$$\sqrt{18}+\sqrt{50}-\sqrt{72}=\sqrt{9\cdot2}+\sqrt{25\cdot2}-\sqrt{36\cdot2}=$$
$$=3\sqrt{2}+5\sqrt{2}-6\sqrt{2}=2\sqrt{2}.$$

$$7\sqrt[3]{54}+3\sqrt[3]{16}+3\sqrt[3]{2}-5\sqrt[3]{128}=$$
$$=7\sqrt[3]{27\cdot2}+3\sqrt[3]{8\cdot2}+3\sqrt[3]{2}-5\sqrt[3]{64\cdot2}=$$
$$=7\cdot3\sqrt[3]{2}+3\cdot2\sqrt[3]{2}+3\sqrt[3]{2}-5\cdot4\sqrt[3]{2}=$$
$$=21\sqrt[3]{2}+6\sqrt[3]{2}+3\sqrt[3]{2}-20\sqrt[3]{2}=10\sqrt[3]{2}.$$

$$\sqrt[3]{125(x-y)^3}=\sqrt[3]{125}\cdot\sqrt[3]{(x-y)^3}=\sqrt[3]{5^3}\cdot\sqrt[3]{(x-y)^3}=5(x-y).$$

Aufgaben:

1. $\sqrt{50}$; $\sqrt{24}$; $\sqrt{200}$; $\sqrt{63}$; $\sqrt{180}$; $\sqrt[3]{81}$; $\sqrt[3]{72}$.
2. $\sqrt[3]{128}$; $\sqrt{a^2b}$; $\sqrt{x^2yz^2}$; $\sqrt[3]{64a^4b^6}$; $7\sqrt{48}$; $9\sqrt{112}$.

---

*) Vgl. S. 65, Ziffer 68; Umkehrung.

3. $ab^2\sqrt[5]{a^7b^8}$; $4\sqrt{a^3b^{2n}}$; $\sqrt[n]{a^{2n}b^{2n+1}}$; $2\sqrt[3]{32x^3y^9}$.

4. $\sqrt[3]{16}+\sqrt[3]{250}-\sqrt[3]{2}$; $\sqrt{24}+\sqrt{54}-\sqrt{6}+\sqrt{96}$.

5. $10\sqrt{4a}+4\sqrt{9a}+3\sqrt{49a}-10\sqrt{36a}-2\sqrt{81a}$.

6. $\frac{2a}{3}\sqrt{9a}+3a\sqrt{a}-2\sqrt{a^3}+\frac{2}{a^2}\sqrt{a^7}$.

7. $\sqrt[3]{16a^3b}+\sqrt{4a^2b}-\sqrt{a^2b}-\sqrt[3]{54a^3b}$; $\sqrt[x]{a^{x+3}}-\sqrt[x]{a^3b^x}$.

c) Umkehrung von b): Ebenso wie man einen oder mehrere Faktoren eines Produktes vor die Wurzel schaffen kann, ebenso kann man **einen Faktor, der vor einer Wurzel steht, unter die Wurzel schaffen.** Hierbei ist der Faktor mit dem Wurzelexponenten zu potenzieren.

Ist der unter die Wurzel zu schaffende Faktor eine Potenz, so ist nach Ziffer 71, Seite 72) der Potenzexponent mit dem Wurzelexponenten zu multiplizieren.

Beispiele:

$$3\cdot\sqrt{5}=\sqrt{3^2\cdot 5}=\sqrt{9\cdot 5}=\sqrt{45}.$$

$$5\cdot\sqrt{2}=\sqrt{5^2\cdot 2}=\sqrt{25\cdot 2}=\sqrt{50}.$$

$$2\cdot\sqrt[3]{20}=\sqrt[3]{2^3\cdot 20}=\sqrt[3]{8\cdot 20}=\sqrt[3]{160}.$$

$$3\cdot\sqrt[4]{5}=\sqrt[4]{3^4\cdot 5}=\sqrt[4]{81\cdot 5}=\sqrt[4]{405}.$$

$$x\cdot\sqrt{y}=\sqrt{x^2y};\quad a\cdot\sqrt[n]{b}=\sqrt[n]{a^nb};\quad 7\cdot\sqrt{xy}=\sqrt{49xy}.$$

$$3a\cdot\sqrt{b}=\sqrt{(3a)^2\cdot b}=\sqrt{3^2\cdot a^2\cdot b}=\sqrt{9a^2b}.$$

$$(x+y)\cdot\sqrt{z}=\sqrt{(x+y)^2\cdot z};\quad (9-a)\cdot\sqrt[3]{n}=\sqrt[3]{(9-a)^3\cdot n}.$$

$$6\cdot\sqrt{\tfrac{5}{6}}=\sqrt{6^2\cdot\tfrac{5}{6}}=\sqrt{36\cdot\tfrac{5}{6}}=\sqrt{6\cdot 5}=\sqrt{30}.$$

$$b\cdot\sqrt{\frac{a}{b}}=\sqrt{b^2\cdot\frac{a}{b}}=\sqrt{\frac{b^2\cdot a}{b}}=\sqrt{ab}.$$

$$n^2\cdot\sqrt{m}=\sqrt{n^{2\cdot 2}\cdot m}=\sqrt{n^4\cdot m}=\sqrt{m\cdot n^4}.$$

$$x^2\cdot\sqrt[3]{y^5}=\sqrt[3]{x^{2\cdot 3}\cdot y^5}=\sqrt[3]{x^6y^5};\quad a^n\sqrt[m]{b}=\sqrt[m]{a^{mn}b}.$$

$$a^4\cdot\sqrt[4]{a^3}=\sqrt[4]{a^{4\cdot 4}\cdot a^3}=\sqrt[4]{a^{16}\cdot a^3}=\sqrt[4]{a^{16+3}}=\sqrt[4]{a^{19}}.$$

$$\frac{a}{b}\cdot\sqrt{\frac{b}{a}}=\sqrt{\frac{a^2}{b^2}\cdot\frac{b}{a}}=\sqrt{\frac{a}{b}};\quad \frac{x}{y}\cdot\sqrt{\frac{y}{x}}=\sqrt{\frac{x}{y}}.$$

$$(a+b)\cdot\sqrt{\frac{a-b}{a+b}}=\sqrt{\frac{(a+b)^2\cdot(a-b)}{(a+b)}}=\sqrt{(a+b)(a-b)}=$$
$$=\sqrt{a^2-b^2}.\text{*)}$$

Aufgaben:

1. $3.\sqrt{7}$; $2.\sqrt{0{,}5}$; $2.\sqrt{\frac{3}{4}}$; $7.\sqrt{\frac{5}{7}}$; $2.\sqrt[3]{25}$; $3.\sqrt[3]{\frac{5}{3}}$; $5.\sqrt[3]{\frac{8}{75}}$.
2. $3.\sqrt[4]{\frac{4}{9}}$; $\frac{1}{2}.\sqrt[3]{24}$; $0{,}2.\sqrt{0{,}625}$; $a.\sqrt{b}$; $3a.\sqrt{x}$; $ab.\sqrt{c}$.
3. $a.\sqrt{\frac{x}{a}}$; $2a.\sqrt{\frac{7x}{2a}}$; $b.\sqrt[3]{\frac{a}{b}}$; $ab.\sqrt{\frac{1}{ab}}$; $ab.\sqrt{\frac{c}{ab}}$.
4. $\frac{a}{b}\cdot\sqrt{\frac{b^3c}{a}}$; $ab^2.\sqrt{\frac{3c}{b^3}}$; $\frac{ab^2}{xy^2}\cdot\sqrt{\frac{xy^3}{ab^3}}$; $\frac{a^2}{b}\cdot\sqrt[4]{\frac{b^6x}{a^9y}}$;
   $\frac{ab^n}{xy^n}\cdot\sqrt{\frac{ay^3}{b^3x}}$.
5. $(a-x).\sqrt{\frac{a+x}{a-x}}$; $\frac{1}{x+y}\cdot\sqrt{x^2-y^2}$; $\frac{a+1}{a-1}\cdot\sqrt{\frac{a-1}{a+1}}$;
   $3.\sqrt{\frac{1}{3}}+2.\sqrt{\frac{3}{4}}$.

85. Division von Wurzeln mit gleichen Exponenten. Soll $\sqrt{5}$ durch $\sqrt{7}$ dividiert werden, so kann man nach dem über Bruchpotenzen Gesagten schreiben:

$$\frac{\sqrt{5}}{\sqrt{7}}=\frac{5^{\frac{1}{2}}}{7^{\frac{1}{2}}}.$$

Nach S. 75, Ziffer 73) — Umkehrung — ist aber

$$\frac{5^{\frac{1}{2}}}{7^{\frac{1}{2}}}=\left(\frac{5}{7}\right)^{\frac{1}{2}}.$$

Schreibt man die rechte Seite dieser Gleichung wieder als Wurzel und setzt man den erhaltenen Wert in die vorletzte Gleichung ein, so ergibt sich:

$$\frac{\sqrt{5}}{\sqrt{7}}=\sqrt{\frac{5}{7}}.$$

Die rechte Seite der letzten Gleichung erhält man aber auch, wenn man den Quotienten der Radikanden durch den gemeinsamen Wurzelexponenten radiziert.

---

*) Vgl. S. 29, Ziffer 35; 1 und 7.

Auf Buchstaben angewendet, erhält man:

$$\frac{\sqrt[n]{a}}{\sqrt[n]{b}} = \sqrt[n]{\frac{a}{b}}.$$

Hieraus folgt als Regel:

Wurzeln mit gleichen Exponenten werden dividiert, indem man den Quotienten der Radikanden mit dem gemeinsamen Wurzelexponenten radiziert.

Beispiele:

$$\frac{\sqrt{12}}{\sqrt{3}} = \sqrt{\frac{12}{3}} = \sqrt{4} = 2; \quad \frac{\sqrt{128}}{\sqrt{8}} = \sqrt{\frac{128}{8}} = \sqrt{16} = \sqrt{4^2} = 4.$$

$$\frac{\sqrt{21}}{\sqrt{7}} = \sqrt{\frac{21}{2}} = \sqrt{3}; \quad \frac{\sqrt{3x}}{\sqrt{x}} = \sqrt{\frac{3x}{x}} = \sqrt{3}.$$

$$\frac{\sqrt{n \cdot y}}{\sqrt{y}} = \sqrt{\frac{n \cdot y}{y}} = \sqrt{n}; \quad \frac{\sqrt[3]{81}}{\sqrt[3]{3}} = \sqrt[3]{\frac{81}{3}} = \sqrt[3]{27} = 3.$$

$$\frac{\sqrt[3]{a^8}}{\sqrt[3]{a^4}} = \sqrt[3]{\frac{a^8}{a^4}} = \sqrt[3]{a^{8-4}} = \sqrt[3]{a^4} = \sqrt[3]{a^3 \cdot a} = a\sqrt[3]{a}.$$

$$\frac{\sqrt[5]{nx}}{\sqrt[5]{ny}} = \sqrt[5]{\frac{nx}{ny}} = \sqrt[5]{\frac{x}{y}}; \quad \frac{\sqrt[n]{a^{x+1}}}{\sqrt[n]{a}} = \sqrt[n]{\frac{a^{x+1}}{a}} = \sqrt[n]{a^{x+1-1}} = \sqrt[n]{a^x}.$$

$$\frac{\sqrt{24}}{\sqrt{\frac{2}{3}}} = \sqrt{\frac{24}{\frac{2}{3}}} = \sqrt{24 \cdot \frac{3}{2}} = \sqrt{\frac{72}{2}} = \sqrt{36} = 6.$$

Aufgaben:

1. $\frac{\sqrt{24}}{\sqrt{6}}; \quad \frac{\sqrt{120}}{\sqrt{15}}; \quad \frac{\sqrt[3]{3125}}{\sqrt[3]{25}}; \quad \frac{\sqrt{15}}{\sqrt{\frac{3}{5}}}; \quad \frac{\sqrt{87\frac{1}{2}}}{\sqrt{3\frac{1}{2}}}; \quad \frac{\sqrt[3]{12\frac{1}{2}}}{\sqrt[3]{1\frac{9}{16}}}.$

2. $\frac{\sqrt{16x}}{\sqrt{x}}; \quad \frac{\sqrt[3]{9a^4}}{\sqrt[3]{3a}}; \quad \frac{\sqrt[4]{x^7}}{\sqrt[4]{x^3}}; \quad \frac{\sqrt[3]{a^2bc^4}}{\sqrt[3]{abc}}; \quad \frac{\sqrt{(x+y) \cdot a^3}}{\sqrt{a}}.$

3. $\frac{\sqrt{x}}{\sqrt{\frac{x}{y}}}; \quad \frac{\sqrt{x \cdot y}}{\sqrt{\frac{x}{y}}}; \quad \frac{\sqrt[n]{z^{a-3}}}{\sqrt[n]{z^3}}; \quad \frac{\sqrt[m]{x^{2m+4}}}{\sqrt[m]{x^{m+4}}}; \quad \frac{\sqrt[5]{\frac{a^3b^4c^7}{x^4y^8}}}{\sqrt[5]{\frac{xy^{-3}}{a^2bc^{-2}}}}.$

86. Radizierung eines Quotienten (Bruches). Soll der Bruch $\frac{5}{8}$ radiziert werden, so kann man entsprechend den vorstehenden Ausführungen schreiben:

$$\sqrt{\frac{5}{8}} = \left(\frac{5}{8}\right)^{\frac{1}{2}}$$

Nach Ziffer 73, S. 74) ist aber

$$\left(\frac{5}{8}\right)^{\frac{1}{2}} = \frac{5^{\frac{1}{2}}}{8^{\frac{1}{2}}}.$$

Schreibt man die rechte Seite dieser Gleichung wieder in Wurzelform, so ergibt sich:

$$\frac{5^{\frac{1}{2}}}{8^{\frac{1}{2}}} = \frac{\sqrt{5}}{\sqrt{8}}.$$ Hieraus folgt:

$$\sqrt{\frac{5}{8}} = \frac{\sqrt{5}}{\sqrt{8}}.$$

Auf Buchstaben angewendet, erhält man:

$$\sqrt[n]{\frac{a}{b}} = \frac{\sqrt[n]{a}}{\sqrt[n]{b}}.$$

Hieraus ergibt sich als Regel:

Die Wurzel aus einem Bruche wird gezogen, indem man sie aus Zähler und Nenner einzeln zieht und die erhaltenen Wurzeln durcheinander dividiert.

Hierbei ist bezüglich der Radikanden das zu beachten, was in Ziffer 84, unter a, b und c) über Faktoren gesagt wurde.

Beispiele:

$$\sqrt{\frac{36}{49}} = \frac{\sqrt{36}}{\sqrt{49}} = \frac{\sqrt{6^2}}{\sqrt{7^2}} = \frac{6}{7}; \quad \sqrt{\frac{36}{81}} = \frac{\sqrt{36}}{\sqrt{81}} = \frac{6}{9} = \frac{2}{3}.$$

$$\sqrt{0{,}25} = \sqrt{\frac{25}{100}} = \sqrt{\frac{5^2}{10^2}} = \frac{5}{10} = \frac{1}{2} = 0{,}5.$$

$$\sqrt[3]{3\tfrac{3}{8}} = \sqrt[3]{\frac{27}{8}} = \frac{\sqrt[3]{27}}{\sqrt[3]{8}} = \frac{\sqrt[3]{3^3}}{\sqrt[3]{2^3}} = \frac{3}{2} = 1{,}5.$$

$$\sqrt[3]{0{,}027} = \sqrt[3]{\frac{27}{1000}} = \sqrt[3]{\frac{3^3}{10^3}} = \frac{3}{10} = 0{,}3.$$

$$\sqrt[3]{\frac{a^5}{b^3}} = \frac{\sqrt[3]{a^5}}{\sqrt[3]{b^3}} = \frac{\sqrt[3]{a^3\cdot a^2}}{\sqrt[3]{b^3}} = \frac{a\sqrt[3]{a^2}}{b} = \frac{a}{b}\cdot\sqrt[3]{a^2}.$$

$$\sqrt[4]{\frac{3^{12}}{a^4b^8}} = \frac{\sqrt[4]{3^{12}}}{\sqrt[4]{a^4b^8}} = \frac{3^{\frac{12}{4}}}{a^{\frac{4}{4}}b^{\frac{8}{4}}} = \frac{3^3}{ab^2} = \frac{27}{ab^2} = 27\cdot\frac{1}{ab^2}.$$

$$\sqrt[3]{\frac{1}{2}}\cdot\sqrt[3]{\frac{1}{4}} = \sqrt[3]{\frac{1}{8}} = \frac{\sqrt[3]{1}}{\sqrt[3]{8}} = \frac{1}{2} = 0{,}5.$$

$$\sqrt[x]{a - \frac{a^{x-1} - a^{-2}\cdot b^x}{a^{x-2}}} = \sqrt[x]{\frac{a\cdot a^{x-2} - a^{x-1} + a^{-2}\cdot b^x}{a^{x-2}}} =$$

$$= \sqrt[x]{\frac{a^{x-1} - a^{x-1} + a^{-2}\cdot b^x}{a^{x-2}}} = \sqrt[x]{\frac{a^{-2}b^x}{a^{x-2}}} = \sqrt[x]{\frac{a^{-2+2}b^x}{a^x}} =$$

$$= \sqrt[x]{\frac{b^x}{a^x}} = \frac{b}{a}.^{*)}$$

Aufgaben:

1. $\sqrt{\frac{9}{16}}$; $\sqrt{\frac{16}{25}}$; $\sqrt{0{,}36}$; $\sqrt[3]{2\frac{10}{27}}$; $\sqrt[3]{0{,}125}$; $\sqrt[4]{5\frac{1}{16}}$.

2. $\sqrt[3]{\frac{1}{2}}\cdot\sqrt[3]{\frac{1}{4}}$; $\sqrt[3]{\frac{2}{3}}\cdot\sqrt[3]{\frac{1}{18}}$; $\sqrt[3]{\frac{2}{3}}\cdot\sqrt[3]{\frac{4}{9}}$; $\sqrt{0{,}2}\cdot\sqrt{0{,}05}$.

3. $\sqrt[5]{\frac{a^2b^2}{c^4}}\cdot\sqrt[5]{\frac{a^4c}{b}}\cdot\sqrt[5]{\frac{b^4}{ac^2}}$; $\sqrt[3]{\frac{a^{2x+1}\cdot b^{3+y}}{c^{5+z}\cdot d^{9-u}}}\cdot\sqrt[3]{\frac{a^{x+2}\cdot d^{2u+12}}{b^{6+4y}\cdot c^{2z-2}}}$.

4. $\sqrt[x]{\frac{a^{5x+3}}{c^{6x+9}}}\cdot\sqrt[x]{\frac{b^{8x+11}}{a^{4x+10}}}\cdot\sqrt[x]{\frac{a^7c^7}{b^7}}\cdot\sqrt[x]{\frac{c^{5x+2}}{b^{7x+4}}}$.

Auch sind, wenn möglich, einzelne Radikanden in Faktoren zu zerlegen, aus welchen sich die Wurzel ohne weiteres ziehen läßt.

Beispiele:

$$\sqrt{\frac{48}{125}} = \frac{\sqrt{48}}{\sqrt{125}} = \frac{\sqrt{16\cdot 3}}{\sqrt{25\cdot 5}} = \frac{4\sqrt{3}}{5\sqrt{5}} = \frac{4}{5}\cdot\frac{\sqrt{3}}{\sqrt{5}} = 0{,}8\cdot\frac{\sqrt{3}}{\sqrt{5}}.$$

---

*) Vgl. S. 45, Ziffer 47 und S. 71, Ziffer 70d.

$$\sqrt[3]{\frac{128}{375}}=\frac{\sqrt[3]{128}}{\sqrt[3]{375}}=\frac{\sqrt[3]{64\cdot 2}}{\sqrt[3]{125\cdot 3}}=\frac{\sqrt[3]{4^3\cdot 2}}{\sqrt[3]{5^3\cdot 3}}=\frac{4\sqrt[3]{2}}{5\sqrt[3]{3}}=0{,}8\cdot\frac{\sqrt[3]{2}}{\sqrt[3]{3}}.$$

$$\sqrt[3]{\frac{a^5}{b^4}}=\frac{\sqrt[3]{a^5}}{\sqrt[3]{b^4}}=\frac{\sqrt[3]{a^3\cdot a^2}}{\sqrt[3]{b^3\cdot b}}=\frac{a\cdot\sqrt[3]{a^2}}{b\cdot\sqrt[3]{b}}=\frac{a}{b}\cdot\frac{\sqrt[3]{a^2}}{\sqrt[3]{b}}.$$

Bei dem praktischen Rechnen mit Wurzeln aus Brüchen sind folgende Verfahren von Vorteil:

a) Ist der Nenner des Bruches, aus dem die Quadratwurzel gezogen werden soll, keine Quadratzahl, so kann man denselben zu einer solchen machen, indem man Zähler und Nenner des Bruches mit dem **Nenner** multipliziert. Auf diese Weise wird der Nenner zu einer Quadratzahl, und umgeht man damit das Ausziehen einer Quadratwurzel.

Beispiele:

$$\sqrt{\frac{7}{11}}=\sqrt{\frac{7\cdot 11}{11\cdot 11}}=\frac{\sqrt{77}}{\sqrt{11^2}}=\frac{\sqrt{77}}{11}=\frac{1}{11}\sqrt{77}.$$

$$\sqrt{\frac{x^2}{m}}=\sqrt{\frac{x^2\cdot m}{m\cdot m}}=\frac{\sqrt{x^2\cdot m}}{\sqrt{m^2}}=\frac{x\sqrt{m}}{m}=\frac{x}{m}\sqrt{m}.$$

$$\sqrt{\frac{a}{2b}}=\sqrt{\frac{a\cdot 2b}{2b\cdot 2b}}=\sqrt{\frac{2ab}{4b^2}}=\frac{\sqrt{2ab}}{2b}=\frac{1}{2b}\cdot\sqrt{2ab}.$$

$$\sqrt{\frac{a+b}{a-b}}=\sqrt{\frac{(a+b)(a-b)}{(a-b)(a-b)}}=\sqrt{\frac{a^2-b^2}{(a-b)^2}}=\frac{\sqrt{a^2-b^2}}{a-b}.$$

b) Bei dem Ausziehen der Kubikwurzel ist der Nenner des Bruches auf die dritte Potenz zu bringen, also Zähler und Nenner mit der **ersten oder zweiten Potenz des Nenners** zu multiplizieren, je nachdem derselbe bereits in der zweiten oder ersten Potenz vorhanden war.

Beispiele:

$$\sqrt[3]{\frac{3}{7}}=\sqrt[3]{\frac{3\cdot 7^2}{7\cdot 7^2}}=\frac{\sqrt[3]{147}}{\sqrt[3]{7^3}}=\frac{\sqrt[3]{147}}{7}=\frac{1}{7}\sqrt[3]{147}.$$

$$\sqrt[3]{\frac{xy}{z^2}}=\sqrt[3]{\frac{xy\cdot z}{z^2\cdot z}}=\frac{\sqrt[3]{xyz}}{\sqrt[3]{z^3}}=\frac{\sqrt[3]{xyz}}{z}=\frac{1}{z}\sqrt[3]{xyz}.$$

Aufgaben:

1. $\sqrt{\frac{3}{5}}$; $\sqrt{\frac{7}{8}}$; $\sqrt{\frac{4}{7}}$; $\sqrt{1\frac{3}{5}}$; $\sqrt{2\frac{2}{3}}$.

2. $\sqrt[3]{\frac{5}{3}}$; $\sqrt[3]{1\frac{3}{4}}$; $\sqrt[3]{0{,}16}$; $9\sqrt{\frac{2}{3}}$; $25\sqrt{2\frac{3}{5}}$.

3. $7\sqrt[3]{3\frac{4}{7}}$; $\sqrt{\frac{x}{y}}$; $\sqrt{\frac{7x}{5y}}$; $\sqrt[3]{\frac{a^2}{b^2}}$; $\sqrt[3]{\frac{2x}{y}}$.

4. $\sqrt{\frac{m}{3n}}$; $an.\sqrt[3]{\frac{m}{a}}$; $\sqrt{\frac{a}{a-x}}$; $\sqrt[3]{\frac{m}{m-p}}$; $\sqrt[3]{\frac{x-y}{x+y}}$.

5. $\sqrt{2}+\sqrt{\frac{1}{2}}+\sqrt{3\frac{1}{8}}+\sqrt{\frac{25}{32}}=\sqrt{\frac{2.2}{2}}+\sqrt{\frac{1}{2}}+\sqrt{\frac{25}{8}}+\sqrt{\frac{25}{32}}=$

$$=\sqrt{4\cdot\frac{1}{2}}+\sqrt{\frac{1}{2}}+\sqrt{\frac{25}{4}\cdot\frac{1}{2}}+\sqrt{\frac{25}{16}\cdot\frac{1}{2}}=$$

$$=2\sqrt{\frac{1}{2}}+\sqrt{\frac{1}{2}}+\frac{5}{2}\sqrt{\frac{1}{2}}+\frac{5}{4}\sqrt{\frac{1}{2}}=\frac{27}{4}\sqrt{\frac{1}{2}}=\frac{27}{4}\cdot\sqrt{\frac{1.2}{2.2}}=$$

$$=\frac{27}{4}\sqrt{\frac{2}{4}}=\frac{27}{4}\cdot\frac{1}{2}\cdot\sqrt{2}=\frac{27}{8}\cdot\sqrt{2}.$$

6. $\sqrt{3}+\sqrt{5\frac{1}{3}}-\sqrt{3\frac{19}{27}}$; $\sqrt{x}+\sqrt{\frac{a}{2x}}\cdot\sqrt{2a}$.

87. Radizierung einer Potenz. Wendet man, um die Wurzel aus einer Potenz zu ziehen, die Schreibweise der Bruchpotenz an, so kann man z. B. für $\sqrt[4]{5^2}$ setzen:

$$\sqrt[4]{5^2}=5^{\frac{2}{4}}=5^{\frac{1}{2}}.$$

Schreibt man die rechte Seite dieser Gleichung wieder als Wurzel, so erhält man:

$$5^{\frac{1}{2}}=\sqrt[2]{5^1}=\sqrt{5}.$$

Setzt man diesen Wert in die erste Gleichung ein, so ergibt sich:

$$\sqrt[4]{5^2}=\sqrt{5}.$$

Die rechte Seite dieser Gleichung erhält man aber auch, wenn man den Wurzelexponenten 4 durch den Potenzexponenten 2 dividiert und den Radikanden 5 durch den so erhaltenen Quotienten $\frac{4}{2}=2$ radiziert:

$$\sqrt[4]{5^2}=\sqrt[\frac{4}{2}]{5}=\sqrt[2]{5}, \text{ d. i.:}$$

$$\sqrt[4]{5^2}=\sqrt{5}.$$

Auf Buchstaben angewendet, erhält man:

$$\sqrt[m]{x^n} = \sqrt[\frac{m}{n}]{x}.$$

Hieraus folgt als Regel:

Die Wurzel aus einer Potenz wird gezogen, indem man den Wurzelexponenten durch den Potenzexponenten dividiert und die Grundzahl der Potenz mit dem erhaltenen Quotienten **radiziert.**

Schreibt man die rechte Seite der letzten Gleichung als Bruchpotenz, so ergibt sich:

$$\sqrt[\frac{m}{n}]{x} = x^{\frac{1}{\frac{m}{n}}} = x^{\frac{n}{m}}.^{*)}$$

Dieses Ergebnis folgt aber auch ohne weiteres aus der Erklärung der Bruchpotenz, nach welcher

$$\sqrt[m]{x^n} = x^{\frac{n}{m}}$$

ist. Die Radizierung einer Potenz ist mithin auf zwei verschiedene Arten durchzuführen und ergibt sich damit folgende weitere Regel:

Die Wurzel aus einer Potenz wird gezogen, indem man den Potenzexponenten durch den Wurzelexponenten dividiert und die Grundzahl der Potenz mit dem erhaltenen Quotienten **potenziert.**

Beispiele:

$$\sqrt[8]{9^4} \begin{cases} = \sqrt[\frac{8}{4}]{9} = \sqrt[2]{9} = \sqrt{9} = 3, \text{ oder als Bruchpotenz:} \\ = 9^{\frac{4}{8}} = 9^{\frac{1}{2}} = \sqrt[2]{9^1} = \sqrt{9} = \sqrt{3^2} = 3. \end{cases}$$

$$\sqrt[9]{a^3} \begin{cases} = \sqrt[\frac{9}{3}]{a} = \sqrt[3]{a}, \text{ oder als Bruchpotenz:} \\ = a^{\frac{3}{9}} = a^{\frac{1}{3}} = \sqrt[3]{a^1} = \sqrt[3]{a}. \end{cases}$$

$$\sqrt[4]{a^2} \begin{cases} = \sqrt[\frac{4}{2}]{a} = \sqrt[2]{a} = \sqrt{a}, \text{ oder als Bruchpotenz:} \\ = a^{\frac{2}{4}} = a^{\frac{1}{2}} = \sqrt{a}. \end{cases}$$

---

*) Das Rechnen mit Bruchpotenzen dürfte in jedem Falle vorzuziehen sein.

$$\sqrt[n]{x^m}\begin{cases} = \sqrt[\frac{n}{m}]{x}, \text{ oder als Bruchpotenz:} \\ = x^{\frac{m}{n}}. \end{cases}$$

Sind Wurzelexponent und Potenzexponent gleich, so folgt:

$$\sqrt[4]{a^4}\begin{cases} = \sqrt[\frac{4}{4}]{a} = \sqrt[1]{a}^{\;*)} = a, \text{ oder als Bruchpotenz:} \\ = a^{\frac{4}{4}} = a^1 = a. \end{cases}$$

88. Potenzierung einer Wurzel. Soll $\sqrt[3]{8}$ mit 2 potenziert werden, so kann man schreiben:

$$\left(\sqrt[3]{8}\right)^2 = \sqrt[3]{8} \cdot \sqrt[3]{8}.$$

Für die rechte Seite dieser Gleichung ergibt sich aber nach Ziffer 83, Seite 86):

$$\sqrt[3]{8} \cdot \sqrt[3]{8} = \sqrt[3]{8 \cdot 8} = \sqrt[3]{8^2}.$$

Setzt man diesen Wert in die vorletzte Gleichung ein, so erhält man:

$$\left(\sqrt[3]{8}\right)^2 = \sqrt[3]{8^2}.^{**)}$$

Die rechte Seite der letzten Gleichung erhält man aber auch, wenn man den Radikanden mit dem Potenzexponenten potenziert. Auf Buchstaben angewendet, ergibt sich:

$$\left(\sqrt[m]{x}\right)^n = \sqrt[m]{x^n}.^{**)}$$

Hieraus folgt als Regel:

Eine Wurzel wird potenziert, indem man den Radikanden mit dem Potenzexponenten potenziert und alsdann durch den Wurzelexponenten radiziert.

Beispiele:

$$\left(\sqrt{2}\right)^3 = \sqrt{2^3} = \sqrt{2^2 \cdot 2} = 2 \cdot \sqrt{2}.$$

$$\left(\sqrt{a}\right)^4 = \sqrt{a^4} = a^{\frac{4}{2}} = a^2.$$

$$\left(\sqrt[x]{a}\right)^4 = \sqrt[x]{a^4}; \quad \left(\sqrt[4]{a}\right)^x = \sqrt[4]{a^x}.$$

---

*) Schreibt man $\sqrt[1]{a}$ als Bruchpotenz, so erhält man:

$$\sqrt[1]{a} = \sqrt[1]{a^1} = a^{\frac{1}{1}} = a^1 = a.$$

Vergleiche im übrigen hierzu S. 80, Ziffer 77.

**) Vgl. auch hierzu S. 81, Ziffer 77, letzte Gleichung.

$$\left(\sqrt[4]{y}\right)^{12} = \sqrt[4]{y^{12}} = y^{\frac{12}{4}} = y^3.$$

$$\left(\sqrt[ab]{n}\right)^{bc} = \sqrt[ab]{n^{bc}} = n^{\frac{bc}{ab}} = n^{\frac{c}{a}} = \sqrt[a]{n^c}.$$

$$\left(\sqrt[9]{8a^6b^3}\right)^3 = \sqrt[9]{(8a^6b^3)^3} = \sqrt[9]{8^3a^{18}b^9} = 8^{\frac{3}{9}}a^{\frac{18}{9}}b^{\frac{9}{9}} = 8^{\frac{1}{3}}a^2b =$$
$$= a^2b\cdot\sqrt[3]{8} = 2a^2b.$$

$$\left(\sqrt[4]{4}\cdot\sqrt[6]{8a^9}\cdot\sqrt{\frac{3}{a^6}}\right)^2 = \left(\sqrt[4]{4}\right)^2\cdot\left(\sqrt[6]{8a^9}\right)^2\cdot\left(\sqrt{\frac{3}{a^6}}\right)^2 =$$
$$= \sqrt[4]{4^2}\cdot\sqrt[6]{8^2\cdot a^{18}}\cdot\sqrt{\frac{3^2}{a^{12}}} = 4^{\frac{2}{4}}\cdot 8^{\frac{2}{6}}\cdot a^{\frac{18}{6}}\cdot\frac{3^{\frac{2}{2}}}{a^{\frac{12}{2}}} =$$
$$= 4^{\frac{1}{2}}\cdot 8^{\frac{1}{3}}\cdot a^3\cdot\frac{3}{a^6} = \sqrt{4}\cdot\sqrt[3]{8}\cdot a^3\cdot\frac{3}{a^6} =$$
$$= 2\cdot 2\cdot\frac{3}{a^3} = \frac{12}{a^3}.$$

$$\left(\sqrt{\sqrt[3]{a}}\right)^3 = \sqrt{\left(\sqrt[3]{a}\right)^3} = \sqrt{\sqrt[3]{a^3}} = \sqrt{a}.$$

Aufgaben:

1. $\left(\sqrt{3}\right)^4$; $\left(\sqrt[3]{5}\right)^6$; $\left(\sqrt[6]{25}\right)^3$; $\left(\sqrt[6]{a}\right)^9$; $\left(\sqrt{8}\right)^6$; $\left(\sqrt[4]{a^2}\right)^6$.
2. $\left(\sqrt[12]{x^5}\right)^{18}$; $\left[\left(\sqrt[4]{n}\right)^{-3}\right]^6$; $\left(\sqrt[15]{\frac{a^2b^3}{c^4}}\right)^{20}$; $\left(\sqrt[8]{\frac{81a^4}{625c^{12}}}\right)^2$.
3. $\left(\sqrt[12]{\frac{16a^{-2}}{9b^{4m-6}}}\right)^6$; $\left(2.\sqrt[4]{\frac{9.(a+b)^2}{121a^2b^2}}\right)^2$.
4. $\left(\sqrt[24]{x^5}\right)^{36}.\left(\sqrt[18]{x^7}\right)^{27}.\left(\sqrt[6]{x}\right)^9.\left(\sqrt[4]{x^3}\right)^6$.
5. $\left(\sqrt{2n}\right)^2 - 2\left(\sqrt[3]{3n}\right)^3 + \left(3\sqrt[4]{n}\right)^4 - 5.\left(2.\sqrt[4]{n^2}\right)^2$.
6. $\left(\sqrt[9]{\sqrt[11]{y^9}}\right)^{11}$; $\left(\sqrt[4]{\sqrt[9]{16x^4y^8}}\right)^9$; $\left(\sqrt{\sqrt[3]{a^2+2ab+b^2}}\right)^3$.

89. Radizierung einer Wurzel. Soll die dritte Wurzel aus der Quadratwurzel aus 5 gezogen werden, so erhält man, wenn man jede der Wurzeln als Bruchpotenz schreibt:

$$\sqrt[3]{\sqrt{5}} = \sqrt[3]{5^{\frac{1}{2}}} = \left(5^{\frac{1}{2}}\right)^{\frac{1}{3}} = 5^{\frac{1}{6}}.^{*)}$$

---

*) Vgl. S. 72, Ziffer 71.

Schreibt man die rechte Seite dieser Gleichung wieder als Wurzel, so ergibt sich:

$$5^{\frac{1}{6}} = \sqrt[6]{5}.$$

Setzt man diesen Wert in die vorletzte Gleichung ein, so folgt:

$$\sqrt[3]{\sqrt{5}} = \sqrt[6]{5}.$$

Die rechte Seite dieser Gleichung erhält man aber auch, wenn man die gegebenen Wurzelexponenten 3 und 2 miteinander multipliziert; mithin:

$$\sqrt[3]{\sqrt{5}} = \sqrt[3.2]{5} = \sqrt[6]{5}.$$

Auf Buchstaben angewendet, erhält man:

$$\sqrt[m]{\sqrt[n]{a}} = \sqrt[m.n]{a}.$$

Hieraus folgt als Regel:

Die Wurzel aus einer anderen Wurzel wird gezogen, indem man die beiden Wurzelexponenten miteinander multipliziert und den Radikanden mit dem erhaltenen Produkte radiziert.

Beispiele:

$$\sqrt[3]{\sqrt{64}} = \sqrt[3.2]{64} = \sqrt[6]{64} = \sqrt[6]{2^6} = 2.$$

$$\sqrt{\sqrt{27}} = \sqrt[6]{27} = \sqrt[6]{3^3} = 3^{\frac{3}{6}} = 3^{\frac{1}{2}} = \sqrt{3}.$$

$$\sqrt[4]{\sqrt[3]{256}} = \sqrt[12]{256} = \sqrt[12]{4^4} = 4^{\frac{4}{12}} = 4^{\frac{1}{3}} = \sqrt[3]{4}.$$

$$\sqrt[3]{\sqrt{a}} \begin{cases} = \sqrt[3.2]{a} = \sqrt[6]{a}, \text{ oder als Bruchpotenz:} \\ = \sqrt[3]{a^{\frac{1}{2}}} = \left(a^{\frac{1}{2}}\right)^{\frac{1}{3}} = a^{\frac{1}{6}} = \sqrt[6]{a}. \end{cases}$$

$$\sqrt{\sqrt[3]{n^2}} = \sqrt[6]{n^2} = n^{\frac{2}{6}} = n^{\frac{1}{3}} = \sqrt[3]{n}.$$

$$\sqrt[3]{\sqrt{n^3}} = \sqrt[6]{n^3} = n^{\frac{3}{6}} = n^{\frac{1}{2}} = \sqrt{n}.$$

$$\sqrt{\sqrt{a^3b^9}} = \sqrt[6]{a^3b^9} = \sqrt[6]{a^3} \cdot \sqrt[6]{b^9} = a^{\frac{3}{6}} \cdot b^{\frac{9}{6}} = a^{\frac{1}{2}} \cdot b^{\frac{3}{2}} =$$
$$= \sqrt{a} \cdot \sqrt{b^3} = \sqrt{a \cdot b^3}.$$

$$\sqrt{\sqrt[3]{a^6}} = \sqrt{a^{\frac{6}{3}}} = \left(a^2\right)^{\frac{1}{2}} = a^{\frac{2}{2}} = a^1 = a.\text{*)}$$

$$\sqrt{\sqrt[9]{a^{27}x^{45}}} = \sqrt{a^3x^5} = ax^2\cdot\sqrt{ax}.$$

$$\sqrt{\sqrt[6]{x}}\cdot\sqrt[4]{\sqrt[3]{x}\cdot\sqrt{x^{10}}} = \sqrt[12]{x}\cdot\sqrt[12]{x}\cdot\sqrt[12]{x^{10}} = \sqrt[12]{x\cdot x\cdot x^{10}}$$
$$= \sqrt[12]{x^{12}} = x.$$

$$\sqrt{16\cdot\sqrt{n}} = \sqrt{16}\cdot\sqrt{\sqrt{n}} = 4\cdot\sqrt[4]{n}.$$

$$\sqrt[3]{2\cdot\sqrt{2}} = \sqrt[3]{\sqrt{2^2\cdot 2}} = \sqrt[6]{2^3} = 2^{\frac{3}{6}} = 2^{\frac{1}{2}} = \sqrt{2}.\text{**)}$$

$$\sqrt[3]{a\cdot\sqrt[8]{a}} = \sqrt[3]{\sqrt[8]{a^8\cdot a}} = \sqrt[24]{a^9} = a^{\frac{9}{24}} = a^{\frac{3}{8}} = \sqrt[8]{a^3}.\text{**)}$$

Aufgaben:

1. $\sqrt{\sqrt[3]{a^2}}$; $\sqrt[7]{\sqrt[5]{a^{14}}}$; $\sqrt{\sqrt[5]{4a^6}}$; $\sqrt[5]{\sqrt{32a^{10}}}$; $\sqrt[9]{\sqrt{x^{36}y^{45}}}$.
2. $\sqrt[4]{\sqrt[5]{a^{13}b^9}}$. $\sqrt[10]{\sqrt{a^7\,b^{11}}}$; $\sqrt[3]{\sqrt[4]{a^5b^{31}c^{-17}}}$. $\sqrt[4]{\sqrt[6]{a^{14}b^{-14}c^{10}}}$.
3. $\sqrt[3]{x.\sqrt{x}}$; $\sqrt[4]{a\sqrt[6]{a}}$; $\sqrt[3]{32\sqrt{4a^3}}$; $\sqrt{\frac{a}{b}\cdot\sqrt{\frac{a}{b}}}$.
4. $\sqrt[3]{81a^2\cdot\sqrt{81a}}$; $\sqrt{81a^2\cdot\sqrt[3]{81a}}$; $\sqrt[3]{2.\sqrt{2}}+\sqrt[7]{4.\sqrt{8}}$.
5. $9.\sqrt{6.\sqrt{28}}+3.\sqrt{12.\sqrt{7}}-8.\sqrt{4.\sqrt{63}}$.
6. $4.\sqrt[3]{6.\sqrt{32}}+3.\sqrt[3]{9.\sqrt{162}}+2.\sqrt[3]{75.\sqrt{50}}$.
7. $\sqrt{\sqrt[18]{n^5}}\cdot\sqrt[3]{\sqrt[12]{n}}\cdot\sqrt[4]{\sqrt[9]{n^2}}\cdot\sqrt[6]{\sqrt[6]{n^4}}$.

90. Wiederholtes Radizieren derselben Zahl. Ist ein und dieselbe Zahl mehrfach zu radizieren, so werden sämtliche Wurzelexponenten miteinander multipliziert; z. B.:

$$\sqrt[2]{\sqrt[2]{\sqrt[3]{n}}} = \sqrt[2.2.3]{n} = \sqrt[12]{n};\qquad \sqrt[m]{\sqrt[n]{\sqrt[3]{a}}} = \sqrt[3mn]{a}.$$

---

*) Kürzer: $\sqrt{\sqrt[3]{a^6}} = \sqrt[6]{a^6} = a$. Vgl. hierzu S. 80, Ziffer 77.

**) Vgl. S. 91, Ziffer 84c.

Umkehrung. Man kann einen hohen Wurzelexponenten in eine Reihe kleiner Faktoren zerlegen, welche als Wurzelexponenten für die einzeln und nacheinander auszuziehenden Wurzeln gelten.

Beispiele:

$$\sqrt[6]{a^{12}} \begin{cases} = \sqrt[3.2]{a^{12}} = \sqrt[3]{\sqrt{a^{12}}}, \text{ oder:} \\ = \sqrt[2.3]{a^{12}} = \sqrt{\sqrt[3]{a^{12}}}. \end{cases}$$

$$\sqrt[12]{a} \begin{cases} = \sqrt[3.2.2]{a} = \sqrt[3]{\sqrt{\sqrt{a}}}, \text{ oder:} \\ = \sqrt[2.2.3]{a} = \sqrt{\sqrt{\sqrt[3]{a}}}. \end{cases}$$

91. Gleichnamige Wurzeln.*) Wurzeln, welche gleiche Wurzelexponenten besitzen, nennt man gleichnamig.

So sind z. B. $\sqrt[3]{5}$ und $\sqrt[3]{9}$ gleichnamig, während $\sqrt[3]{a}$ und $\sqrt[5]{b}$ **nicht** gleichnamig sind.

92. Das Gleichnamigmachen von Wurzeln. Schreibt man z. B. $\sqrt[3]{a^5}$ als Bruchpotenz, so erhält man:

$$\sqrt[3]{a^5} = a^{\frac{5}{3}}.$$

Den Bruchexponenten $\frac{5}{3}$ kann man nach Ziffer 48, Seite 46) mit einer beliebigen Zahl „erweitern“, d. h. Zähler und Nenner mit ein und derselben Zahl multiplizieren. Erweitert man den Bruch $\frac{5}{3}$ z. B. mit 2, so erhält man:

$$a^{\frac{5}{3}} = a^{\frac{5.2}{3.2}} = a^{\frac{10}{6}}.$$

Setzt man diesen Wert in die vorletzte Gleichung ein, so ergibt sich:

$$\sqrt[3]{a^5} = a^{\frac{5.2}{3.2}} = a^{\frac{10}{6}}.$$

---

*) Vgl. S. 85, Ziffer 80. Beachte den Unterschied zwischen „gleichartig“ und „gleichnamig“!

Schreibt man die rechten Seiten dieser Gleichung wieder als Wurzeln, so folgt:

$$\sqrt[3]{a^5} = \sqrt[3.2]{a^{5.2}} = \sqrt[6]{a^{10}}.$$

Erweitert man mit 3, so erhält man entsprechend:

$$\sqrt[3]{a^5} = \sqrt[3.3]{a^{5.3}} = \sqrt[9]{a^{15}}.$$

Auf Buchstaben angewendet, folgt sinngemäß:

$$\sqrt[m]{a^n} = \sqrt[m.x]{a^{n.x}}.$$

Hieraus folgt als Regel:

Wird eine Potenz radiziert, so können Wurzelexponent und Potenzexponent mit ein und derselben Zahl multipliziert werden, ohne daß sich der Wert der Wurzel ändert.

Beispiele:

$$\sqrt{a^3} = \sqrt[4]{a^6} = \sqrt[6]{a^9} = \sqrt[8]{a^{12}} = \ldots\ldots$$

$$\sqrt[3]{b}\,{}^{*)} = \sqrt[6]{b^2} = \sqrt[9]{b^3} = \sqrt[12]{b^4} = \ldots\ldots$$

$$\sqrt{6}\,{}^{*)} = \sqrt[4]{6^2} = \sqrt[4]{36};\ \sqrt[3]{5} = \sqrt[6]{5^2} = \sqrt[6]{25}.$$

$$\sqrt{ab^2} = \sqrt[4]{a^2b^4} = \sqrt[6]{a^3b^6} = \sqrt[8]{a^4b^8} = \ldots\ldots$$

$$\sqrt[4]{x^3y} = \sqrt[8]{x^6y^2} = \sqrt[12]{x^9y^3} = \ldots\ldots$$

Schreibt man z. B. $\sqrt[4]{a^6}$ als Bruchpotenz, so erhält man:

$$\sqrt[4]{a^6} = a^{\frac{6}{4}}.$$

Der Bruchexponent $\frac{6}{4}$ läßt sich durch 2 kürzen.**) Das ergibt:

$$a^{\frac{6}{4}} = a^{\frac{6:2}{4:2}} = a^{\frac{3}{2}}.$$

Setzt man diesen Wert in die vorletzte Gleichung ein, so erhält man:

$$\sqrt[4]{a^6} = a^{\frac{6:2}{4:2}} = a^{\frac{3}{2}}.$$

Schreibt man die rechten Seiten dieser Gleichung wieder als Wurzeln, so folgt:

$$\sqrt[4]{a^6} = \sqrt[4:2]{a^{6:2}} = \sqrt[2]{a^3} = \sqrt{a^3}.$$

*) $b = b^1$; $6 = 6^1$. Vgl. S. 63, Ziffer 67; 1.

**) Vgl. S. 47, Ziffer 49.

Auf Buchstaben angewendet ergibt sich sinngemäß:

$$\sqrt[m]{a^n} = \sqrt[m:x]{a^{n:x}}.$$

Hieraus folgt als Regel:

Wird eine Potenz radiziert, so können Wurzelexponent und Potenzexponent durch ein und dieselbe Zahl dividiert werden, ohne daß sich der Wert der Wurzel ändert.

Beispiele:

$$\sqrt[9]{a^{12}} = \sqrt[3]{a^4}; \ \sqrt[10]{b^{15}} = \sqrt{b^3}; \ \sqrt[12]{n^3} = \sqrt[4]{n}.$$

$$\sqrt[7]{c^{35}} = c^5; \ \sqrt{a^6} = a^3; \ \sqrt[ab]{x^b} = \sqrt[a]{x}.$$

$$\sqrt[10]{a^5} + \sqrt[16]{a^8} + 3 \cdot \sqrt[24]{a^{12}} - 2 \cdot \sqrt[2x]{a^x} =$$

$$= \sqrt{a} + \sqrt{a} + 3 \cdot \sqrt{a} - 2 \cdot \sqrt{a} = 3 \cdot \sqrt{a}.$$

Auf den beiden vorstehenden Regeln über Multiplikation bzw. Division von Wurzel- und Potenzexponent durch ein und dieselbe Zahl beruht nun das Gleichnamigmachen von Wurzeln:

Wurzeln werden gleichnamig gemacht, indem man sie auf denselben Wurzelexponenten bringt.

Dies geschieht, indem man ihnen als gemeinschaftlichen Exponenten diejenige **kleinste** Zahl gibt, in welcher sämtliche Wurzelexponenten der gleichnamig zu machenden Wurzeln bei der Division ohne Rest enthalten sind.

Das Aufsuchen dieser kleinsten Zahl deckt sich im allgemeinen mit dem Rechnungsverfahren, welches zur Bestimmung des Hauptnenners in Ziffer 52, Seite 49) angegeben wurde.

Ist diese kleinste Zahl gefunden, so wird dieselbe durch jeden Wurzelexponenten einzeln dividiert und der zugehörige Radikand mit dem erhaltenen Quotienten **potenziert.**

1. Beispiel.

$\sqrt{2}$ und $\sqrt[3]{3}$ sollen gleichnamig gemacht werden. Die Wurzelexponenten 2 und 3 haben als kleinsten Exponenten die Zahl **6** gemeinsam; beide Wurzeln müssen also den Exponenten 6 erhalten. Dividiert man mit dem ersten Exponenten 2 in diese 6, so erhält man als Quotienten **3**; mit dieser 3 ist der Radikand 2 zu potenzieren. Damit wird:

$$\sqrt{2} = \sqrt[6]{2^3}.$$

Verfährt man mit dem zweiten Exponenten 3 in gleicher Weise, so erhält man als Quotienten **2**, mit welchem der Radikand 3 nunmehr zu potenzieren ist. Damit erhält man:

$$\sqrt[3]{3} = \sqrt[6]{3^2}.$$

Aus dem vorstehenden ergibt sich:

$$\sqrt{2} = \sqrt[6]{2^3} \text{ und } \sqrt[3]{3} = \sqrt[6]{3^2}.$$

2. Beispiel:

$\sqrt[3]{4}$ und $\sqrt[4]{8}$ sind gleichnamig zu machen. Gemeinschaftlicher Exponent = **12.** Mithin:

$$\sqrt[3]{4} = \sqrt[12]{4^4} \text{ und } \sqrt[4]{8} = \sqrt[12]{8^3}.$$

Multipliziert man die gleichnamig gemachten Wurzeln des 1. Beispieles miteinander, so erhält man:

$$\sqrt{2} \cdot \sqrt[3]{3} = \sqrt[6]{2^3} \cdot \sqrt[6]{3^2} = \sqrt[6]{2^3 \cdot 3^2} = \sqrt[6]{8 \cdot 9} = \sqrt[6]{72}.$$

Dividiert man die gleichnamig gemachten Wurzeln des 2. Beispieles durcheinander, so erhält man:

$$\frac{\sqrt[3]{4}}{\sqrt[4]{8}} = \frac{\sqrt[12]{4^4}}{\sqrt[12]{8^3}} = \sqrt[12]{\frac{4^4}{8^3}} = \sqrt[12]{\frac{256}{512}} = \sqrt[12]{\frac{1}{2}} = \sqrt[12]{0{,}5}.$$

Aus diesen Beispielen folgt nunmehr die Regel über die

93. Multiplikation bzw. Division ungleichnamiger Wurzeln. Ungleichnamige Wurzeln müssen erst gleichnamig gemacht werden, bevor man sie miteinander multiplizieren bzw. durcheinander dividieren kann.*)

Beispiele:

$$\sqrt{a} \cdot \sqrt[3]{a} = \sqrt[6]{a^3} \cdot \sqrt[6]{a^2} = \sqrt[6]{a^3 \cdot a^2} = \sqrt[6]{a^{3+2}} = \sqrt[6]{a^5}.$$

$$\sqrt[4]{x} \cdot \sqrt[6]{x} = \sqrt[12]{x^3} \cdot \sqrt[12]{x^2} = \sqrt[12]{x^3 \cdot x^2} = \sqrt[12]{x^5}.$$

$$\sqrt{y} \cdot \sqrt[5]{z} = \sqrt[10]{y^5} \cdot \sqrt[10]{z^2} = \sqrt[10]{y^5 z^2}; \quad \sqrt[3]{a} \cdot \sqrt[9]{c} = \sqrt[18]{a^6 c^2}.$$

$$\sqrt[3]{a^7} \cdot \sqrt[4]{a^5} = \sqrt[12]{(a^7)^4} \cdot \sqrt[12]{(a^5)^3} = \sqrt[12]{a^{28} \cdot a^{15}} = \sqrt[12]{a^{43}} =$$

$$= \sqrt[12]{a^{36} \cdot a^7} = a^3 \sqrt[12]{a^7}.$$

$$\sqrt[3]{a^x} \cdot \sqrt{a^y} = \sqrt[6]{(a^x)^3} \cdot \sqrt[6]{(a^y)^2} = \sqrt[6]{a^{3x} \cdot a^{2y}} = \sqrt[6]{a^{3x+2y}}.$$

---

*) Vgl. S. 86, Ziffer 83 und S. 92, Ziffer 85.

$$\sqrt[4]{a^2b}\cdot\sqrt[3]{ab^2}=\sqrt[12]{a^6b^3}\cdot\sqrt[12]{a^4b^8}=\sqrt[12]{a^6\cdot a^4\cdot b^3\cdot b^8}=\sqrt[12]{a^{10}b^{11}}.$$

$$\sqrt[3]{z}\cdot\sqrt[4]{z}\cdot\sqrt[5]{z}=\sqrt[60]{z^{20}}\cdot\sqrt[60]{z^{15}}\cdot\sqrt[60]{z^{12}}=\sqrt[60]{z^{47}}.$$

$$\sqrt[24]{7^5}\cdot\sqrt{7}\cdot\sqrt[24]{7^7}+\sqrt[17]{9^{20}}\cdot\sqrt[17]{9^5}\cdot\sqrt[34]{9}=\sqrt[24]{7^5}\cdot\sqrt[24]{7^{12}}\cdot\sqrt[24]{7^7}+$$

$$+\sqrt[34]{9^{40}}\cdot\sqrt[34]{9^{10}}\cdot\sqrt[34]{9}=\sqrt[24]{7^{24}}+\sqrt[34]{9^{51}}=7+\sqrt{9^3}=$$

$$=7+9\sqrt{9}=7+9\cdot 3=34.$$

$$\frac{\sqrt[3]{9}}{\sqrt{3}}=\frac{\sqrt[6]{9^2}}{\sqrt[6]{3^3}}=\sqrt[6]{\frac{9^2}{3^3}}=\sqrt[6]{\frac{81}{27}}=\sqrt[6]{3}.$$

$$\frac{\sqrt[4]{a^3}}{\sqrt{a}}=\frac{\sqrt[8]{a^6}}{\sqrt[8]{a^4}}=\sqrt[8]{\frac{a^6}{a^4}}=\sqrt[8]{a^{6-4}}=\sqrt[8]{a^2}=\sqrt[4]{a}.$$

$$\frac{\sqrt[x]{a}}{\sqrt[y]{a}}=\frac{\sqrt[xy]{a^y}}{\sqrt[xy]{a^x}}=\sqrt[xy]{\frac{a^y}{a^x}}=\sqrt[xy]{a^{y-x}}.$$

$$\frac{\sqrt{2}\cdot\sqrt[3]{4}}{\sqrt[6]{2}}=\frac{\sqrt[6]{2^3}\cdot\sqrt[6]{4^2}}{\sqrt[6]{2}}=\sqrt[6]{\frac{2^3\cdot 4^2}{2}}=\sqrt[6]{2^2\cdot 4^2}=\sqrt[6]{2^2\cdot 2^4}=\text{*)}$$

$$=\sqrt[6]{2^6}=2.$$

Aufgaben:

1. $\sqrt[3]{a}\,.\,\sqrt[5]{a}$; $\sqrt[4]{x}\,.\,\sqrt[3]{x}$; $\sqrt[3]{m}\,.\,\sqrt{n}$; $\sqrt[6]{y}\,.\,\sqrt[4]{z}$.

2. $\sqrt[6]{c}\cdot\sqrt[9]{c}$; $\sqrt[12]{p}\cdot\sqrt[15]{q}$; $\sqrt{n}\cdot\sqrt[3]{\frac{a}{n}}$; $\sqrt{m}\cdot\sqrt[6]{\frac{x}{m}}$.

3. $\sqrt[3]{a}\cdot\sqrt[4]{\frac{c}{a}}$; $\sqrt{\frac{m}{n}}\cdot\sqrt[3]{\frac{n}{m}}$; $\sqrt[3]{\frac{2}{3}}\cdot\sqrt{6}$; $\sqrt[n]{x}\cdot\sqrt[2n]{z}$.

4. $2\sqrt{a^3}\,.\,\sqrt[3]{b}\,.\,3\sqrt{a}\,.\,\sqrt[3]{b^5}$; $\sqrt[4]{a^3}\,.\,3\sqrt[3]{a}\,.\,\sqrt[12]{a^5}$.

5. $\sqrt[4]{6^3}\,.\,\sqrt{6^3}\,.\,\sqrt[4]{6^7}+\sqrt[15]{16^7}\,.\,\sqrt[10]{16^2}\,.\,\sqrt[30]{16^{10}}$.

6. $\left(\sqrt{6}+\sqrt[3]{4}\right).\left(\sqrt{3}-\sqrt[3]{2}\right)$; $\left(\sqrt{a}+\sqrt[4]{a^3}\right).\left(\sqrt{a^3}-\sqrt[4]{a^7}\right)$.

*) Vgl. S. 61, Ziffer 64, Fußnote *).

7. $\dfrac{\sqrt[y]{a^{xz}}}{\sqrt[z]{a^{xy}}}$; $\dfrac{a\sqrt{a}\,.\,\sqrt[6]{a}}{\sqrt[3]{a^2}}$; $\dfrac{\sqrt[3]{xy^2}\,.\,\sqrt[6]{x^2y}}{\sqrt[4]{xy}}$.

8. $\dfrac{\sqrt[3]{a}\,.\,\sqrt[4]{a^3}\,.\,\sqrt[6]{a^5}}{\sqrt[8]{a}\,.\,\sqrt[12]{a}}$; $\dfrac{\sqrt[6]{x}\,.\,\sqrt[4]{x^5}\,.\,\sqrt[3]{x^2}}{\sqrt[12]{x^5}\,.\,\sqrt[16]{x^7}\,.\,\sqrt[8]{x}}$.

94. Fortschaffung der Wurzeln aus dem Nenner eines Bruches. Erscheinen im Nenner eines Bruches Wurzeln, so empfiehlt es sich dieselben fortzuschaffen. Dies geschieht durch geeignetes Erweitern des Bruches derart, daß der Radikand des Nenners zu einer Zahl wird, aus welcher man die Wurzel ohne weiteres ziehen kann.

a) Der Nenner besteht aus einer einfachen Wurzel. In diesem Falle erweitert man den Bruch mit dem Nenner selbst oder mit einem Wurzelwert, welcher den Radikanden zu einer Quadrat-, Kubik- usw. Zahl macht.

Beispiele:

$$\frac{1}{\sqrt{2}}=\frac{1\cdot\sqrt{2}}{\sqrt{2}\cdot\sqrt{2}}=\frac{\sqrt{2}}{(\sqrt{2})^2}=\frac{\sqrt{2}}{2}=\frac{1}{2}\cdot\sqrt{2}.$$

$$\frac{7}{\sqrt{8}}=\frac{7\cdot\sqrt{8}}{\sqrt{8}\cdot\sqrt{8}}=\frac{7\cdot\sqrt{8}}{(\sqrt{8})^2}=\frac{7\cdot\sqrt{8}}{8}=\frac{7}{8}\cdot\sqrt{8}.$$

$$\frac{2}{\sqrt{2}}=\frac{2\cdot\sqrt{2}}{2}=\sqrt{2};\quad \frac{8}{\sqrt{6}}=\frac{8\cdot\sqrt{6}}{6}=\frac{4}{3}\cdot\sqrt{6}.$$

$$\frac{10}{3\cdot\sqrt{5}}=\frac{10\cdot\sqrt{5}}{3\cdot\sqrt{5}\cdot\sqrt{5}}=\frac{10\cdot\sqrt{5}}{3\cdot(\sqrt{5})^2}=\frac{10\cdot\sqrt{5}}{3\cdot5}=\frac{2}{3}\cdot\sqrt{5}.$$

$$\frac{12}{\sqrt{18}}=\frac{12\cdot\sqrt{2}}{\sqrt{18}\cdot\sqrt{2}}=\frac{12\cdot\sqrt{2}}{\sqrt{36}}=\frac{12\cdot\sqrt{2}}{6}=2\cdot\sqrt{2}.$$

$$\frac{54}{\sqrt{72}}=\frac{54}{\sqrt{36\cdot2}}=\frac{54}{6\cdot\sqrt{2}}=\frac{9}{\sqrt{2}}=\frac{9\cdot\sqrt{2}}{2}=4{,}5\cdot\sqrt{2}.$$

$$\frac{6}{\sqrt{\frac{2}{3}}}=\frac{6}{\sqrt{\frac{2.3}{3.3}}\text{*)}}=\frac{6}{\frac{1}{3}\cdot\sqrt{6}}=\frac{18}{\sqrt{6}}=\frac{18\cdot\sqrt{6}}{6}=3\cdot\sqrt{6}.$$

$$\frac{2}{\sqrt[3]{2}}=\frac{2\cdot\sqrt[3]{2^2}}{\sqrt[3]{2}\cdot\sqrt[3]{2^2}}=\frac{2\cdot\sqrt[3]{2^2}}{\sqrt[3]{2^3}}=\frac{2\cdot\sqrt[3]{2^2}}{2}=\sqrt[3]{2^2}=\sqrt[3]{4}.$$

$$\frac{a}{\sqrt{b}}=\frac{a\cdot\sqrt{b}}{\sqrt{b}\cdot\sqrt{b}}=\frac{a\cdot\sqrt{b}}{(\sqrt{b})^2}=\frac{a\cdot\sqrt{b}}{b}=\frac{a}{b}\cdot\sqrt{b}.$$

*) Vgl. S. 96, Ziffer 86a.

$$\frac{a}{\sqrt[n]{a}} = \frac{a \cdot \sqrt[n]{a^{n-1}}}{\sqrt[n]{a} \cdot \sqrt[n]{a^{n-1}}} = \frac{a \cdot \sqrt[n]{a^{n-1}}}{\sqrt[n]{a^{1+n-1}}} = \frac{a \cdot \sqrt[n]{a^{n-1}}}{\sqrt[n]{a^n}} = \frac{a \cdot \sqrt[n]{a^{n-1}}}{a} =$$

$$= \sqrt[n]{a^{n-1}}.$$

$$\frac{n}{\sqrt[4]{n^3}} = \frac{n \cdot \sqrt[4]{n}}{\sqrt[4]{n^3} \cdot \sqrt[4]{n}} = \frac{n \cdot \sqrt[4]{n}}{\sqrt[4]{n^4}} = \frac{n \cdot \sqrt[4]{n}}{n} = \sqrt[4]{n}.$$

$$\frac{a^2}{\sqrt[5]{a^7}} = \frac{a^2 \cdot \sqrt[5]{a^3}}{\sqrt[5]{a^7} \cdot \sqrt[5]{a^3}} = \frac{a^2 \cdot \sqrt[5]{a^3}}{\sqrt[5]{a^{10}}} = \frac{a^2 \cdot \sqrt[5]{a^3}}{a^2} = \sqrt[5]{a^3}.$$

$$\frac{2+\sqrt{3}}{\sqrt{5}} = \frac{(2+\sqrt{3}) \cdot \sqrt{5}}{\sqrt{5} \cdot \sqrt{5}} = \frac{2 \cdot \sqrt{5} + \sqrt{3} \cdot \sqrt{5}}{5} = \frac{2 \cdot \sqrt{5} + \sqrt{15}}{5}.$$

$$\frac{7}{\sqrt{2}} : \frac{\sqrt{7}}{2} = \frac{7}{\sqrt{2}} \cdot \frac{2}{\sqrt{7}} = \frac{7 \cdot \sqrt{2}}{2} \cdot \frac{2\sqrt{7}}{7} = \frac{14 \cdot \sqrt{2} \cdot \sqrt{7}}{14} =$$

$$= \sqrt{2} \cdot \sqrt{7} = \sqrt{14}.$$

Aufgaben:

1. $\frac{1}{\sqrt{5}}$; $\frac{11}{\sqrt{29}}$; $\frac{12}{\sqrt{3}}$; $\frac{161}{\sqrt{23}}$; $\frac{9}{2.\sqrt{3}}$; $\frac{48}{5.\sqrt{32}}$; $\frac{9}{\sqrt{\frac{3}{5}}}$; $\frac{15}{\sqrt{\frac{5}{6}}}$.

2. $\frac{\sqrt[3]{2}}{\sqrt{3}}$; $\frac{\sqrt{2}}{\sqrt[3]{3}}$; $\frac{\sqrt{5}}{\sqrt[4]{10}}$; $\frac{n}{\sqrt{x}}$; $\frac{x}{\sqrt[3]{x}}$; $\frac{a}{\sqrt[3]{a^2}}$; $\frac{\sqrt[3]{a}}{\sqrt{a}}$; $\frac{a.\sqrt{a}}{\sqrt[3]{a^2}}$.

3. $\frac{n}{\sqrt[7]{n^5}}$; $\frac{y}{\sqrt[8]{y^3}}$; $\frac{b^3}{\sqrt[5]{b^{13}}}$; $\frac{a+b}{\sqrt{a+b}}$; $\frac{a^2-b^2}{\sqrt{a-b}}$; $\frac{x^2-1}{\sqrt{x+1}}$.

4. $\frac{7-\sqrt{6}}{\sqrt{2}}$; $\frac{12+\sqrt{8}}{2\sqrt{2}}$; $\frac{0{,}2+\sqrt{0{,}5}}{\sqrt{1{,}5}}$; $\frac{1+\sqrt{6}+\sqrt{12}}{\sqrt{2}}$; $\frac{\frac{3}{4}+\sqrt{\frac{1}{3}}}{\frac{1}{2}\sqrt{3}}$

5. $\frac{\sqrt{7}}{3} : \frac{7}{\sqrt{3}}$; $\frac{7.\sqrt{5}}{3} : 5.\sqrt{\frac{2}{3}}$; $\frac{3.\sqrt{8}}{5} : \frac{2}{\sqrt{5}}$.

b) Der Nenner besteht aus einer zweigliedrigen Summe, in welcher das eine oder beide Glieder Quadratwurzeln sind.

In diesem Falle verfährt man folgendermaßen:

Steht im Nenner eines Bruches eine Summe, so erweitert man den Bruch mit der Differenz,

steht im Nenner eines Bruches eine Differenz, so erweitert man den Bruch mit der Summe derselben Zahlen.

Dieses Verfahren führt auf folgende allgemeine Berechnungen:

1. $(a+\sqrt{b})\cdot(a-\sqrt{b})=a^2+a\cdot\sqrt{b}-a\cdot\sqrt{b}-(\sqrt{b})^2=$
$= \mathbf{a^2-b}$.*)

2. $(\sqrt{a}+b)\cdot(\sqrt{a}-b)=\mathbf{a-b^2}$.*)

3. $(\sqrt{a}+\sqrt{b})\cdot(\sqrt{a}-\sqrt{b})=\mathbf{a-b}$.*)

Beispiele:

$$\frac{1}{3+\sqrt{2}}=\frac{1\cdot(3-\sqrt{2})}{(3+\sqrt{2})\cdot(3-\sqrt{2})}=\frac{3-\sqrt{2}}{3^2-(\sqrt{2})^2}=\frac{3-\sqrt{2}}{9-2}=\frac{3-\sqrt{2}}{7}.$$

$$\frac{41}{7-\sqrt{8}}=\frac{41\cdot(7+\sqrt{8})}{(7-\sqrt{8})\cdot(7+\sqrt{8})}=\frac{41\cdot(7+\sqrt{8})}{7^2-(\sqrt{8})^2}=$$
$$=\frac{41\cdot(7+\sqrt{8})}{49-8}=\mathbf{7+\sqrt{8}}.$$

$$\frac{13}{5+2\sqrt{3}}=\frac{13\cdot(5-2\sqrt{3})}{(5+2\sqrt{3})\cdot(5-2\sqrt{3})}=\frac{13\cdot(5-2\sqrt{3})}{5^2-(2\sqrt{3})^2}=$$
$$=\frac{13\cdot(5-2\sqrt{3})}{25-4\cdot 3}=5-2\sqrt{3}.$$

$$\frac{12}{7-3\sqrt{5}}=\frac{12\cdot(7+3\sqrt{5})}{(7-3\sqrt{5})\cdot(7+3\sqrt{5})}=\frac{12\cdot(7+3\sqrt{5})}{49-9\cdot 5}=$$
$$=\frac{12\cdot(7+3\sqrt{5})}{4}=3\cdot(7+3\sqrt{5}).$$

$$\frac{1}{a-\sqrt{b}}=\frac{1\cdot(a+\sqrt{b})}{(a-\sqrt{b})\cdot(a+\sqrt{b})}=\frac{a+\sqrt{b}}{a^2-b}.$$

$$\frac{5}{\sqrt{7}+\sqrt{2}}=\frac{5\cdot(\sqrt{7}-\sqrt{2})}{(\sqrt{7}+\sqrt{2})\cdot(\sqrt{7}-\sqrt{2})}=\frac{5\cdot(\sqrt{7}-\sqrt{2})}{(\sqrt{7})^2-(\sqrt{2})^2}=$$
$$=\frac{5\cdot(\sqrt{7}-\sqrt{2})}{7-2}=\sqrt{7}-\sqrt{2}.$$

$$\frac{1+\sqrt{2}}{2-\sqrt{2}}=\frac{(1+\sqrt{2})\cdot(2+\sqrt{2})}{(2-\sqrt{2})\cdot(2+\sqrt{2})}=\frac{2+2\sqrt{2}+\sqrt{2}+2}{2^2-(\sqrt{2})^2}=$$
$$=\frac{4+3\sqrt{2}}{4-2}=\frac{4+3\sqrt{2}}{2}.$$

---

*) Vgl. S. 29, Ziffer 35; 7.

$$\frac{\sqrt{2}+\sqrt{6}}{\sqrt{8}-\sqrt{6}}=\frac{(\sqrt{2}+\sqrt{6})\cdot(\sqrt{8}+\sqrt{6})}{(\sqrt{8}-\sqrt{6})\cdot(\sqrt{8}+\sqrt{6})}=\frac{\sqrt{16}+\sqrt{48}+\sqrt{12}+\sqrt{36}}{(\sqrt{8})^2-(\sqrt{6})^2}=$$

$$=\frac{4+4\sqrt{3}+2\sqrt{3}+6}{8-6}=\frac{10+6\sqrt{3}}{2}=5+3\sqrt{3}.$$

$$\frac{5\sqrt{3}-3\sqrt{5}}{\sqrt{5}-\sqrt{3}}=\frac{(5\sqrt{3}-3\sqrt{5})\cdot(\sqrt{5}+\sqrt{3})}{(\sqrt{5}-\sqrt{3})\cdot(\sqrt{5}+\sqrt{3})}=$$

$$=\frac{5\cdot\sqrt{15}-3\sqrt{25}+5\sqrt{9}-3\sqrt{15}}{5-3}=$$

$$=\frac{2\sqrt{15}-15+15}{2}=\sqrt{15}.$$

$$\frac{a\sqrt{a}-b\sqrt{b}}{\sqrt{a}-\sqrt{b}}=\frac{(a\sqrt{a}-b\sqrt{b})\cdot(\sqrt{a}+\sqrt{b})}{(\sqrt{a}-\sqrt{b})\cdot(\sqrt{a}+\sqrt{b})}=$$

$$=\frac{a\sqrt{a^2}-b\sqrt{ab}+a\sqrt{ab}-b\sqrt{b^2}}{a-b}=$$

$$=\frac{a^2-b^2+\sqrt{ab}\cdot(a-b)}{a-b}=$$

$$=\frac{(a+b)(a-b)+\sqrt{ab}\cdot(a-b)}{a-b}=$$

$$=\frac{(a+b)(a-b)}{a-b}+\frac{\sqrt{ab}\cdot(a-b)^{*)}}{a-b}=a+b+\sqrt{ab}.$$

$$\frac{n}{\sqrt{1+n^2}-n}=\frac{n\cdot(\sqrt{1+n^2}+n)}{(\sqrt{1+n^2}-n)\cdot(\sqrt{1+n^2}+n)}=$$

$$=\frac{n\cdot(\sqrt{1+n^2}+n)}{1+n^2-n^2}=n\cdot(\sqrt{1+n^2}+n).$$

$$\frac{\sqrt{1+a}-\sqrt{1-a}}{\sqrt{1+a}+\sqrt{1-a}}=\frac{(\sqrt{1+a}-\sqrt{1-a})\cdot(\sqrt{1+a}-\sqrt{1-a})}{(\sqrt{1+a}+\sqrt{1-a})\cdot(\sqrt{1+a}-\sqrt{1-a})}=$$

$$=\frac{(\sqrt{1+a}-\sqrt{1-a})^2}{1+a-(1-a)}=$$

$$=\frac{(\sqrt{1+a})^2-2\cdot\sqrt{1+a}\cdot\sqrt{1-a}+(\sqrt{1-a})^2}{1+a-1+a}=$$

$$=\frac{1+a-2\sqrt{1^2-a^2}+1-a}{2a}=\frac{2-2\sqrt{1-a^2}}{2a}=$$

$$=\frac{1-\sqrt{1-a^2}}{a}.$$

---

*) Vgl. S. 85, Ziffer 42.

Aufgaben:

1. $\frac{1}{4-\sqrt{3}}$; $\frac{1}{1+\sqrt{2}}$; $\frac{23}{5+\sqrt{2}}$; $\frac{41}{7-\sqrt{8}}$; $\frac{74}{7+2\sqrt{3}}$; $\frac{35}{7-2\sqrt{7}}$.

2. $\frac{1}{\sqrt{x}-\sqrt{y}}$; $\frac{n}{n+\sqrt{n}}$; $\frac{5}{\sqrt{22}-\sqrt{17}}$; $\frac{6+2\sqrt{3}}{\sqrt{3}+1}$; $\frac{2+\sqrt{2}}{2-\sqrt{2}}$.

3. $\frac{\sqrt{3}+\sqrt{2}}{\sqrt{3}-\sqrt{2}}$; $\frac{\sqrt{30}-\sqrt{15}}{\sqrt{6}-\sqrt{5}}$; $\frac{7\sqrt{5}+5\sqrt{7}}{\sqrt{7}+\sqrt{5}}$; $\frac{3\sqrt{15}-2\sqrt{24}}{3\sqrt{20}+4\sqrt{8}}$.

4. $\frac{a\sqrt{b}-b\sqrt{a}}{\sqrt{a}-\sqrt{b}}$; $\frac{n\sqrt{n}+m\sqrt{m}}{\sqrt{n}+\sqrt{m}}$; $\frac{a+b\sqrt{x}}{c+d\sqrt{x}}$; $\frac{a\sqrt{x}-b\sqrt{y}}{c\sqrt{x}-d\sqrt{y}}$.

5. $\frac{3\sqrt{2}}{1+\sqrt{2}}-\frac{3\sqrt{2}}{1-\sqrt{2}}$; $\frac{3\sqrt{2}-2\sqrt{3}}{\sqrt{3}-\sqrt{2}}-\frac{3\sqrt{2}+2\sqrt{3}}{\sqrt{3}+\sqrt{2}}$.

6. $\frac{\sqrt{a+x}+\sqrt{a-x}}{\sqrt{a+x}-\sqrt{a-x}}$; $\frac{\sqrt{a}+\sqrt{b}}{\sqrt{a}-\sqrt{b}}+\frac{\sqrt{a}-\sqrt{b}}{\sqrt{a}+\sqrt{b}}$.

95. Gerade und ungerade Wurzeln aus positiven und negativen Zahlen. Je nachdem der Exponent einer Wurzel eine gerade oder ungerade Zahl ist, wird die Wurzel eine gerade oder ungerade Wurzel genannt.

a) **Jede gerade** Wurzel aus einer positiven Zahl ist sowohl positiv als auch negativ.

Beispiele:

$\sqrt{4}$ ist sowohl $= +2$ als auch $= -2$, denn es ist: $(+2)^2 = +4$ und ebenso $(-2)^2 = +4$.*)

$\sqrt[4]{81} = \pm 3$, denn es ist: $(+3)^4 = 81$ und ebenso $(-3)^4 = 81$.

$\sqrt{\frac{16}{25}} = \pm\frac{4}{5}$ „ „ „ $\left(+\frac{4}{5}\right)^2 = \frac{16}{25}$ „ „ $\left(-\frac{4}{5}\right)^2 = \frac{16}{25}$.

$\sqrt{x^4} = \pm x^2$, „ „ „ $(+x^2)^2 = x^4$ „ „ $(-x^2)^2 = x^4$.

$\sqrt{(a+b)^2} = \pm(a+b)$; $\sqrt[4]{\frac{x^4 y^8}{z^{12}}} = \pm\frac{x y^2}{z^3}$.

b) **Jede gerade** Wurzel aus einer negativen Zahl ist weder positiv noch negativ.

Beispiele:

$\sqrt{-16}$ ist weder $= +4$ noch $= -4$, denn es ist weder $(+4)^2 = -16$, noch $(-4)^2 = -16$.

$\sqrt{-x^2}$ ist weder $= +x$ noch $= -x$.

$\sqrt[4]{(x-y)^4}$ ist weder $= +(x-y)$ noch $= -(x-y)$.

*) Vgl. S. 76, Ziffer 75, a und b.

Eine negative Zahl, aus welcher eine gerade Wurzel unmöglich ist, nennt man eine imaginäre Zahl.

Eine imaginäre Zahl läßt sich demnach weder durch eine positive, noch durch eine negative Zahl darstellen oder bezeichnen.

c) **Jede ungerade** Wurzel aus einer positiven Zahl ist nur positiv.

Beispiele:

$\sqrt[3]{27} = +3$, denn **nur** $(+3)^3$ ist $= +27$.

$\sqrt[5]{32} = +2$, „ „ $(+2)^5$ „ $= +32$.

$\sqrt[3]{x^{12}} = +x^4$, „ „ $(+x^4)^3$ „ $= +x^{12}$.

$\sqrt[3]{(a-b)^6}$ ist nur $= (a-b)^2$.

d) **Jede ungerade** Wurzel aus einer negativen Zahl ist nur negativ.

Beispiele:

$\sqrt[3]{-27} = -3$, denn **nur** $(-3)^3 = (-3)(-3)(-3)$ ist $= -27$.

$\sqrt[5]{-243} = -3$, denn **nur** $(-3)^5$ ist $= -243$.

$\sqrt[3]{-a^6} = -a^{\frac{6}{3}} = -a^2$, denn **nur**
$(-a^2)^3 = (-a^2)(-a^2)(-a^2)$ ist $= -a^6$.*)

96. Umwandlung beliebiger Zahlen in gleichwertige Wurzeln. Nach dem auf Seite 80, Ziffer 77) über die „Beziehungen zwischen Wurzel und Potenz“ Gesagten ist es möglich, jede beliebige Zahl als eine Wurzel mit beliebigem Exponenten darzustellen.

Beispiele:

$$x = \sqrt{x^2} = \sqrt[3]{x^3} = \sqrt[4]{x^4} \; \ldots\ldots\ldots = \sqrt[n]{x^n}.$$

$$y = (\sqrt{y})^2 = (\sqrt[3]{y})^3 = (\sqrt[4]{y})^4 \ldots\ldots = (\sqrt[n]{y})^n.$$

$$n^2 = (\sqrt[3]{n^2})^3 = (\sqrt[5]{n^2})^5 = \ldots\ldots\ldots = (\sqrt[m]{n^2})^m.$$

$$\sqrt[3]{x^2} = \left(\sqrt[4]{\sqrt[3]{x^2}}\right)^4 = (\sqrt[12]{x^2})^4.$$

$$\sqrt[5]{(a+b)^3} = \left(\sqrt[3]{\sqrt[5]{(a+b)^3}}\right)^3 = \left(\sqrt[15]{(a+b)^3}\right)^3.$$

*) Vgl. S. 77, Ziffer 75c.

Unter Berücksichtigung der auf Seite 29, Ziffer 35; 7) angegebenen Formel:

$$a^2 - b^2 = (a + b) \cdot (a - b)$$

läßt sich mit Anwendung des vorstehenden jede Differenz in eine Differenz von Quadraten und damit in ein Produkt verwandeln.

Beispiele:

$$a - b = (\sqrt{a})^2 - (\sqrt{b})^2 = (\sqrt{a} + \sqrt{b}) \cdot (\sqrt{a} - \sqrt{b}).$$

$$\sqrt[3]{x} - \sqrt{y} = (\sqrt[6]{x})^2 - (\sqrt[4]{y})^2 = (\sqrt[6]{x} + \sqrt[4]{y}) \cdot (\sqrt[6]{x} - \sqrt[4]{y}).$$

Beim Rechnen mit Wurzeln zu vermeidende Fehler. Namentlich von Anfängern werden gern folgende Fehler gemacht:

Falsch: $\sqrt{a^2 + b^2} = a + b.$

Richtig: $\sqrt{a^2 + b^2}$ ist und bleibt $= \sqrt{a^2 + b^2}$!

Falsch: $\sqrt[3]{a^3 - b^3 + c^3} = a - b + c.$

Richtig: $\sqrt[3]{a^3 - b^3 + c^3}$ ist und bleibt $= \sqrt[3]{a^3 - b^3 + c^3}$!

Falsch: $\sqrt{4 + 9 + 36} = \sqrt{2^2 + 3^2 + 6^2} = 2 + 3 + 6 = 11.$

Richtig: $\sqrt{4 + 9 + 36}$ ist nur $= \sqrt{49} = 7$!

B. Ausziehen der Quadrat- und Kubikwurzel.*)

97. Allgemeines. Das Rechnungsverfahren, durch welches man für eine gegebene Zahl diejenige Zahl bestimmt, von welcher die gegebene die zweite Potenz oder das Quadrat ist, bezeichnet man als das Ausziehen der Quadratwurzel aus der gegebenen Zahl. Entsprechend bezeichnet man das Aufsuchen derjenigen Zahl, welche mit 3 potenziert eine gegebene Zahl bildet, als das Ausziehen der Kubikwurzel.

Bei dem Wurzelausziehen kann die gesuchte Wurzel nicht immer durchaus genau gefunden werden; in den meisten Fällen

*) Vgl. die Tabellen im Anhange des III. Teiles dieses Buches.

läßt sich die Wurzel nur näherungsweise, jedoch immerhin mit einer gewollten Genauigkeit bestimmen.

Eine Wurzel erhält man stets genau, wenn der Radikand eine Potenz ist, deren Exponent gleich dem Wurzelexponenten oder ein Vielfaches desselben ist.

So läßt sich aus der zweiten Potenz einer Zahl die Quadratwurzel, aus der dritten Potenz die Kubikwurzel, aus der vierten Potenz die vierte Wurzel usw. genau bestimmen.

Eine Wurzel ist richtig ausgezogen, wenn diejenige Zahl, welche die Wurzel aus einer gegebenen Zahl bildet, mit dem Wurzelexponenten potenziert, die gegebene, unter dem Wurzelzeichen stehende Zahl ergibt.

98. Stellenzahl und Einteilung zu radizierender, bestimmter Zahlen. Erhebt man einstellige Zahlen in die zweite Potenz — in das Quadrat —, so bestehen die Resultate aus ein- oder zweiziffrigen Zahlen; mithin muß umgekehrt die Quadratwurzel aus einer ein- oder zweiziffrigen Zahl eine einstellige Zahl ergeben.

Bildet man die Quadrate zweistelliger Zahlen, so sind die Resultate drei- oder vierziffrig; mithin muß umgekehrt die Quadratwurzel aus einer drei- oder vierziffrigen Zahl eine zweistellige Zahl sein.

Eine mehrstellige Zahl, aus welcher die Quadratwurzel gezogen werden soll, wird von rechts nach links in Klassen von je 2 Stellen eingeteilt, wobei die links stehende, letzte und höchste Klasse auch nur eine Stelle erhalten kann. So hat z. B. die Zahl 8|34|69|03, wenn sie zum Zwecke des Ausziehens der Quadratwurzel in Klassen geteilt wird, 4 Klassen. Die Anzahl der Klassen bestimmt die Anzahl der Ziffern (Stellen) der gesuchten Wurzel; mithin muß die Quadratzahl aus 8346903 eine vierziffrige Zahl sein.

Erhebt man einstellige Zahlen in die dritte Potenz, so bestehen die Resultate aus 1-, 2- und 3-ziffrigen Zahlen; umgekehrt muß daher die Kubikwurzel aus derartigen Zahlen einstellig werden.

Bildet man die dritten Potenzen zweistelliger Zahlen, so werden die Resultate 4-, 5- und 6-ziffrig; umgekehrt muß demnach die Kubikwurzel aus derartigen Zahlen zweistellig werden.

Für das Ausziehen der Kubikwurzel teilt man die zu radizierende Zahl von rechts nach links in Klassen von je 3 Stellen, wobei die links stehende, höchste Klasse auch nur 2 oder nur 1 Stelle erhalten kann. So hat z. B. die Zahl 8|346|903, wenn sie zum Zwecke des Ausziehens der dritten Wurzel in Klassen geteilt wird, 3 Klassen; die gesuchte Wurzel muß also, da auch hier jede Klasse eine Ziffer für dieselbe liefert, eine dreiziffrige Zahl werden.

99. Quadrat- und Kubikzahlen sowie deren Wurzeln. Zur Erleichterung des Ausziehens der Quadrat- und Kubikwurzeln folgen hier die Werte der zweiten und dritten Potenzen bzw. Wurzeln der Zahlen von 1 bis 9:

Quadratzahl:	$n =$ 1	4	9	16	25	36	49	64	81.
Quadratwurzel $= \sqrt{n} =$	1	2	3	4	5	6	7	8	9.

Kubikzahl:	$n =$ 1	8	27	64	125	216	343	512	729.
Kubikwurzel $= \sqrt[3]{n} =$	1	2	3	4	5	6	7	8	9.

Ausziehen der Quadratwurzel.

100. Grundlage des Verfahrens. Bei dem Ausziehen der Quadratwurzel geht man von der auf Seite 29, Ziffer 35; 1) gegebenen Gleichung aus:

$$(a + b)^2 = a^2 + 2ab + b^2.$$

Um aus der rechten Seite dieser Gleichung die Quadratwurzel zu ziehen, ziehe man sie zunächst aus dem ersten Gliede a^2; dieselbe ist: $\sqrt{a^2} = a$. Dieses a bildet das erste Glied der gesuchten Wurzel. Erhebt man a in das Quadrat $= a^2$ und zieht man dieses a^2 von der rechten Seite der Gleichung ab, so bleibt als Rest $2 \cdot a \cdot b + b^2$ übrig.

Beispiel.

$$\begin{array}{rll}
 & \sqrt{a^2 + 2 \cdot a \cdot b + b^2} = a + b. & \\
a^2 = & \underline{+ a^2} & \\
2 \cdot a = & 2a \mid + 2 \cdot a \cdot b + b^2 & \\
2 \cdot a \cdot b = & \quad \underline{+ 2 \cdot a \cdot b} & \\
 & \qquad\qquad + b^2 & \\
b^2 = & \qquad\qquad \underline{+ b^2} & \\
 & \qquad\qquad\quad 0 &
\end{array}$$

Nun bilde man das doppelte Produkt des ersten Gliedes a der Wurzel $= 2 \cdot a$ und dividiere mit $2 \cdot a$ in das erste Glied

$2 \cdot a \cdot b$ des Restes; man erhält dann als zweites Glied der Wurzel den Wert $+ b$. Mit diesem b multipliziere man den Wert $2 \cdot a = 2 \cdot a \cdot b$, bilde ferner das Quadrat des zweiten Gliedes b der Wurzel $= b^2$, und subtrahiere $2 \cdot a \cdot b$ und b^2 von dem obigen Rest.

Der auf diese Weise entstehende Rest wird alsdann gleich Null, und die gesuchte Wurzel ist genau $= a + b$.*)

101. Quadratwurzel aus bestimmten, ganzen Zahlen. Das Ausziehen der Quadratwurzel aus bestimmten Zahlen stützt sich auf das vorstehende, allgemeine Verfahren.

a) Soll aus der Zahl 9025 die Quadratwurzel gezogen werden, so teile man die Zahl von rechts nach links in Klassen von je 2 Stellen, suche die der höchsten Klasse 90 nächstliegende, kleinere Quadratzahl $= 81$ und ziehe aus dieser die Wurzel.**) Diese ist $= 9$. Nun setze man $9 = a$, bilde $a^2 = 9^2 = 81$ und ziehe 81 von 90 ab.

1. Beispiel.

$$\begin{array}{rrrl}
 & & & \overset{a\,b}{\sqrt{90|25} = 95.} \\
a^2 = & 9^2 = & & 81| \\
2a = & 2 \cdot 9 = & 18| & 92 \\
2ab = & 2 \cdot 9 \cdot 5 = & & 90 \\
 & & & 25 \\
b^2 = & 5^2 = & & 25 \\
 & & & 0
\end{array}$$

Zu dem auf diese Weise entstehenden Rest 9 nehme man die erste Stelle 2 der zweiten Klasse herunter und dividiere mit $2a = 2 \cdot 9 = 18$ in die Zahl 92. Diese Division ergibt den Quotienten 5, welcher die zweite Stelle der gesuchten Wurzel bildet und $= b$ gesetzt wird. Nun bilde man das Produkt $2 \cdot a \cdot b = 2 \cdot 9 \cdot 5 = 90$, ziehe 90 von 92 ab und nehme zu

---

*) Man hüte sich zu rechnen:

$$\sqrt{a^2 + b^2} = a + b. \quad \text{Das ist grundfalsch!}$$

$$\textbf{Nur } \sqrt{(a + b)^2} \textbf{ ist } = a + b!$$

Ein Beispiel mit bestimmten Zahlen läßt den groben Fehler am besten hervortreten:

$$\sqrt{36 + 64} = \sqrt{6^2 + 8^2} \text{ ist \textbf{niemals} } = 6 + 8 = 14,$$

sondern $\sqrt{36 + 64}$ ist **nur** $= \sqrt{100} = 10$**!**

Vgl. hierzu Ziffer 96, S. 114.

**) Vgl. S. 116, Ziffer 99.

dem sich ergebenden Rest 2 die zweite Stelle 5 der zweiten Klasse herunter, wodurch die Zahl 25 entsteht.

Bildet man jetzt $b^2 = 5^2 = 25$ und subtrahiert man diese 25 von 25, so ergibt sich als Rest Null; die gesuchte Wurzel ist die Zahl **95**.

b) Geht nach der ersten Division durch $2 \cdot a$ die Rechnung nicht auf, sondern ergibt sich nach der Subtraktion von b^2 ein weiterer Rest, so nimmt man bei einer mehrklassigen Zahl die erste Stelle der dritten Klasse zu diesem Rest herunter, betrachtet die beiden ersten Ziffern der bisher gefundenen Wurzel **zusammen** als a, und dividiert mit dem neuen Produkt $2 \cdot a$ in den vorher gebildeten Rest. Dieses Verfahren wiederholt sich jedesmal, wenn von einer neuen Klasse die erste Stelle heruntergenommen wird.

Entsprechend sind alsdann die 3, 4 oder 5 usw. ersten Stellen der bisher gefundenen Wurzel als a zu betrachten, mit welchen der jedesmal erforderliche neue Divisor $2 \cdot a$ zu bilden ist.

Es ist dies im folgenden Beispiele durch die Stellung der Buchstaben a und b über der gefundenen Wurzel = 2813 angedeutet.

2. Beispiel.

$$\sqrt{7|91|29|69} = \overbrace{\overbrace{\overbrace{2\,8}^{a\;b}\,1}^{a\;b\,.}\,3}^{a\;b\,.\,.}\,.$$

$a^2 =$	$2^2 =$	4	
$2a =$	$2 \cdot 2 =$	4|39	
$2ab =$	$2 \cdot 2 \cdot 8 =$	32	
		71	
$b^2 =$	$8^2 =$	64	Nun wird a = 28 also:
$2a =$	$2 \cdot 28 =$	56|72	
$2ab =$	$2 \cdot 28 \cdot 1 =$	56	
		169	
$b^2 =$	$1^2 =$	1	Mit a = 281 folgt:
$2a =$	$2 \cdot 281 = 562$	|1686	
$2ab =$	$2 \cdot 281 \cdot 3 =$	1686	
		9	
$b^2 =$	$3^2 =$	9	
		0	

c) Ergibt die Division eines Restes durch das Produkt $2 \cdot a$ den Quotienten Null, so verfährt man folgendermaßen:

3. Beispiel.

$$\sqrt{1|10|25} = \overbrace{\overbrace{1\,0}^{a\;b}5}^{a\quad b} = 105.$$

$a^2 = \quad 1^2 = \quad 1$

$2a = \quad 2 \cdot 1 = 2| \quad 1 =$ **Null mal!**

Hier muß nun die ganze zweite Klasse = 10 und die erste Stelle der dritten Klasse = 2 heruntergenommen werden, wodurch im Rest die Zahl 102 entsteht; a wird jetzt = 10, folglich $2a = 2 \cdot 10 = 20$, mit welcher 20 in die Zahl 102 zu dividieren ist.

$2a = \quad 2 \cdot 10 = 20 \quad 102$

$2ab = \quad 2 \cdot 10 \cdot 5 = \quad 100$

25

$b^2 = \quad 5^2 = \quad 25$

0

102. Quadratwurzel aus Dezimalbrüchen. a) Ist die Quadratwurzel aus einem Dezimalbruche zu ziehen, so kommt bei der Einteilung in Klassen stets **auf das Dezimalkomma** ein Klassenstrich zu stehen; alsdann werden die Ganzen des Dezimalbruches von rechts nach links, die Dezimalstellen von links nach rechts in Klassen von je 2 Stellen geteilt.

In der gefundenen Wurzel wird das Dezimalkomma stets hinter die Zahl gesetzt, welche sich bei der Division **der letzten Klasse der Ganzen** des Dezimalbruchs durch das Produkt $2 \cdot a$ ergibt.

1. Beispiel.

$$\sqrt{20|02,|56|25} = 44,75.$$

$a^2 = \quad 4^2 = \quad 16$

$2a = \quad 2 \cdot 4 = 8| \quad 40$

$2ab = \quad 2 \cdot 4 \cdot 4 = \quad 32$

82

$b^2 = \quad 4^2 = \quad 16$ Mit $a = 44$ folgt:

$2a = \quad 2 \cdot 44 = 88| \quad 665$

$2ab = \quad 2 \cdot 44 \cdot 7 = \quad 616$

496

$b^2 = \quad 7^2 = \quad 49$ Mit $a = 447$ folgt:

$2a = \quad 2 \cdot 447 = 894| \quad 4472$

$2ab = 2 \cdot 447 \cdot 5 = \quad 4470$

25

$b^2 = \quad 5^2 = \quad 25$

0

2. Beispiel.

$$\begin{array}{rrr} & & \sqrt{0,|18|49} = 0,\overset{a}{4}\overset{b}{3}. \\ a^2 = & 4^2 = & 16 \\ \hline 2a = & 2\cdot 4 = & 8|\ 24 \\ 2ab = & 2\cdot 4\cdot 3 = & 24 \\ \hline & & 9 \\ b^2 = & 3^2 = & 9 \\ \hline & & 0 \end{array}$$

In dem vorstehenden Beispiele ist die erste Klasse = 0, aus welcher die Wurzel ebenfalls = 0 ist. Das eigentliche Ausziehen der Wurzel beginnt hier erst bei der zweiten Klasse = 18, zu welcher die nächstliegende, kleinere Quadratzahl = 16 ist; aus dieser ist die Quadratwurzel = 4. Von hier ab verläuft die Rechnung genau wie in Ziffer 101 a) angegeben.

3. Beispiel.

$$\begin{array}{rrr} & & \sqrt{0,|06|76} = 0,\overset{a}{2}\overset{b}{6}. \\ a^2 = & 2^2 = & 4 \\ \hline 2a = & 2\cdot 2 = & 4|\ 27 \\ 2ab = & 2\cdot 2\cdot 6 = & 24 \\ \hline & & 36 \\ b^2 = & 6^2 = & 36 \\ \hline & & 0 \end{array}$$

Für das 3. Beispiel gilt sinngemäß dasselbe, was zu Beispiel 2) gesagt wurde. Die erste Ziffer, welche hier in Betracht kommt, ist die zweite Stelle der zweiten Klasse = 6; zu dieser ist die nächstliegende, kleinere Quadratzahl = 4, aus dieser die Quadratwurzel = 2 usw.

4. Beispiel.

$$\begin{array}{rrr} & & \sqrt{0,|00|00|01|69} = 0,00\overset{a}{1}\overset{b}{3}. \\ a^2 = & 1^2 = & 1 \\ \hline 2a = & 2\cdot 1 = & 2|\ 6 \\ 2ab = & 2\cdot 1\cdot 3 = & 6 \\ \hline & & 9 \\ b^2 = & 3^2 = & 9 \\ \hline & & 0 \end{array}$$

In dem 4. Beispiel bestehen die ersten drei Klassen aus Nullen, welche als erste bis dritte Ziffer der zu bestimmenden Wurzel je eine Null ergeben. Das eigentliche Wurzelausziehen beginnt also hier erst mit der vierten Klasse, und zwar mit der zweiten Stelle derselben = 1.

b) Ist eine Zahl, aus welcher die Quadratwurzel gezogen werden soll, so beschaffen, daß die Rechnung nicht aufgeht, oder daß wegen ungenügender Stellenzahl die Wurzel nicht genügend genau zu bestimmen ist, so werden, um weitere Dezimalstellen in der gesuchten Wurzel zu erhalten, die zum fortgesetzten Ausziehen der Wurzel erforderlichen Klassen durch **Nullenpaare** ersetzt.

Soll aus 150 die Quadratwurzel gezogen werden, so setzt man statt 150 die Zahl 150,0000 ...... Ebenso würde man für 5 = 5,000000 ...... für 2 = 2,000000 ...... annehmen usw.

5. Beispiel.

```
                              a b .
                              a  b . .
                              a b . . .
        √1|50,|00|00 ... = 12,247 ....
  a² =     1
 2a =      2|5
 2ab =       4
            10
  b² =       4
 2a =     24| 60
 2ab =        48
             120
  b² =         4
 2a = 244| 1160
     usw.
```

Da man durch dieses Verfahren einer Wurzel beliebig viele Dezimalstellen geben kann, so läßt sich jede gewollte Genauigkeit erreichen.

c) Läßt man die immerhin lästigen Buchstabenrechnungen fort, so stellt sich das Ausziehen der Quadratwurzel wie folgt:

6. Beispiel.

```
√3,0000 ..... = 1,73205 ........
 1
2|20
  14
   60
   49
34|110
   102
     80
      9
346|710
    692
     180
       4
34640|176000
      173200
       28000
```

Aufgaben:*)

1. $\sqrt{1225}$; $\sqrt{676}$; $\sqrt{163216}$; $\sqrt{15129}$; $\sqrt{25836889}$.
2. $\sqrt{5499025}$; $\sqrt{5878888828164}$; $\sqrt{4401604}$; $\sqrt{9054081}$.
3. $\sqrt{1236544}$; $\sqrt{123454321}$; $\sqrt{824591124900}$; $\sqrt{227,7881}$.
4. $\sqrt{0,013689}$; $\sqrt{0,00056644}$; $\sqrt{25,0007000049}$; $\sqrt[4]{208827064576}$.
5. $\sqrt{123456789}$; $\sqrt{99999999}$; $\sqrt{9999999}$.
6. $\sqrt{1111111111}$; $\sqrt{1111111}$; $\sqrt{1020304050}$.
7. $\sqrt{0,0102030405}$; $\sqrt{0,00010002}$; $\sqrt{1,00010001}$.

Ausziehen der Kubikwurzel.

103. Grundlage des Verfahrens. Bei dem Ausziehen der Kubikwurzel geht man von der auf Seite 29, Ziffer 35; 3) gegebenen Gleichung aus:

$$(a+b)^3 = a^3 + 3a^2b + 3ab^2 + b^3.$$

Soll aus der rechten Seite dieser Gleichung die 3te Wurzel gezogen werden, so ziehe man sie zunächst aus dem ersten Gliede a^3; dieselbe ist: $\sqrt[3]{a^3} = a$. Dieses a bildet das erste Glied der gesuchten Wurzel. Erhebt man a in die 3te Potenz $= a^3$ und zieht man dieses a^3 von der rechten Seite der Gleichung ab, so bleibt als Rest $3a^2b + 3ab^2 + b^3$ übrig.

Beispiel:

$$\begin{aligned}
& \sqrt[3]{a^3 + 3a^2b + 3ab^2 + b^3} = a + b. \\
a^3 &= \underline{\pm a^3} \\
3a^2 &= 3a^2 \mid +3a^2b + 3ab^2 + b^3 \\
3a^2b &= \qquad \underline{\pm 3a^2b} \\
& \qquad\qquad +3ab^2 + b^3 \\
3ab^2 &= \qquad\qquad \underline{\pm 3ab^2} \\
& \qquad\qquad\qquad +b^3 \\
b^3 &= \qquad\qquad\qquad \underline{\pm b^3} \\
& \qquad\qquad\qquad\quad 0
\end{aligned}$$

Nun bilde man das 3fache Quadrat des ersten Gliedes a der gefundenen Wurzel $= 3 \cdot a^2$ und dividiere mit $3 \cdot a^2$ in das

---

*) Der Leser entnehme den Tabellen im III. Teile dieses Buches beliebige Quadratzahlen, ziehe die Quadratwurzeln aus denselben und vergleiche sein Resultat mit den Werten der Tabelle.

Um die Probe auf die Richtigkeit der Rechnung zu machen, ist die gefundene Wurzel mit sich selbst zu multiplizieren. Im letzten Beispiel ist $\sqrt{3} = 1,73205 \ldots$. Erhebt man 1,73205 in das Quadrat so erhält man: 2,9999972025, also einen Wert, welcher dem Radikanden 3 sehr nahekommt.

erste Glied $3a^2b$ des Restes; man erhält dann als zweites Glied der Wurzel den Wert $+b$. Mit diesem b multipliziere man den Wert $3 \cdot a^2 = 3 \cdot a^2 \cdot b$, bilde ferner das Produkt aus dem 3fachen ersten Gliede a der Wurzel und dem Quadrate des zweiten Gliedes $b = 3 \cdot a \cdot b^2$, und endlich noch die 3te Potenz des zweiten Gliedes b der Wurzel $= b^3$.

Subtrahiert man die auf diese Weise erhaltenen Werte: $3a^2b$, $3ab^2$, b^3 einzelnen in der im vorstehenden Beispiel angegebenen Weise von dem ersten Rest, so wird der letzte Rest gleich Null und die gesuchte Wurzel ist genau $= a + b$.*)

104. Kubikwurzel aus bestimmten, ganzen Zahlen. Das Ausziehen der Kubikwurzel aus bestimmten Zahlen stützt sich auf das vorstehend angegebene, allgemeine Verfahren. Außer der Einteilung in Klassen von je 3 Stellen gelten auch hier sinngemäß die in Ziffer 101) gemachten Angaben.

a) Um aus der Zahl 185193 die Kubikwurzel zu ziehen, teile man die Zahl von rechts nach links in Klassen von je 3 Stellen, suche die der links stehenden, höchsten Klasse 185 nächstliegende, kleinere Kubikzahl $= 125$ und ziehe aus dieser die 3te Wurzel.**) Diese ist $= 5$. Nun setze man $5 = a$, bilde $a^3 = 5^3 = 125$ und ziehe 125 von 185 ab.

Zu dem auf diese Weise entstehenden Rest 60 nehme man die erste Stelle 1 der zweiten Klasse herunter und dividiere mit $3 \cdot a^2 = 3 \cdot 5^2 = 75$ in die Zahl 601. Diese Division ergibt die Zahl 7, welche die zweite Stelle der gesuchten Wurzel bildet und $= b$ gesetzt wird.

1. Beispiel.

$$
\begin{array}{lll}
 & & \sqrt[3]{185|193} = \overset{a}{5}\overset{b}{7}. \\
a^3 = & 5^3 = & 125 \\
3a^2 = & 3 \cdot 5^2 = 75 \mid & \overline{601} \\
3a^2b = & 3 \cdot 5^2 \cdot 7 = & 525 \\
 & & \overline{769} \\
3ab^2 = & 3 \cdot 5 \cdot 7^2 = & 735 \\
 & & \overline{343} \\
b^3 = & 7^3 = & 343 \\
 & & \overline{0}
\end{array}
$$

*) Beachte auch hier das in der Fußnote auf S. 117 zu Ziffer 101) Gesagte. Es ist

$$\sqrt[3]{a^3 + b^3} \text{ niemals} = a + b.$$

$$\text{Nur } \sqrt[3]{(a+b)^3} \text{ ist } = a + b!$$

**) Vgl. S. 116, Ziffer 99.

Nun bilde man das Produkt $3 \cdot a^2 \cdot b = 3 \cdot 5^2 \cdot 7 = 525$, ziehe diese 525 von 601 ab und nehme zu dem entstehenden Rest 76 die zweite Stelle 9 der zweiten Klasse herunter. Von der hierdurch entstandenen Zahl 769 subtrahiere man das Produkt $3ab^2 = 3 \cdot 5 \cdot 7^2 = 735$, wobei sich der neue Rest 34 ergibt. Fügt man zu diesem die dritte Stelle 3 der zweiten Klasse hinzu und subtrahiert man von der so entstandenen Zahl 343 den Wert $b^3 = 7^3 = 343$, so ergibt sich als letzter Rest Null. Die gesuchte Wurzel ist also die Zahl 57.

b) Geht nach der ersten Division durch $3 \cdot a^2$ die Rechnung nicht auf, sondern ergibt sich nach der Subtraktion von b^3 ein weiterer Rest, so nimmt man bei einer mehrklassigen Zahl die erste Stelle der dritten Klasse zu diesem Rest herunter, betrachtet die beiden ersten Ziffern der bisher gefundenen Wurzel **zusammen** als a, und dividiert mit dem neuen Produkt $3 \cdot a^2$ in den vorher gebildeten Rest. Dieses Verfahren wiederholt sich jedesmal, wenn von einer neuen Klasse die erste Stelle heruntergenommen wird.

Entsprechend sind alsdann die 3, **4** oder 5 usw. ersten Stellen der bisher gefundenen Wurzel als **a** zu betrachten, mit welchen der jedesmal erforderliche neue Divisor $3 \cdot a^2$ zu bilden ist.

Es ist dies im folgenden Beispiele durch die Stellung der Buchstaben **a** und b über der gefundenen Wurzel = 3275 angedeutet.

2. Beispiel.

$$\sqrt[3]{35|126|421|875} = \overbrace{\overbrace{\overbrace{3\,2}^{a\ b}\,7}^{a\ b}\,5}^{a\ b}.^{*)}$$

$a^3 =$	$3^3 =$	27
$3a^2 =$	$3 \cdot 3^2 =$	27| 81
$3a^2b =$	$3 \cdot 3^2 \cdot 2 =$	54
		272
$3ab^2 =$	$3 \cdot 3 \cdot 2^2 =$	36
		2366
$b^3 =$	$2^3 =$	8

Nun wird $a = 32$ also:

*) Dieses Beispiel zeigt, daß man bei der Division des jeweiligen Restes durch $\mathbf{3a^2}$ vorsichtig sein muß.

Gleich bei dem ersten Rest soll mit **27 in 81** dividiert werden; das ergibt normal den Quotienten **3**.

Hätte man jedoch mit **3 statt, wie geschehen, mit 2** gerechnet, so würde sich an Stelle des Restes 272 der Rest 0 ergeben haben: Von der nun herunterzunehmenden Zahl 2 wäre dann $3ab^2 = 36$ abzuziehen, was einen negativen Wert ergäbe. Das darf aber nicht sein.

Man überzeuge sich, indem man mit **3** rechnet!

$3a^2 = 3 \cdot 32^2 = 3072 | 23584$
$3a^2b = 3 \cdot 32^2 \cdot 7 = 21504$
20802
$3ab^2 = 3 \cdot 32 \cdot 7^2 = 4704$
160981
$b^3 = 7^3 = 343$ Mit $a = 327$ folgt:
$3a^2 = 3 \cdot 327^2 = 320787 | 1606388$
$3a^2b = 3 \cdot 327^2 \cdot 5 = 1603935$
24537
$3ab^2 = 3 \cdot 327 \cdot 5^2 = 24525$
125
$b^3 = 5^3 = 125$
0

c) Das folgende Beispiel soll zeigen, wie außerordentlich vorsichtig man bei der Wahl des Quotienten, welcher sich durch die Division mit $3a^2$ ergibt, sein muß.

3. Beispiel.

$$\sqrt[3]{23|149|125} = \overset{a\,b}{29}.$$

$a^3 = 2^3 = 8$
$3a^2 = 3 \cdot 2^2 = 12 | 151$

Die Division von **151 durch 12** würde normal den Quotienten **12** ergeben. Da jedoch die hier zu bestimmende, zweite Stelle b der gesuchten 3ten Wurzel **nur eine einziffrige Zahl** sein kann, so nehme man zunächst als Quotienten die höchste einziffrige Zahl, d. i. **9**, an. Mithin:

$3a^2b = 3 \cdot 2^2 \cdot 9 = 108$
434
$3ab^2 = 3 \cdot 2 \cdot 9^2 = 486$
-52

Wie man sieht, wird der Rest negativ. Der Quotient 9 ist also noch zu groß! Man nehme nun b = 8 an.
Dann stellt sich die Rechnung wie folgt:

$$\sqrt[3]{23|149|125} = \overset{\overbrace{a\ b}}{a\ b.} = 285.$$

$$\begin{array}{lll}
a^3 = & 2^3 = & 8 \\
3a^2 = & 3 \cdot 2^2 = & 12|151 \\
3a^2b = & 3 \cdot 2^2 \cdot 8 = & 96 \\
 & & 554 \\
3ab^2 = & 3 \cdot 2 \cdot 8^2 = & 384 \\
 & & 1709 \\
b^3 = & 8^3 = & 512 \quad \text{Mit } a = 28 \text{ folgt:} \\
3a^2 = & 3 \cdot 28^2 = & 2352|11971 \\
3a^2b = & 3 \cdot 28^2 \cdot 5 = & 11760 \\
 & & 2112 \\
3ab^2 = & 3 \cdot 28 \cdot 5^2 = & 2100 \\
 & & 125 \\
b^3 = & 5^3 = & 125 \\
 & & 0
\end{array}$$

105. Kubikwurzel aus Dezimalbrüchen. a) Ist die Kubikwurzel aus einem Dezimalbruche zu ziehen, so kommt bei der Einteilung in Klassen stets **auf das Dezimalkomma** ein Klassenstrich zu stehen; alsdann werden die Ganzen des Dezimalbruches von rechts nach links, die Dezimalstellen von links nach rechts in Klassen von je **3** Stellen geteilt. In der gefundenen Wurzel wird das Dezimalkomma stets hinter die Zahl gesetzt, welche sich bei der Division **der letzten Klasse der Ganzen** des Dezimalbruchs durch das Produkt $3 \cdot a^2$ ergibt.

1. Beispiel.

$$\sqrt[3]{461|889,|917} = \overset{\overbrace{a\ b}}{a\ b.} = 77,3.$$

$$\begin{array}{lll}
a^3 = & 7^3 = & 343 \\
3a^2 = & 3 \cdot 7^2 = & 147\ |\ 1188 \\
3a^2b = & 3 \cdot 7^2 \cdot 7 = & 1029 \\
 & & 1598 \\
3ab^2 = & 3 \cdot 7 \cdot 7^2 = & 1029 \\
 & & 5699 \\
b^3 = & 7^3 = & 343 \\
3a^2 = & 3 \cdot 77^2 = & 17787|53569 \\
3a^2b = & 3 \cdot 77^2 \cdot 3 = & 53361 \\
 & & 2081 \\
3ab^2 = & 3 \cdot 77 \cdot 3^2 = & 2079 \\
 & & 27 \\
b^3 = & 3^3 = & 27 \\
 & & 0
\end{array}$$

b) Die Anwendung des Verfahrens auf Dezimalbrüche mit Null Ganzen, mit der Erweiterung der Stellenzahl durch angehängte Nullen und zugleich auf den Fall, daß die Division mit $3 \cdot a^2$ den Quotienten **Null** ergibt, zeigt das folgende Beispiel. Im übrigen ist das in Ziffer 102) über Quadratwurzeln aus Dezimalbrüchen Gesagte sinngemäß zu berücksichtigen.

2. Beispiel.

Soll aus 0,08 die 3te Wurzel gezogen werden, so setze man 0,08 = 0,080000000 ..... Damit wird:

$$\sqrt[3]{0,|080|000|000} = 0,\overbrace{\overbrace{\overbrace{4\,3}^{a\ b}\,0}^{a\ b\ .}\,8}^{a\ b\ .\ .} \ldots\ldots$$

$a^3 =$	$4^3 =$	64	
$3a^2 =$	$3 \cdot 4^2 =$	48| 160	
$3a^2b =$	$3 \cdot 4^2 \cdot 3 =$	144	
		160	
$3ab^2 =$	$3 \cdot 4 \cdot 3^2 =$	108	
		520	
$b^3 =$	$3^3 =$	27	
$3a^2 =$	$3 \cdot 43^2 =$	5547|4930 =	**Null mal!**
		. . .	Hier muß nun die ganze
		. . .	dritte Klasse = 000
		. . .	und die erste Stelle der
		. . .	vierten Klasse = 0
		. . .	heruntergenommen
		. . .	werden; a ist jetzt
		. . .	= 430 und wird damit
		. . .	$3a^2 = 3 \cdot 430^2$, d. h.
$3a^2 =$	$3 \cdot 430^2 =$	554700|4930000	
$3a^2b =$	$3 \cdot 430^2 \cdot 8 =$	4437600	
		4924000	
$3ab^2 =$	$3 \cdot 430 \cdot 8^2 =$	82560	
		4841440	
$b^3 =$	$8^3 =$	512	Mit a = 4308 folgt:
$3a^2 =$	$3 \cdot 4308^2 =$	55676592| 48409280	
		usw.*)	

*) Die Berechnung der 3ten Wurzel ist hier noch nicht beendet; man könnte dieselbe beliebig weit fortsetzen. Dies geschieht jedoch allgemein nur bis zu so viel Stellen, wie solche zur Erzielung einer gewissen Genauigkeit des Resultates erforderlich sind.

Aufgaben:[*])

1. $\sqrt[3]{262144}$; $\sqrt[3]{405224}$; $\sqrt[3]{12167}$; $\sqrt[3]{1331}$; $\sqrt[3]{10648}$.
2. $\sqrt[3]{91125}$; $\sqrt[3]{1191016}$; $\sqrt[3]{700227072}$; $\sqrt[3]{28233316125}$; $\sqrt[3]{42{,}875}$.
3. $\sqrt[3]{12{,}326391}$; $\sqrt[3]{0{,}001771561}$; $\sqrt[3]{0{,}000007880599}$; $\sqrt[3]{730{,}215675125}$.

106. Quadrat- und Kubikwurzeln aus Brüchen. Soll die Quadrat- bzw. Kubikwurzel aus einem echten oder unechten Bruche gezogen werden, so verfahre man entweder nach dem auf Seite 96, Ziffer 86, a und b) angegebenen Verfahren, oder man verwandle den gewöhnlichen Bruch in einen Dezimalbruch.[**])

Eine gemischte Zahl ist zum Zwecke des Radizierens einzurichten.[***])

1. Beispiel.

$$\sqrt{\frac{7}{8}} = \sqrt{\frac{7 \cdot 8}{8 \cdot 8}} = \frac{\sqrt{56}}{\sqrt{8^2}} = \frac{\sqrt{56}}{8} = \frac{1}{8}\sqrt{56} = 0{,}125 \cdot \sqrt{56}, \text{ oder}$$

$$\sqrt{\frac{7}{8}} = \sqrt{0{,}875}.$$

2. Beispiel.

$$\sqrt[3]{\frac{7}{8}} = \sqrt[3]{\frac{7 \cdot 8^2}{8 \cdot 8^2}} = \frac{\sqrt[3]{448}}{8} = \frac{1}{8}\sqrt[3]{448} = 0{,}125 \cdot \sqrt[3]{448}, \text{ oder:}$$

$$\sqrt[3]{\frac{7}{8}} = \sqrt[3]{0{,}875}.$$

---

*) Der Übende soll sich des weiteren selbst beliebige Zahlen wählen! Vgl. Fußnote auf Seite 122.

**) Ein gewöhnlicher Bruch wird in einen Dezimalbruch verwandelt, indem man den Zähler des Bruches durch den Nenner dividiert.

Soll z. B. der gewöhnliche Bruch $\frac{7}{8}$ in einen gleichwertigen Dezimalbruch verwandelt werden, so ist zu rechnen, wie folgt:

```
8|7,000 = 0,875.
  64
  ──
   60
   56
   ──
    40
    40
    ──
     0
```

Geht die Division jedoch nicht auf, so ist dieselbe auf so viel Dezimalstellen auszudehnen, wie zur Erzielung einer bestimmten Stellenzahl für die gesuchte Wurzel erforderlich sind.

***) Vgl. S. 45, Ziffer 47.

Aufgaben:

1. $\sqrt{\frac{1}{4}}$; $\sqrt{\frac{64}{81}}$; $\sqrt{\frac{7}{4}}$; $\sqrt{11\frac{11}{16}}$; $\sqrt{\frac{5}{3}}$; $\sqrt{\frac{7}{8}}$; $\sqrt{\frac{5}{12}}$; $\sqrt{\frac{1}{17}}$.
2. $\sqrt[3]{\frac{1}{8}}$; $\sqrt[3]{\frac{2}{3}}$; $\sqrt[3]{\frac{5}{6}}$; $\sqrt[3]{\frac{5}{14}}$; $\sqrt[3]{\frac{343}{512}}$; $\sqrt[3]{465\frac{31}{64}}$; $\sqrt[3]{52034\frac{10}{27}}$.

Am Schlusse des III. Teiles dieses Buches sind Tabellen aufgeführt, welche die Quadrat- und Kubikwurzeln der Zahlen von 0 bis 1000 enthalten. Dieselben seien hiermit besonderer Beachtung empfohlen.

Zweiter Abschnitt.

Algebra.

VIII. Gleichungen ersten Grades mit einer Unbekannten.

107. Allgemeines. In den „Vorbegriffen, Ziffer 1" war bereits auf die Beziehungen, welche zwischen 2 Größen stattfinden, hingewiesen.

Eine Gleichung wird gebildet durch die Gegenüberstellung zweier in ihrem Werte genau gleichen Größen:

$$1 \text{ m} = 100 \text{ cm}; \text{ oder: } 1 \text{ t} = 1000 \text{ kg}.$$

Es müssen also die Werte auf beiden Seiten des Gleichheitszeichens genau gleich sein; die diese Werte darstellenden Zahlengrößen können verschieden sein. Im Sinne der Algebra versteht man unter einer Gleichung allgemein die Verbindung gleichwertiger Größen durch das Gleichheitszeichen.

Die rechts und links vom Gleichheitszeichen stehenden Größenbezeichnungen nennt man entsprechend die rechte und die linke Seite der Gleichung. Die einzelnen Größen selbst heißen Glieder der Gleichung. So bildet in der Gleichung

$$18 + 12 = 30$$

die Summe $18 + 12$ die linke und die Zahl 30 die rechte Seite der Gleichung; die Zahlen 18, $+12$ und 30 bilden die Glieder derselben. In der Gleichung

$$a + x = b - n + p - s$$

stehen links vom Gleichheitszeichen 2, rechts von demselben 4 Glieder; das zweite Glied der rechten Seite heißt: $-$ n.

Die Glieder einer Gleichung können jedoch auch aus Klammergrößen, Produkten, Brüchen usw. bestehen, wie folgende Gleichung zeigt:

$$3x - (a + n) + \frac{x}{5} = b \cdot (a - n) - \frac{x + a}{m}.$$

In dieser Gleichung heißt

das 1te Glied links: $+3x$,
„ 2te „ „ $-(a+n)$,
„ 1te „ rechts: $+b\cdot(a-n)$,
„ 2te „ „ $-\frac{x+a}{m}$.

Jedes Glied ist mit seinem Vorzeichen zu nennen; die Glieder einer Gleichung werden, genau wie die Glieder einer Summe, durch die freien Vorzeichen getrennt.*)

108. Regeln über das Umformen der Gleichungen. Soll eine Gleichung unter Vornahme gewisser Rechnungsverfahren umgeformt werden, so ist ein und dasselbe Verfahren stets **mit beiden Seiten** der Gleichung vorzunehmen.

Folgende Rechnungsverfahren kann man mit einer Gleichung vornehmen, ohne daß sich die Gleichheit der Seiten ändert:

a) Die Seiten einer Gleichung können miteinander vertauscht werden.

Ist $5=3+2$, so ist auch $3+2=5$.
„ $a=b-c$, „ „ „ $b-c=a$.

b) Auf beiden Seiten einer Gleichung kann man ein und dieselbe Zahl addieren bzw. subtrahieren.

Ist $4+3=9-2$, so ist auch $4+3+7=9-2+7$
und $4+3-5=9-2-5$.
$a=b$, so ist auch $a+x=b+x$
und $a-y=b-y$.

c) Beide Seiten einer Gleichung kann man mit ein und derselben Zahl multiplizieren bzw. durch ein und dieselbe Zahl dividieren.

Ist $8=2\cdot 4$, so ist auch $3\cdot 8=3\cdot 2\cdot 4$ und $\frac{8}{5}=\frac{2\cdot 4}{5}$.

„ $n=p\cdot q$, „ „ „ $a\cdot n=a\cdot p\cdot q$ „ $\frac{n}{y}=\frac{p\cdot q}{y}$.

„ $a=b+c$ „ „ „ $a\cdot n=(b+c)\cdot n$ „ $\frac{a}{x}=\frac{b+c}{x}$.

d) Beide Seiten einer Gleichung kann man mit ein und derselben Zahl potenzieren bzw. durch ein und dieselbe Zahl radizieren.

Ist $25=5\cdot 5$, so ist auch**) $25^3=(5\cdot 5)^3$ und $\sqrt{25}=\sqrt{5\cdot 5}$.

*) Vgl. S. 8, Ziffer 14.
**) „ „ 61, „ 63.

Ist $x = a \cdot b$, so ist auch $x^2 = (a \cdot b)^2$ und $\sqrt[3]{x} = \sqrt[3]{a \cdot b}$.

„ $a = b + c$, „ „ „ $a^n = (b + c)^n$ „ $\sqrt[m]{a} = \sqrt[m]{b + c}$.

e) Ist die eine Seite einer Gleichung ein Produkt, so kann man jeden Faktor desselben als Divisor auf die andere Seite der Gleichung bringen.

Ist $3 \cdot 7 = 21$, so ist auch $3 = \frac{21}{7}$ und $7 = \frac{21}{3}$.

„ $a = b \cdot c$, „ „ „ $\frac{a}{b} = c$, „ $\frac{a}{c} = b$.

„ $(m + n) \cdot x = z$, „ „ „ $m + n = \frac{z}{x}$, „ $x = \frac{z}{m + n}$.

f) Ist die eine Seite einer Gleichung ein Quotient, so kann man den Divisor desselben als Faktor auf die andere Seite der Gleichung bringen.*)

Ist $\frac{36}{4} = 9$, so ist auch $36 = 9 \cdot 4$.

„ $\frac{x}{y} = a$, „ „ „ $x = a \cdot y$.

„ $\frac{m + n}{p} = \frac{a}{b}$, „ „ „ $m + n = \frac{a}{b} \cdot p = \frac{a \cdot p}{b}$.

g) **Jedes Glied** der einen Seite einer Gleichung kann man mit **entgegengesetztem** Vorzeichen auf die andere Seite derselben bringen.

Ist $8 + 9 = 17$, so ist auch $8 = 17 - 9$, und $9 = 17 - 8$.
„ $5 + 11 - 3 = 6 + 7$, so ist auch $5 + 11 = 6 + 7 + 3$
und $5 + 11 - 3 - 7 = 6$
„ $5 = 6 + 7 - 11 + 3$ usw.

„ $a - b = c + \frac{d}{2}$, so ist auch $a = c + \frac{d}{2} + b$

und $\frac{d}{2} = a - b - c$ und $c = a - b - \frac{d}{2}$ usw.

„ $n - (a + b) \cdot c = \frac{x}{y} - z$, so ist auch $n = \frac{x}{y} - z + (a + b) \cdot c$

und $\frac{x}{y} = n - (a + b) \cdot c + z$

und $- z = n - (a + b) \cdot c - \frac{x}{y}$ usw.

*) Vgl. S. 30, Ziffer 37.

h) Sämtliche **Glieder** der einen Seite einer Gleichung kann man mit **entgegengesetzten** Vorzeichen auf die andere Seite bringen, wodurch in der neu entstandenen Gleichung eine Seite zu „**Null**“ wird. Man sagt in diesem Falle, man habe die Gleichung auf Null reduziert.

Ist $12 - 7 + 3 = 6 + 2$, so ist auch $12 - 7 + 3 - 6 - 2 = 0$.
„ $a + b - c = d - e + f$, „ „ „ $a + b - c - d + e - f = 0$.

i) Auf beiden Seiten einer Gleichung kann man die Vorzeichen der einzelnen Glieder in die entgegengesetzten verwandeln. Man sagt in diesem Falle, man habe die ganze Gleichung mit (-1) multipliziert.

Ist $9 - 10 + 13 = -11 + 5 + 18$, so ist auch
$-9 + 10 - 13 = +11 - 5 - 18$.

Ist $a - b + c = d - e$, so ist auch
$(a - b + c) \cdot (-1) = (d - e) \cdot (-1)$ oder:
$-a + b - c = -d + e$.*)

k) Aus den unter e bis h) angegebenen Regeln über das Umformen von Gleichungen geht hervor, daß eine Größe von einer Seite einer Gleichung immer mit dem entgegengesetzten Rechnungsverfahren auf die andere Seite derselben geschafft wird, d. h.:

was auf einer Seite einer Gleichung
zum Addieren dient, kommt auf die andere zum Subtrahieren,
„ Subtrahieren „ „ „ „ „ „ Addieren,
„ Multiplizieren „ „ „ „ „ „ Dividieren,
„ Dividieren „ „ „ „ „ „ Multiplizieren.

Während ein Faktor bzw. ein Divisor ohne Vorzeichenänderung von einer Seite einer Gleichung auf die andere gebracht wird, wird ein Glied stets mit entgegengeseztem Vorzeichen herübergeschafft. **Glied bleibt Glied!**

109. Addition von Gleichungen. Eine Gleichung wird zu einer anderen Gleichung addiert, indem man sowohl die linken Seiten als auch die rechten Seiten addiert und die so erhaltenen Summen durch ein Gleichheitszeichen verbindet.

1. Beispiel.
$$5 + 7 = 9 + 3 \ldots\ldots \text{I)}$$
$$8 + 11 = 17 + 2 \ldots\ldots \text{II)}$$
$$\text{I} + \text{II}):\ 5 + 7 + 8 + 11 = 9 + 3 + 17 + 2.$$
$$31 = 31.$$

2. Beispiel.
$$a + b + p = n - m \ldots\ldots \text{I)}$$
$$-q + x = r + s \ldots\ldots \text{II)}$$
$$\text{I} + \text{II}):\ a + b + p - q + x = n - m + r + s.$$

*) Vgl. S. 25, Ziffer 33b.

110. Subtraktion von Gleichungen. Eine Gleichung wird von einer anderen Gleichung subtrahiert, indem man die linke Seite der einen von der linken Seite der anderen, und entsprechend die rechte Seite der einen von der rechten Seite der anderen Gleichung subtrahiert. Die erhaltenen Differenzen sind durch ein Gleichheitszeichen zu verbinden.

1. Beispiel.
$$5 + 7 = 9 + 3 \;\ldots\ldots\; \text{I)}$$
$$8 + 11 = 17 + 2 \;\ldots\ldots\; \text{II)}$$
$$\text{I} - \text{II}):\; 5 + 7 - 8 - 11 = 9 + 3 - 17 - 2.$$
$$-7 = -7.$$

2. Beispiel.
$$a + b + p = n - m \;\ldots\ldots\; \text{I)}$$
$$-q + x = r + s \;\ldots\ldots\; \text{II)}$$
$$\text{I} - \text{II}):\; a + b + p + q - x = n - m - r - s.$$

111. Multiplikation von Gleichungen. Eine Gleichung wird mit einer anderen Gleichung multipliziert, indem man sowohl die linken als auch die rechten Seiten miteinander multipliziert und die so erhaltenen Produkte durch ein Gleichheitszeichen verbindet.

1. Beispiel.
$$3 \cdot 5 = 15 \;\ldots\ldots\; \text{I)}$$
$$30 = 3 \cdot 10 \;\ldots\; \text{II)}$$
$$\text{I} \cdot \text{II}):\; 3 \cdot 5 \cdot 30 = 15 \cdot 3 \cdot 10.$$
$$450 = 450.$$

2. Beispiel.
$$n + m = p + q \;\ldots\ldots\; \text{I)}$$
$$a = b - c \;\ldots\ldots\; \text{II)}$$
$$\text{I} \cdot \text{II}):\; (n + m)\, a = (p + q)\,(b - c)^{*)} \text{ oder:}$$
$$an + am = bp + bq - cp - cq.$$

3. Beispiel.
$$\frac{a}{b} - \frac{3}{4} = c + \frac{m}{n} \;\ldots\ldots\; \text{I)}$$
$$\frac{x + y}{z} = r - s \;\ldots\ldots\; \text{II)}$$
$$\text{I} \cdot \text{II}):\; \left(\frac{a}{b} - \frac{3}{4}\right) \cdot \frac{x + y}{z} = \left(c + \frac{m}{n}\right) \cdot (r - s).^{*)}$$

112. Division von Gleichungen. Eine Gleichung wird durch eine andere Gleichung dividiert, indem man die linke Seite der einen durch die linke Seite der anderen, und entsprechend die rechte Seite der einen durch die rechte Seite der anderen Gleichung dividiert. Die so erhaltenen Quotienten sind durch ein Gleichheitszeichen zu verbinden.

---

*) Vgl. S. 24, Ziffer 33.

1. Beispiel.
$$7 + 9 = 10 + 6 \;\ldots\ldots\; \text{I)}$$
$$8 = 2 \cdot 4 \;\ldots\ldots\ldots\; \text{II)}$$
$$\frac{\text{I}}{\text{II}}\Big): \frac{7+9}{8} = \frac{10+6}{2 \cdot 4}.$$
$$2 = 2.$$

2. Beispiel.
$$a + b + x = n - m \;\ldots\ldots\; \text{I)}$$
$$p - q = r + s \;\ldots\ldots\; \text{II)}$$
$$\frac{\text{I}}{\text{II}}\Big): \frac{a+b+x}{p-q} = \frac{n-m}{r+s}.$$

3. Beispiel.
$$\frac{a+b}{n} = p + q \;\ldots\ldots\; \text{I)}$$
$$\frac{r-s}{m} = \frac{x}{y} \;\ldots\ldots\ldots\; \text{II)}$$
$$\frac{\text{I}}{\text{II}}\Big): \frac{a+b}{n} : \frac{r-s}{m} = (p+q) : \frac{x}{y}, \text{ oder:}$$
$$\frac{a+b}{n} \cdot \frac{m}{r-s} = (p+q) \cdot \frac{y}{x}.\text{*)}$$

113. Grundform und Lösung der Gleichung ersten Grades mit einer Unbekannten. Das Rechnen mit Gleichungen hat den Zweck, die Werte unbekannter Zahlengrößen zu bestimmen. Gleichungen, welche diesem Zwecke dienen, nennt man Bestimmungsgleichungen.

Jede aus einer Gleichung zu entwickelnde Größe heißt die unbekannte Größe oder kurz: „die Unbekannte". Man bezeichnet dieselbe gewöhnlich mit den Buchstaben x, y oder z; jedoch kann man auch jeden beliebigen anderen Buchstaben wählen.**)

Soll aus einer Gleichung der Wert einer Unbekannten x, welche in derselben ein- oder mehreremal vorkommt, entwickelt, d. h. soll die Gleichung nach x aufgelöst werden, so muß man eine andere Gleichung bilden, welche die Größe x als Faktor nur zu einer Seite hat.

Die ursprüngliche Gleichung muß auf die allgemeine Form
$$a \cdot x = b$$
gebracht werden, in welchem Falle unter a und b ganz beliebige Zahlenausdrücke zu verstehen sind.

Aus dieser Gleichung wird der Wert der Unbekannten x

*) Vgl. S. 57, Ziffer 56.

**) „ die Beispiele 1—29 in Ziffer 120, S. 158) und die vielen Beispiele in den anderen Teilen des ganzen Buches.

erhalten, indem man den Faktor von x, hier also a, als Divisor auf die rechte Seite der Gleichung bringt.*)

Es wird alsdann:

$$x = \frac{b}{a}.$$

Um dies zu erreichen, muß jede Gleichung geordnet werden. Die Regeln über „das Ordnen der Gleichungen" sind in Ziffer 114) zugleich in Verbindung mit vollkommen durchgerechneten Beispielen angegeben.

114. Das Ordnen der Gleichungen und das Rechnen mit Gleichungen. Unter Anwendung der in Ziffer 108 bis 113) über das Umformen von Gleichungen gegebenen allgemeinen, und der bei den nachfolgend durchgerechneten Musterbeispielen noch zu gebenden besonderen Regeln, lassen sich nunmehr die Werte unbekannter Größen aus Gleichungen bestimmen.

a) Jede Gleichung muß so umgeformt werden, daß die **Unbekannte x allein und mit positivem Vorzeichen** auf die linke Seite, alles andere aber auf die rechte Seite zu stehen kommt. Die den Rechnungszeichen**) entsprechende Vereinigung aller Größen auf der rechten Seite ergibt alsdann den Wert der Unbekannten.

1. Beispiel. $x + 13 = 21.$

Soll x allein auf der linken Seite der Gleichung bleiben, so muß + 13 mit entgegengesetztem Vorzeichen, also als — 13, auf die rechte Seite gebracht werden. (Vgl. S. 132, Ziffer 108 g.) Damit ergibt sich:

$x = 21 - 13.$ Folglich:

$x = 8.$

Probe:***) Um zu prüfen, ob der für x gefundene Zahlenwert 8 richtig ist, darf man denselben nur in der **Aufgabengleichung** an die Stelle des Buchstabens x setzen; man erhält alsdann

$8 + 13 = 21.$ Mithin:

$21 = 21.$***)

---

*) Vgl. S. 132, Ziffer 108e.

**) „ „ 5, „ 9.

***) Es wird sich in jedem einzelnen Falle empfehlen, durch diese einfache Probe die Richtigkeit der Lösung festzustellen.

Ergeben sich in der Schlußzeile der Probe auf jeder Seite des Gleichheitszeichens dieselben Zahlenwerte, so ist die für x gefundene Lösung richtig.

2. Beispiel. $x - 20 = 19$. Glied x allein auf die linke Seite:
$x = 19 + 20$. Mithin:
$x = 39$.

Probe: $39 - 20 = 19$. Folglich:
$19 = 19$.

3. Beispiel. $x + n = m$. Glied x allein auf die linke Seite:
$x = m - n$.

Probe: $(m - n) + n = m$ oder:
$m - n + n = m$. Da sich links n hebt:
$m = m$.

4. Beispiel.*)
$3a + x - 5b + 2 = 7b - a + c + 6$. Glied x auf eine Seite:
$x = 7b - a + c + 6 - 3a + 5b - 2$ oder:
$x = 12b - 4a + c + 4$. Folglich:
$x = -4a + 12b + c + 4$.

b) Enthält das Glied mit der Unbekannten einen Faktor, so stellt man dasselbe zunächst allein auf die linke, alle anderen Glieder aber auf die rechte Seite der Gleichung. Alsdann wird, um den Wert von x zu bestimmen, die rechte Seite durch den Faktor von x dividiert.

5. Beispiel. $6x - 6 = 18$. Glied mit x auf eine Seite:
$6x = 18 + 6$ oder:
$6x = 24$. Rechte Seite durch den Faktor 6 dividiert (vgl. S. 132, Ziffer 108 e):
$x = \frac{24}{6}$. Folglich:
$x = 4$.

Probe: $6 \cdot 4 - 6 = 18$ oder:
$24 - 6 = 18$. Mithin:
$18 = 18$.

6. Beispiel. $a \cdot x + b = c$. Glied mit x auf eine Seite:
$a \cdot x = c - b$. Rechte Seite durch a dividiert:
$x = \frac{c - b}{a}$.

Probe: $a \cdot \frac{c - b}{a} + b = c$. Oder nach Seite 59, Ziffer 59):
$\frac{a \cdot (c - b)}{a} + b = c$. Da sich a durch Kürzen hebt:
$c - b + b = c$ und da sich auch b hebt:
$c = c$.

*) Diejenigen Beispiele, zu welchen die „Proben" hier nicht durchgerechnet sind, sollen vom Leser auf die Richtigkeit der angegebenen Lösungen geprüft werden.

c) Enthält eine Gleichung mehr als ein Glied mit der Unbekannten, so schaffe man sämtliche Glieder mit der Unbekannten auf die linke, alle übrigen Glieder auf die rechte Seite der Gleichung, **wobei auf die Vorzeichen zu achten ist.** Alsdann schreibe man auf der linken Seite die Unbekannte als gemeinschaftlichen Faktor heraus.*) Die rechte Seite ist dann durch diesen Faktor der Unbekannten zu dividieren.

7. Beispiel. $8x - 5 = 13 - 7x$. Glieder mit x auf eine Seite:
$8x + 7x = 13 + 5$. Gleichartige Glieder zusammengefaßt:
$15x = 18$. Faktor von x als Divisor auf die rechte Seite:
$$x = \frac{18}{15} = \frac{6}{5} = 1\tfrac{1}{5}.$$

8. Beispiel. $ax = c - bx$. Glieder mit x auf eine Seite:
$ax + bx = c$. Jetzt x als gemeinschaftlichen Faktor herausgeschrieben:
$x \cdot (a + b) = c$. Faktor von x auf die rechte Seite:
$$x = \frac{c}{a + b}.$$

9. Beispiel. $ax + bx = c - dx$. Glieder mit x auf eine Seite:
$ax + bx + dx = c$. Jetzt x als Faktor ausgeklammert:
$x \cdot (a + b + d) = c$. Faktor von x auf die rechte Seite:
$$x = \frac{c}{a + b + d}.$$

d) Kommen in einer Gleichung Klammern vor, so löse man sämtliche Klammern auf, in welchen die Unbekannte enthalten ist. Hierbei ist besonders auf die Vorzeichen zu achten.**)

10. Beispiel.
$5(x - 7) + 3(2x - 6) = 2$. Klammern aufgelöst:
$5x - 35 + 6x - 18 = 2$. Glieder mit x auf eine Seite:
$5x + 6x = 2 + 18 + 35$. Gleichartige Größen zusammengefaßt:
$11x = 55$. Folglich:
$$x = \frac{55}{11} = 5.$$

e) Stellt sich während des Rechnens heraus, daß das Glied mit x negativ wird, so müssen **sämtliche** Glieder der

---

*) Vgl. S. 35, Ziffer 43 A und B.
**) „ „ 11, „ 18.

Gleichung mit (— 1) multipliziert, oder was dasselbe ist: sämtliche Vorzeichen umgekehrt werden.*)

11. Beispiel. $9(2x - 7) = 5(4x - 15)$. Klammern aufgelöst:

$$18x - 63 = 20x - 75.$$
$$18x - 20x = -75 + 63.$$
$$-2x = -12.$$ Vorzeichen umgekehrt:
$$2x = 12.$$
$$x = 6.$$

f) Enthält das Glied mit der Unbekannten einen Nenner, so stelle man dasselbe zunächst allein auf die linke Seite und multipliziere beide Seiten, oder was dasselbe ist: jedes Glied der Gleichung mit diesem Nenner. Alsdann wird die Rechnung fortgesetzt, wie bisher angegeben.

12. Beispiel. $\frac{x}{8} = 20$. Beide Seiten mit Nenner 8 multipliziert:

$$8 \cdot \frac{x}{8} = 8 \cdot 20.$$ Oder nach Seite 59, Ziffer 59):

$$\frac{8 \cdot x}{8} = 160.$$ Da sich 8 durch Kürzen hebt:

$$x = 160.$$

Probe: $\frac{160}{8} = 20$. Mithin:

$$20 = 20.$$

13. Beispiel. $\frac{x}{6} + 4 = 7$. Glied mit x auf eine Seite:

$$\frac{x}{6} = 7 - 4$$ oder:

$$\frac{x}{6} = 3.$$ Beide Seiten mit Nenner 6 multipliziert:

$$6 \cdot \frac{x}{6} = 6 \cdot 3,$$ d. i.:

$$\frac{6x}{6} = 18.$$ Mithin:

$$x = 18.$$

Man kann aber, um den Nenner fortzuschaffen, auch die Regel auf Seite 132, Ziffer 108f) anwenden!

---

*) Vgl. S. 133, Ziffer 108 i.

14. Beispiel. $\frac{x}{a} - (a + b) = c.$

$$\frac{x}{a} = c + (a + b) \quad \text{oder:}$$

$$\frac{x}{a} = a + b + c. \quad \text{Divisor a als Faktor auf die rechte Seite:}$$

$$x = (a + b + c) \cdot a.$$

15. Beispiel. $12 + \frac{4x}{10} = 28.$

$$\frac{4x}{10} = 28 - 12 = 16. \quad \text{Nenner fortgeschafft:}$$

$$4x = 16 \cdot 10.$$

$$x = \frac{160}{4}. \quad \text{Folglich:}$$

$$x = 40.$$

g) Sind in einer Gleichung mehrere Brüche vorhanden, so müssen sämtliche Nenner fortgeschafft werden. Dies geschieht, indem man **jedes Glied** der Gleichung mit dem Hauptnenner aller vorkommenden Nenner multipliziert.*)

16. Beispiel. $\frac{3x}{4} - \frac{2x}{5} = 14.$ Hauptnenner = 20; jedes Glied der Gleichung mit demselben multipliziert:

$$\frac{3x}{4} \cdot 20 - \frac{2x}{5} \cdot 20 = 14 \cdot 20.$$

$$15x - 8x = 280.$$

$$7x = 280.$$

$$x = 40.$$

17. Beispiel.

$$\frac{x}{2} + \frac{x}{3} + \frac{x}{4} = 7x - 712 + \frac{x}{5}. \quad \text{Jedes Glied mit dem Hauptnenner 60 multipliziert:}$$

$$30x + 20x + 15x = 420x - 42720 + 12x.$$

$$30x + 20x + 15x - 420x - 12x = -42720.$$

$$-367x = -42720. \quad \text{Vorzeichen umgekehrt:}$$

$$367x = 42720.$$

$$x = \frac{42720}{367} = 116\tfrac{148}{367} = 116{,}4032\ldots$$

*) Vgl. S. 49, Ziffer 52.

18. Beispiel. $\frac{x}{m+n}+\frac{x}{m-n}=2m.$ Jedes Glied mit dem Hauptnenner $(m+n).(m-n)$ multipliziert:

$$x(m-n)+x(m+n)=2m\cdot(m+n)\cdot(m-n).$$

$$mx-nx+mx+nx=2m(m^2-n^2).$$ (Vgl. Seite 29, Ziffer 35; 7):

$$2mx=2m(m^2-n^2).$$

$$x=\frac{2m(m^2-n^2)}{2m}.$$

$$x=m^2-n^2.$$

h) Erscheint die Unbekannte im Nenner, so ändert das an den vorstehend aufgestellten Regeln nichts.

19. Beispiel. $\frac{130}{x}=26.$ Nenner fortgeschafft:

$$130=26x.$$ Seiten vertauscht:

$$26x=130.$$

$$x=\frac{130}{26}.$$

$$x=5.$$

20. Beispiel. $9-\frac{128}{x}=5.$ Nenner fortgeschafft:

$$9x-128=5x.$$

$$9x-5x=128.$$

$$4x=128.$$

$$x=32.$$

21. Beispiel. $\frac{6}{x}+7=64-\frac{32}{x}.$ Hauptnenner $=x$; jedes Glied mit demselben multipliziert:

$$6+7x=64x-32.$$

$$7x-64x=-32-6.$$

$$-57x=-38.$$

$$57x=38.$$

$$x=\frac{38}{57}=\frac{2}{3}.$$

22. Beispiel.

$$\frac{7}{3}+\frac{13}{5x}=\frac{13x-24}{3x}-\frac{37}{20}+\frac{10}{x}.$$ Hauptnenner $=60x$; folglich:

$$\frac{7}{3}\cdot 60x+\frac{13}{5x}\cdot 60x=\frac{13x-24}{3x}\cdot 60x-\frac{37}{20}\cdot 60x+\frac{10}{x}\cdot 60x.$$

$$140x+156=(13x-24)\,20-111x+600.$$

$$140x+156=260x-480-111x+600.$$

$$-9x=-36.$$

$$x=4.$$

23. Beispiel. $\frac{4x-7}{1+x}=3.$ Nenner fortgeschafft:

$$4x-7=3(1+x).$$ (Vgl. Seite 24, Ziffer 33.)

$$4x-7=3+3x.$$
$$4x-3x=3+7.$$
$$x=10.$$

24. Beispiel. $\frac{2-5x}{5x+1}+\frac{7+x}{3-2x}=\frac{148-5x^2}{3+13x-10x^2}-2.$

Der Hauptnenner ist: $(5x+1)(3-2x)=3+13x-10x^2$.

Sämtliche Glieder der Gleichung mit demselben multipliziert:

$$(2-5x)(3-2x)+(7+x)(5x+1)=148-5x^2-2(3+13x-10x^2).$$
$$6-15x-4x+10x^2+35x+5x^2+7+x=148-5x^2-6-26x+20x^2.$$

Sämtliche Glieder mit x auf eine Seite:

$$10x^2+5x^2+5x^2-20x^2-15x-4x+35x+x+26x=148-6-6-7.$$

Da sich die Glieder mit x^2 heben, so folgt:

$$43x=129.$$
$$x=\frac{129}{43}=3.$$

Die Beispiele 22 bis 24) sollen zeigen, daß überall da, wo im Zähler und Nenner der Brüche Summen oder Differenzen vorkommen, diese beim Gleichnamigmachen in Klammern zu setzen sind. **Dadurch vermeidet man Vorzeichenfehler!**

i) Die bis hierher aufgeführten Regeln weisen in ihrem Zusammenhange folgenden besten Weg zum Auflösen von Gleichungen:

Man schaffe zunächst die Nenner fort, löse alle Klammern auf*) und bringe sämtliche Glieder mit der Unbekannten auf die linke, alle anderen Glieder aber auf die rechte Seite der Gleichung. Alsdann fasse man auf jeder Seite gleichartige Glieder zusammen und dividiere die rechte Seite durch den Faktor der Unbekannten. Wird die Unbekannte negativ, so ist die ganze Gleichung noch mit (—1) zu multiplizieren.

115. Der Vollständigkeit halber sollen hier noch einige schwierigere Gleichungen folgen:

25. Beispiel.

$$(2a-3b)x+2ab=3(a-b)(6a-7b).$$
$$(2a-3b)x+2ab=18a^2-18ab-21ab+21b^2.$$
$$(2a-3b)x=18a^2-39ab+21b^2.$$
$$x=\frac{18a^2-39ab+21b^2}{2a-3b}.$$

---

*) Die Reihenfolge hängt von der Eigenart der Gleichung ab.

26. Beispiel.

$$\frac{3(a+4b)-5x}{a-b}=3.$$

$$3(a+4b)-5x=3(a-b).$$

$$-5x=3(a-b)-3(a+4b).$$

$$-5x=3a-3b-3a-12b.$$

$$-5x=-15b.$$

$$x=3b.$$

27. Beispiel.

$$\frac{4a^2-b^2}{3x}+b=2a.$$

$$\frac{4a^2-b^2}{3x}=2a-b.$$

$$4a^2-b^2=(2a-b)\,3x.$$

$$3x=\frac{4a^2-b^2}{2a-b}.$$ Mit Partialdivision nach Ziffer 44 B, S. 40:

$$3x=2a+b.$$

$$x=\frac{2a+b}{3}.$$

28. Beispiel. $$a^2+b^2=ab-\frac{a^3+b^3}{2x}.$$

$$a^2-ab+b^2=-\frac{a^3+b^3}{2x}.$$

$$2x=-\frac{a^3+b^3}{a^2-ab+b^2}.$$

Die rechte Seite dieser Gleichung ist aber nach S. 29, Ziffer 35, Formel 8) $=a+b$; mithin

$$2x=-(a+b).$$ Folglich:

$$x=-\frac{a+b}{2}.$$

29. Beispiel.

$$\frac{6x}{a}+3(a^2-b^2)=a(a+b)+\frac{4x}{b}.$$ Hauptnenner $=ab$.

$$6x\cdot b+3\cdot ab\cdot(a^2-b^2)=a\cdot ab\cdot(a+b)+4x\cdot a.$$

$$6bx-4ax=a^2b\cdot(a+b)-3ab\cdot(a^2-b^2)$$

$$x(6b-4a)=a^3b+a^2b^2-3a^3b+3ab^3$$

$$x=\frac{-2a^3b+a^2b^2+3ab^3}{6b-4a}.$$ Partialdivision:*)

$$x=0{,}5\cdot ab^2+0{,}5\cdot a^2b=0{,}5\cdot(ab^2+a^2b).$$

---

*) Hierzu muß der Dividend nach steigenden Potenzen von a geordnet werden, also:

$$(3ab^3+a^2b^2-2a^3b):(6b-4a)=0{,}5\,.\,ab^2+0{,}5\,.\,a^2b.$$

30. Beispiel.

$$\frac{a}{bx} + b^2 = a^2 + \frac{b}{ax}. \quad \text{Hauptnenner} = abx.$$

$$a^2 + abx \cdot b^2 = abx \cdot a^2 + b^2.$$
$$ab^3x - a^3bx = b^2 - a^2.$$
$$x(ab^3 - a^3b) = b^2 - a^2.$$
$$x = \frac{b^2 - a^2}{ab^3 - a^3b} = \frac{b^2 - a^2}{ab \cdot (b^2 - a^2)}.$$
$$x = \frac{1}{ab}.$$

Gleichungen, welche Wurzeln enthalten.

Erscheinen in einer Gleichung Wurzeln, so müssen auch diese fortgeschafft werden. Die nachstehend durchgerechneten Beispiele sollen das hierbei einzuschlagende Rechnungsverfahren angeben.

116. Gleichungen mit nur einer Wurzel. Ist in der Gleichung nur eine Wurzel vorhanden, so forme man die Gleichung in der Weise um, daß die Wurzel allein auf der linken Seite steht. Ein Faktor vor der Wurzel kommt als Divisor auf die rechte Seite. Alsdann potenziere man beide Seiten der Gleichung mit dem Wurzelexponenten.*)

1. Beispiel. $\sqrt{3x} = 6.$ Beide Seiten mit 2 potenziert:

$$(\sqrt{3x})^2 = 6^2. \quad \text{Folglich:}$$
$$3x = 36.$$
$$x = 12. \quad \text{(Vgl. S. 80, Ziffer 77.)}$$

2. Beispiel. $\sqrt[m]{x} = a.$ Beide Seiten mit m potenziert:

$$\left(\sqrt[m]{x}\right)^m = a^m. \quad \text{Folglich:}$$
$$x = a^m. \quad \text{(Vgl. S. 80, Ziffer 77.)}$$

---

*) Vgl. S. 131, Ziffer 108d.

Der Leser mache zu allen Beispielen die Probe!

3. Beispiel. $7 \cdot \sqrt[3]{5x} = 35$. Faktor 7 fortgeschafft:

$$\sqrt[3]{5x} = 5.$$ Beide Seiten mit 3 potenziert:

$$\left(\sqrt[3]{5x}\right)^3 = 5^3.$$ Folglich:

$$5x = 125.$$
$$x = 25.$$

4. Beispiel. $\sqrt{16 + x} = 5$. Beide Seiten mit 2 potenziert:

$$(\sqrt{16 + x})^2 = 5^2.$$
$$16 + x = 25.$$
$$x = 25 - 16.$$
$$x = 9.$$

5. Beispiel.

$$5 - \sqrt{\frac{x}{2} - 1} = 3.$$ Wurzel allein auf linke Seite:

$$-\sqrt{\frac{x}{2} - 1} = -2.$$ Vorzeichen umgekehrt:

$$\sqrt{\frac{x}{2} - 1} = 2.$$ Beide Seiten mit 2 potenziert:

$$\frac{x}{2} - 1 = 4.$$ Nenner fortgeschafft:

$$x - 2 = 8.$$
$$x = 10.$$

6. Beispiel.

$$m + \sqrt{m^2 + nx} = n.$$ Wurzel auf linke Seite:

$$\sqrt{m^2 + nx} = n - m.$$ Potenziert:

$$m^2 + nx = (n - m)^2.$$ (Vgl. Seite 29, Ziffer 35; 2.)

$$m^2 + nx = n^2 - 2mn + m^2.$$
$$nx = n^2 - 2mn.$$
$$x = \frac{n^2 - 2mn}{n}.$$
$$x = \frac{n(n - 2m)}{n}.$$
$$x = n - 2m.$$

7. Beispiel. $3 \cdot \sqrt{x - 3a} = 3b$. Faktor 3 fortgeschafft:

$$\sqrt{x - 3a} = b.$$ Beide Seiten mit 2 potenziert:

$$(\sqrt{x - 3a})^2 = b^2.$$
$$x - 3a = b^2.$$
$$x = b^2 + 3a = 3a + b^2.$$

8. Beispiel. $\sqrt[3]{2x+7} = 5.$ Beide Seiten mit 3 potenziert:

$$\left(\sqrt[3]{2x+7}\right)^3 = 5^3.$$
$$2x+7 = 125.$$
$$2x = 125 - 7.$$
$$x = 59.$$

9. Beispiel.

$$n \cdot \sqrt[3]{a-x} + b = c.$$ Wurzel allein auf linke Seite:

$$\sqrt[3]{a-x} = \frac{c-b}{n}.$$ Beide Seiten mit 3 potenziert:

$$a - x = \left(\frac{c-b}{n}\right)^3.$$
$$-x = \left(\frac{c-b}{n}\right)^3 - a.$$
$$x = a - \left(\frac{c-b}{n}\right)^3.$$

10. Beispiel.

$$\sqrt{(x-9)\cdot(x+15)} + 3 = x.$$
$$\sqrt{(x-9)\cdot(x+15)} = x - 3.$$ Mit 2 potenziert:
$$(x-9)\cdot(x+15) = (x-3)^2.$$ (Vgl. S. 29, Ziffer 35; 2.)
$$x^2 - 9x + 15x - 135 = x^2 - 6x + 9.$$ Da sich x^2 auf beiden Seiten hebt:
$$12x = 144.$$
$$x = 12.$$

11. Beispiel.

$$\sqrt{13 + 4\cdot\sqrt{x-1}} = 5.$$ Beide Seiten mit 2 potenziert:
$$13 + 4\cdot\sqrt{x-1} = 25.$$ Wurzel auf eine Seite:
$$4\cdot\sqrt{x-1} = 12.$$
$$\sqrt{x-1} = 3.$$ Beide Seiten mit 2 potenziert:
$$x - 1 = 9.$$
$$x = 10.$$

117. Gleichungen, welche zwei Wurzeln enthalten. Steht auf beiden Seiten einer Gleichung je eine Wurzel mit demselben Exponenten, so potenziere man ohne weiteres beide Seiten mit diesem Exponenten:

12. Beispiel. $\sqrt{5x+1} = \sqrt{22+2x}$. Beide Seiten mit 2 potenziert:

$$(\sqrt{5x+1})^2 = (\sqrt{22+2x})^2.$$
$$5x+1 = 22+2x.$$
$$3x = 21.$$
$$x = 7.$$

13. Beispiel. $\sqrt[3]{3x-5a} = \sqrt[3]{x+3a}$. Beide Seiten mit 3 potenziert:

$$\left(\sqrt[3]{3x-5a}\right)^3 = \left(\sqrt[3]{x+3a}\right)^3.$$
$$3x-5a = x+3a.$$
$$2x = 8a.$$
$$x = 4a.$$

14. Beispiel. $\sqrt[m]{ax+b} = \sqrt[m]{cx+d}$. Beide Seiten mit m potenziert:

$$ax+b = cx+d.$$
$$ax-cx = d-b.$$
$$x(a-c) = d-b.$$
$$x = \frac{d-b}{a-c}.$$

15. Beispiel.

$3 \cdot \sqrt{7-3x} = 5 \cdot \sqrt{1-x}$. Beide Seiten mit 2 potenziert:

$$(3 \cdot \sqrt{7-3x})^2 = (5 \cdot \sqrt{1-x})^2.$$
$$9 \cdot (7-3x) = 25 \cdot (1-x).$$ (Vgl. S. 73, Ziffer 72.)
$$63-27x = 25-25x.$$
$$-2x = -38.$$
$$x = 19.$$

16. Beispiel. $\sqrt{36+x} = 18 - \sqrt{x}$.

$$(\sqrt{36+x})^2 = (18-\sqrt{x})^2.$$
$$36+x = 324 - 36\sqrt{x} + x.$$ (Vgl. Seite 29, Ziffer 35; 1.)
$$x + 36\sqrt{x} - x = 324 - 36.$$
$$36\sqrt{x} = 288.$$
$$\sqrt{x} = 8.$$ Beide Seiten mit 2 potenziert:
$$(\sqrt{x})^2 = 8^2.$$
$$x = 64.$$

17. Beispiel.

$2 \cdot \sqrt{x+2} - \sqrt{4x-3} = 1.$ Eine Wurzel auf die rechte Seite:

$2 \cdot \sqrt{x+2} = 1 + \sqrt{4x-3}.$ Beide Seiten mit 2 potenziert:

$(2 \cdot \sqrt{x+2})^2 = (1 + \sqrt{4x-3})^2.$

$4 \cdot (x+2) = 1^2 + 2 \cdot 1 \cdot \sqrt{4x-3} + 4x - 3.$

$4x + 8 = 1 + 2 \cdot \sqrt{4x-3} + 4x - 3.$ Wurzel auf die linke Seite:

$-2 \cdot \sqrt{4x-3} = -10.$ Vorzeichen umgekehrt und beide Seiten mit 2 potenziert:

$4(4x-3) = 100.$

$16x - 12 = 100.$

$x = 7.$

Aus Beispiel 17) ist ersichtlich, daß, wenn zwei Wurzeln auf ein und derselben Seite der Gleichung erscheinen, die eine auf die andere Seite zu bringen ist. Welche, ist gleichgültig!

18. Beispiel.

$\frac{2 - 2\sqrt{x}}{2 - 3\sqrt{x}} = \frac{2 + 2\sqrt{x}}{5 + 3\sqrt{x}}.$ Beide Seiten durch 2 dividiert:

$\frac{1 - \sqrt{x}}{2 - 3\sqrt{x}} = \frac{1 + \sqrt{x}}{5 + 3\sqrt{x}}.$ Hauptnenner $= (2 - 3\sqrt{x})(5 + 3\sqrt{x})$; folglich:

$(1 - \sqrt{x})(5 + 3\sqrt{x}) = (1 + \sqrt{x})(2 - 3\sqrt{x}).$

$5 - 5\sqrt{x} + 3\sqrt{x} - 3\sqrt{x} \cdot \sqrt{x} = 2 + 2\sqrt{x} - 3\sqrt{x} - 3\sqrt{x} \cdot \sqrt{x}.$

Da sich auf beiden Seiten $-3\sqrt{x} \cdot \sqrt{x}$ hebt, so folgt, wenn man auf jeder Seite die Glieder mit $\sqrt{x}$ zusammenfaßt:

$5 - 2\sqrt{x} = 2 - \sqrt{x}.$ Glieder mit x auf eine Seite:

$-2\sqrt{x} + \sqrt{x} = 2 - 5.$

$-\sqrt{x} = -3.$ Vorzeichen umgekehrt:

$+\sqrt{x} = +3.$ Beide Seiten mit 2 potenziert:

$(\sqrt{x})^2 = 3^2.$

$x = 3^2 = 9.$

118. Gleichungen, welche drei Wurzeln enthalten. Das in diesem Falle einzuschlagende Rechnungsverfahren zeigt Beispiel 19).

19. Beispiel. $\sqrt{4x+13}-\sqrt{x+7}=\sqrt{x}$. Beide Seiten potenziert:

$$(\sqrt{4x+13}-\sqrt{x+7})^2=(\sqrt{x})^2.$$

$$4x+13-2\cdot\sqrt{4x+13}\cdot\sqrt{x+7}+x+7=x.$$ Wurzeln auf eine Seite:

$$-2\cdot\sqrt{4x+13}\cdot\sqrt{x+7}=-4x-20.$$

Mit Ziffer 83, S. 86) und Vorzeichen umgekehrt:

$$2\cdot\sqrt{(4x+13)\cdot(x+7)}=4x+20.$$

$$2\cdot\sqrt{4x^2+41x+91}=4x+20.$$

Beide Seiten potenziert:

$$4\cdot(4x^2+41x+91)=16x^2+160x+400.$$

$$16x^2+164x+364=16x^2+160x+400.$$

Ordnen:

$$4x=36.$$

$$x=9.$$

Eingekleidete Gleichungen.*)

119. Nicht immer sind die Gleichungen so unmittelbar fertig zur Berechnung gegeben, wie das in den bisher durchgerechneten Beispielen gezeigt war. In den weitaus meisten Fällen des praktischen Rechnens ist die zu bestimmende, unbekannte Größe in Worte und Sätze eingehüllt, aus denen heraus erst die zur Berechnung dienende Gleichung aufgestellt werden muß.

Bestimmte oder allgemeine Regeln für das Auflösen dieser Gleichungen lassen sich nicht geben. Es muß bei jeder einzelnen Aufgabe vielmehr danach gestrebt werden, den Sinn derselben richtig zu erfassen, um die in der Aufgabe gestellten Bedingungen in Form einer Gleichung zum Ausdruck bringen zu können.

1. Beispiel. Addiert man 432 zu einer unbekannten Zahl, so erhält man 950; wie heißt die Zahl?

Lösung: Bezeichnet man die unbekannte Zahl mit x, so erhält man, wenn man 432 zu derselben addiert: $x+432$. Diese Summe soll $=950$ sein. Das ergibt folgende Gleichung:

$$x+432=950.$$ Folglich:

$$x=950-432.$$

$$x=518.$$

*) Auch „Textgleichungen“ genannt.

2. Beispiel. Welche Zahl muß man von 1000 abziehen, um die Zahl 365 zu erhalten?

Lösung: Bezeichnet man die abzuziehende, unbekannte Zahl mit x, so ist die Differenz 1000 — x zu bilden, um die Zahl 365 als Gleichwert zu erhalten. Die aufzustellende Gleichung heißt also:

$$1000 - x = 365. \text{ Folglich:}$$
$$-x = 365 - 1000.$$
$$x = 1000 - 365.$$
$$x = 635.$$

3. Beispiel. Welche Zahl ergibt mit 7 multipliziert 126?

Lösung: Ist die gesuchte Zahl = x, so ergibt dieselbe mit 7 multipliziert das Produkt 7x. Dieses soll = 126 sein. Mithin:

$$7x = 126.$$
$$x = \frac{126}{7}.$$
$$x = 18.$$

4. Beispiel. Welche Zahl muß durch 23 dividiert werden, um 15 zu ergeben?

Lösung: Setzt man die zu ermittelnde Zahl = x, so ergibt sich bei der Division derselben durch 23 der Quotient $\frac{x}{23}$. Dieser muß = 15 sein. Folglich:

$$\frac{x}{23} = 15.$$
$$x = 15 . 23.$$
$$x = 345.$$

5. Beispiel. Subtrahiert man 55 von dem 5fachen einer gewissen Zahl, so erhält man 45; wie heißt die Zahl?

Lösung: Ist die gesuchte Zahl = x, so ist das 5fache derselben = 5x. Davon 55 abgezogen, ergibt die Differenz 5x — 55. Diese muß = 45 sein. Mithin:

$$5x - 55 = 45.$$
$$5x = 100.$$
$$x = 20.$$

6. Beispiel. Das 2fache, 3fache und 7fache einer Zahl addiert ergibt 96; wie heißt die Zahl?

Lösung: Bezeichnet man die zu berechnende Zahl mit x, so ist das 2fache derselben = 2x, das 3fache = 3x und das 7fache = 7x. Addiert man diese drei Werte und setzt die Summe = 96, so folgt:

$$2x + 3x + 7x = 96.$$
$$x = 8.$$

7. Beispiel. Subtrahiert man von dem 8ten Teil einer gewissen Zahl den Bruch $^4/_5$, so entsteht die Zahl 18. Wie heißt die Zahl?

Lösung: Bezeichnet man die zu bestimmende Zahl mit x, so ist der 8te Teil derselben = $\frac{x}{8}$; davon $\frac{4}{5}$ abgezogen und die auf diese Weise entstehende Differenz gleich 18 gesetzt, gibt:

$$\frac{x}{8} - \frac{4}{5} = 18.$$
$$x = 150{,}4.$$

8. Beispiel. Von den Endpunkten einer 30000 m langen Strecke fangen zwei Eisenbahnzüge gleichzeitig an sich gegeneinander zu bewegen. Der erste legt in jeder Sekunde einen Weg von 8 m, der zweite einen Weg von 17 m zurück. Nach wieviel Sekunden begegnen sie einander?

Lösung: Bezeichnet man die Anzahl der Sekunden mit x, so legt der erste Zug in diesen x Sekunden $= 8x$ Meter und der zweite $= 17 . x$ Meter Weg zurück. Die Summe dieser beiden Wege muß $= 30000$ Meter sein. Mithin:

$$8x + 17x = 30000.$$
$$25x = 30000.$$
$$x = 1200 \text{ Sekunden, oder:}$$
$$x = 20 \text{ Minuten.}$$

9. Beispiel. Zwei Automobile beginnen gleichzeitig sich auf derselben Strecke in gleicher Richtung zu bewegen; sie hatten im Ruhezustande einen Abstand von 45 km. Das vordere Automobil legt in jeder Stunde einen Weg $= 72{,}5$ km, das hintere einen Weg $= 95$ km zurück. Wieviel Stunden nach Anfang der Bewegung wird das zweite Automobil das erste einholen?

Lösung: Die Anzahl der gesuchten Stunden sei $= x$. Das erste Automobil durchläuft in diesen x Stunden einen Weg $= 72{,}5 . x$ km, das zweite einen Weg $= 95 . x$ km. Mithin:

$$95x - 72{,}5x = 45.$$
$$22{,}5x = 45.$$
$$x = 2 \text{ Stunden.}$$

10. Beispiel. Ein Magazinverwalter vermehrte bei Arbeitsbeginn seinen Lagerbestand an Schrauben um 100 Stück. Im Laufe des Tages gab er 195 Stück heraus und legte zur Ergänzung seines Bestandes nach Arbeitsschluß wieder 265 Stück hinzu. Als er nun die Schrauben nachzählte, fand er 970 Stück. Wieviel Schrauben hatte er zu Arbeitsbeginn am Lager?

Lösung: Bezeichnet man den Bestand an Schrauben zu Beginn der Arbeit mit x, so hat er, nachdem er 100 Stück hinzugefügt, deren $x + 100$. Nimmt er davon 195 Stück weg, so bleiben ihm $x + 100 - 195$, welche Anzahl nach Hinzulegen von 265 Stück auf $x + 100 - 195 + 265$ anwächst. Diese Summe muß gleich der nachgezählten Stückzahl 970 sein. Mithin:

$$x + 100 - 195 + 265 = 970.$$
$$x = 970 - 170.$$
$$x = 800.$$

11. Beispiel. In einer Maschinenfabrik sind 2mal so viel Drehbänke als Hobelmaschinen und 4mal so viel Schraubstöcke als Drehbänke aufgestellt, zusammen 165 Stück. Wieviel Stück von jeder Sorte sind vorhanden?

Lösung: Bezeichnet man die Anzahl der Hobelmaschinen mit x, so befinden sich in der Fabrik: x Hobelmaschinen, 2x Drehbänke und $4 . 2x = 8x$ Schraubstöcke. Diese Stückzahlen zusammen müssen $= 165$ sein. Mithin:

$$x + 2x + 8x = 165.$$
$$x = 15.$$

Demnach sind vorhanden:

$$\begin{array}{rll} x & \text{Hobelmaschinen} = & 15 \text{ Stück.} \\ 2x & \text{Drehbänke} \quad = & 30 \quad " \\ 8x & \text{Schraubstöcke} \; = & 120 \quad " \\ \hline & \text{Zusammen} = & 165 \text{ Stück.} \end{array}$$

12. Beispiel. Drei Personen, A. B. und C., sollen 72 Mark so unter sich verteilen, daß B. 2mal so viel als A. und C. 3mal so viel als B. erhält. Wieviel bekommt jeder?

Lösung: Setzt man die Summe, welche A. erhält $= x$, so erhält B. das doppelte $= 2x$ und C. das 3fache von B. $= 3 \cdot 2x = 6x$; mithin muß sein:

$$x + 2x + 6x = 72.$$

$$x = 8. \text{ Folglich erhält:}$$

$$\begin{array}{rl} A. = \; x = & 8 \text{ Mark.} \\ B. = 2x = & 16 \quad " \\ C. = 6x = & 48 \quad " \\ \hline \text{Zusammen} = & 72 \text{ Mark.} \end{array}$$

13. Beispiel. Ein Arbeiter kann eine bestimmte Arbeit in 12 Tagen fertigstellen, ein anderer leistet dasselbe bereits in 6 Tagen. Wieviel Tage brauchen beide, wenn sie zusammen arbeiten?

Lösung: Setzt man die zu leistende Arbeit $= 1$, so schafft der Arbeiter, welcher in 12 Tagen fertig wird, in einem Tage $1/12$ dieser Arbeit und entsprechend der andere in einem Tage $1/6$, also beide zusammen in einem Tage $= 1/12 + 1/6 = 3/12 = 1/4$ derselben. Setzt man die Anzahl der Tage, welche beide zusammen zur Vollendung der Arbeit brauchen $= x$, so folgt:

$$\frac{1}{4} \cdot x = 1.$$

$$\frac{x}{4} = 1.$$

$$x = 4 \text{ Tage.}$$

14. Beispiel. Einem Wasserbehälter fließen in jeder Stunde 450 Liter Wasser zu und ebenso aus demselben 300 Liter ab. In wieviel Stunden werden sich in dem Behälter 2000 Liter Wasser angesammelt haben, wenn bei Beginn des Zu- und Abfließens bereits 800 Liter in demselben vorhanden waren?

Lösung: Bezeichnet man die erforderliche Stundenzahl mit x, so ist die gesamte zufließende Wassermenge $= 450x$ Liter, die abfließende dagegen $= 300x$ Liter. Die durch Zu- und Abfluß entstehende Wassermenge ist demnach in Verbindung mit den bereits im Behälter befindlichen 800 Litern $= 800 + 450x - 300x$ Liter. Diese Wassermenge muß den geforderten 2000 Litern entsprechen. Mithin:

$$800 + 450x - 300x = 2000.$$

$$150x = 1200.$$

$$x = 8 \text{ Stunden.}$$

Es werden sich also nach 8 Stunden 2000 Liter Wasser in dem Behälter angesammelt haben.

15. Beispiel. Zur Füllung eines Wasserbehälters sind 3 Zuflußvorrichtungen vorhanden. Durch die erste allein erfolgt die Füllung in 2 Stunden, durch die zweite allein in 3 Stunden und durch die dritte allein in 6 Stunden. In wieviel Stunden wird der Behälter gefüllt werden, wenn der Zufluß durch die drei Vorrichtungen gleichzeitig erfolgt?

Lösung: Setzt man den Inhalt des Behälters = 1 und die Anzahl der erforderlichen Stunden = x, so fließt dem Behälter

durch die 1. Vorrichtung in 1 Std. = $\frac{1}{2}$ seines Inhalts, also in x Std. = $x \cdot \frac{1}{2}$,
" " 2. " " 1 " = $\frac{1}{3}$ " " " " x " = $x \cdot \frac{1}{3}$ und
" " 3. " " 1 " = $\frac{1}{6}$ " " " " x " = $x \cdot \frac{1}{6}$ zu.

Sämtliche drei Vorrichtungen ergeben demnach einen Gesamtzufluß = $x \cdot \frac{1}{2} + x \cdot \frac{1}{3} + x \cdot \frac{1}{6}$. Dieser muß gleich dem Inhalte 1 des Behälters sein. Mithin:

$$x \cdot \tfrac{1}{2} + x \cdot \tfrac{1}{3} + x \cdot \tfrac{1}{6} = 1.$$
$$\frac{x}{2} + \frac{x}{3} + \frac{x}{6} = 1.$$
$$3x + 2x + x = 6.$$
$$x = 1 \text{ Stunde.}$$

Der Behälter wird demnach durch die 3 Vorrichtungen in einer Stunde gefüllt.

16. Beispiel. Eine Wasserhebemaschine kann ein Stück Land in 20 Tagen entwässern, eine zweite braucht dazu 30 Tage und eine dritte nur 15 Tage. Welche Zeit ist erforderlich, wenn die drei Maschinen zusammen arbeiten?

Lösung: Man setze die zu hebende Wassermenge = 1. Da die erste Maschine diese in 20 Tagen heben würde, so hebt sie in einem Tage $^1/_{20}$ derselben. Die zweite Maschine hebt entsprechend in einem Tage $^1/_{30}$ und die dritte $^1/_{15}$, alle drei zusammen also an einem Tage:

$$\frac{1}{20} + \frac{1}{30} + \frac{1}{15} = \frac{3}{60} + \frac{2}{60} + \frac{4}{60} = \frac{9}{60} = \frac{3}{20}; \text{ folglich:}$$

$$\text{in x Tagen} = \frac{3}{20} \cdot x. \text{ Mithin muß}$$

$$\frac{3}{20} \cdot x = 1 \text{ sein. Damit wird:}$$

$$x = 6^2/_3 \text{ Tage.}$$

17. Beispiel. Ein Meister nimmt einen Gehilfen an und vereinbart mit ihm für jeden Tag, den er arbeitet, eine bare Entschädigung von 1 Mark. Arbeitet der Gehilfe nicht, so muß er dem Meister 60 Pfg. = $^{60}/_{100}$ Mark für Kost zahlen. Nach 80 Tagen halten sie Abrechnung und es findet sich, daß keiner dem anderen etwas schuldig ist. Wieviel Tage hat der Gehilfe gearbeitet?

Lösung: Setzt man die Tage, an welchen der Gehilfe gearbeitet hat = x, so sind 80 — x die Tage, an welchen er nicht gearbeitet hat; seine Entlohnung beträgt alsdann x . 1 Mark und das Kostgeld entsprechend (80 — x) . $^{60}/_{100}$ Mark. Da nun das Bargeld durch das Kostgeld aufgezehrt sein soll, so muß

$$x \cdot 1 - (80 - x) \cdot \frac{60}{100} = 0 \text{ sein. Folglich:}$$

$$x = \frac{(80 - x) \cdot 60}{100}.$$

$$100x = 4800 - 60x.$$
$$x = 30 \text{ Tage.}$$

Aufgaben:

1. $x + 9 = 14;$ $x - 5 = 6;$ $4x = 32;$ $0{,}6x = 7{,}2.$
2. $3x + 4 = 13;$ $793 - 19x = 14;$ $9x + 13 = 7x + 91.$
3. $39x - 42 = 24x + 168;$ $5{,}5x - 29 = 4{,}7x + 3.$
4. $5ax - 27a = 2ax + 3a;$ $4\frac{1}{4}x - 2\frac{1}{15} = 3\frac{1}{8}x + \frac{1}{3}.$
5. $nx = m;$ $nx = a + b;$ $p + q = ax.$
6. $a = nx + c;$ $ax + b = c;$ $ax + bx = n;$ $px - qx = b.$
7. $ax - m = bx - x;$ $m - nx = px - q.$
8. $25 + 6x + 13 - 8x = 43 - 4x + 7.$
9. $13 + 34x - 5 + 23 - 14x - 97 = 20x + 29 - 10x.$
10. $5{,}7x + 2 - 1{,}4x = 7{,}1x - 2{,}8x + 2{,}1 - 0{,}5x.$
11. $7ax - 11ab + 13ac = 9ac - 7ab + 3ax.$
12. $23 - (11x - 3) - (7x + 8) = 45 - (24x - 9).$
13. $4 - [3 - (2x + 7)] = -7x + 8 - (4 - 11x).$
14. $3x - (5 - 2x) - (15 + 8x) = 3 - (6x + 2) + [1 - (2x + 2)].$
15. $7{,}2 - [2{,}5x - (5{,}6 + 1{,}7x)] = 3{,}1x - [3{,}2 - (0{,}8 - 0{,}1x)].$
16. $8(x + 3) = 48;$ $7(8x - 5) = 77;$ $0{,}4(28 - x) = 8.$
17. $0{,}6(24 - x) = 32{,}4;$ $7(x + n) = 21;$ $n(x + m) = 2mn.$
18. $3(x + 1) = 5(x - 1);$ $15(23 - 8x) = 7(11x - 7).$
19. $2(3 - x) + 4(x - 5) = 6(x - 3);$ $7x - 3(2x + 3) = 2(x - 18).$
20. $5{,}05x - 505(505 - 5{,}05x) = 50{,}5x - 50{,}5(50{,}5x - 5{,}05).$
21. $5x - 3(2x + 3) + 8(5 - 2x) = 7x + 6(x - 4).$
22. $3(2x - 3)(4x - 7) + 11(x + 2) = 6x(2 + 4x) - (2 - 8x).$
23. $2(x + 7)(3x - 4) + [9(2x + 1) - 1] = 6x(x + 6).$
24. $4[8x - 5(7 - 4x) + 9(6 - 3x) + 12x] = 7[16x - 2(7x - 10) + 4x - 2].$
25. $12ax + 3b(a - x) = 5a(2x + b).$
26. $2a(4x - 5a) - 2b(3x - 5a) = 3a(x + 8b) - 3b(x + 4b).$
27. $\frac{1}{9}\left\{\frac{1}{7}\left[\frac{1}{5}\left(\frac{1}{3}(x + 2) + 4\right) + 6\right] + 8\right\} - 1 = 0.$
28. $\frac{1}{3}\left(\frac{1}{3}\left\{\frac{1}{3}\left[\frac{1}{3}\left(\frac{x}{3} + 2\right) + 2\right] + 2\right\} + 2\right) = 1.$
29. $ax + b(x - c) = ac;$ $nx - p(x + a) = an.$
30. $(a + b)x + (a - b)x = ax + b + c.$
31. $(a + b)x - (a - b)x = bx + a + c.$
32. $(5x + 7) . (x - 2) = (3x - 13) . (x + 17).$
33. $(a - x) . (x - b) = (ab - x) . (x - 1).$
34. $(8x + 15) . (3x - 16) + (5x + 3)^2 = (7x - 8)^2.$
35. $(8 - 3x)^2 + (4 - 4x)^2 = (9 - 5x)^2.$
36. $(a - x)(b - x) - x^2 = 0;$ $(a - x)(1 - x) - x^2 + 1 = 0.$
37. $(a + x)(b + x) - (a - x)(b - x) = 0.$
38. $(a - x)(b - x) = (x + c)(x + d).$
39. $\frac{x}{7} = 5;$ $\frac{5x}{3} = 40;$ $\frac{x}{5} + 3 = 5;$ $\frac{x}{4} + \frac{5}{8} = \frac{7}{8}.$
40. $\frac{10x}{3} - \frac{5x}{2} = \frac{25}{6};$ $\frac{x}{4} - \frac{x}{5} = 3;$ $\frac{4x}{5} + 9 = \frac{5x}{4}.$

41. $5x - 120 = \frac{3x}{5}$; $\frac{x}{4} + 3 = \frac{2x}{9} + 4$; $2x + \frac{3x}{4} = 3 + \frac{5x}{2}$.

42. $x - \frac{19}{2} + \frac{x}{2} = \frac{x}{3} - \frac{11}{3}$; $\frac{x}{3} + 2 - \frac{x}{4} = \frac{x}{8} + 5 - \frac{x}{6}$.

43. $x + \frac{ax}{b} = \frac{a^2 - b^2}{b}$; $\frac{x+a}{b} + \frac{x-b}{a} = \frac{2x(a+b)}{ab}$.

44. $\frac{x-7}{16} = 2$; $\frac{2x+3}{18} = 0{,}5$; $\frac{2x-41}{9} + \frac{x-4}{5} = 9$.

45. $\frac{6x+3}{11} = 10 - \frac{3x-1}{2}$; $\frac{17-3x}{5} - 6 = \frac{17+x}{11}$.

46. $x + \frac{11-x}{3} = \frac{19-x}{2}$; $\frac{x+3}{2} - \frac{x+7}{3} + 4 = \frac{x+11}{4}$.

47. $3x + \frac{2x+6}{5} = 5 + \frac{11x-37}{2}$; $\frac{6x-4}{3} - 2 = \frac{18-4x}{3} + 3$.

48. $\frac{5x+2}{6} + \frac{7x+1}{5} = \frac{2x-1}{3} + \frac{5x-2}{2}$; $\frac{x+\frac{1}{2}}{2} + \frac{x+\frac{3}{4}}{5} = \frac{4x+1}{4}$.

49. $\frac{75}{x} = 3$; $\frac{45}{4x} = 15$; $\frac{45}{x} + 7 = 12$; $\frac{3b}{x} = 6a$.

50. $a - \frac{c}{x} = b$; $a + \frac{b}{x} = c$; $\frac{6}{x} + 7 = 64 - \frac{32}{x}$.

51. $\frac{10}{x} = \frac{9}{x} + \frac{1}{2}$; $4 - \frac{2}{3x} - \frac{5}{6x} = 7 - \frac{8}{x} - \frac{11}{2x}$.

52. $\frac{14(x+2)}{x} - 2x + 1 = 7 + 4(3 - \frac{1}{2}x)$; $\frac{64}{8-x} = 16$.

53. $\frac{289}{5x-3} - 9 = 8$; $\frac{a^2+ab}{ax-b} - b = a$.

54. $\frac{7x+16}{21} - \frac{x+8}{4x-11} = \frac{x}{3}$; $\frac{6x+7}{9} + \frac{7x-13}{6x+3} = \frac{2x+4}{3}$.

55. $\frac{1+x}{1-x} = 9$; $\frac{x+12}{x+4} = \frac{x+3}{x-1}$; $\frac{x+9}{x-3} = \frac{x+5}{x-5}$.

56. $\frac{a+1}{b-1} = \frac{a+x}{b-x}$; $\frac{3x+2}{4a-5b} = \frac{2x-5}{8a-3b}$.

57. $\frac{24x+42}{x+1} + \frac{25x-32}{x-1} = \frac{(7x-2)^2}{x^2-1}$.

58. $\frac{21x}{2x+3} - \frac{18x}{2x-3} = \frac{6x^2-108}{4x^2-9}$.

59. $\frac{1}{x-1} + \frac{1}{x-5} = \frac{2}{x-4}$; $\frac{2}{x-4} - \frac{1}{x-3} = \frac{2}{x-3} - \frac{1}{x+5}$.

60. $\frac{10a^2 + 21ab - 10b^2}{x} - 2a = 5b$; $\frac{ax}{b} + b = x + \frac{a^2}{b}$.

61. $\frac{x}{a-b} + \frac{1}{ab} = a - b + abx$; $\frac{a}{bx} + b^2 = a^2 + \frac{b}{ax}$.

62. $\frac{bx-a}{ab} + \frac{a-1}{b} = x - \frac{a}{b}$; $\frac{x-a}{bc} + \frac{x+b}{ac} - \frac{x+c}{ab} = \frac{2(b-c)}{ab}$.

63. $\frac{2x^2-3x+5}{7x^2-4x-2}=\frac{2}{7}$; $\frac{ax^2-bx+c}{mx^2-nx+p}=\frac{a}{m}$; $\frac{ax^2-bx+c}{mx^2-nx+p}=\frac{c}{p}$.

64. $\frac{13x^5+10x^4}{16}+x^5=55x^4+\frac{30x^4-x^5}{10}$.

65. $\frac{1}{a+b}+\frac{a+b}{x}=\frac{1}{a-b}+\frac{a-b}{x}$.

Eingekleidete Gleichungen:

1. Subtrahiert man 59 von dem 6fachen einer Zahl, so erhält man 91; wie heißt die Zahl?
   Lösung: 25.
2. Von welcher Zahl ist das 9fache um 66 größer als 123?
   Lösung: 21.
3. Addiert man den dritten Teil und die Hälfte einer gewissen Zahl, so erhält man 155; wie heißt die Zahl?
   Lösung: 186.
4. Subtrahiert man den fünften Teil einer Zahl von 23, dividiert den Rest durch 4 und addiert 11 zu dem Quotienten, so erhält man $^3/_7$ von der angenommenen Zahl; wie heißt diese?
   Lösung: 35.
5. Von Berlin ging vor 4 Tagen ein Fußgänger ab, welcher täglich 3 Meilen zurücklegt. Ein zweiter folgt ihm auf demselben Wege mit einer Marschleistung von 5 Meilen pro Tag. In wieviel Tagen wird der zweite Fußgänger den ersten einholen?
   Lösung: In 6 Tagen.
6. Zwei Wagen fahren auf derselben Strecke einander entgegen. Der eine legt stündlich 4,75 km, der andere 5,25 km zurück. Nach wieviel Stunden fahren sie aneinander vorbei, wenn sie gleichzeitig abfuhren und ursprünglich 20 km voneinander entfernt waren?
   Lösung: In 2 Stunden.
7. Von den Endpunkten einer geraden Strecke bewegen sich zwei Körper aufeinander zu. Der erste beginnt seine Bewegung 8 Minuten früher als der zweite, legt in jeder Minute 5 m weniger zurück als jener, und trifft nach 28 Minuten auf der Mitte der Strecke mit ihm zusammen. Wieviel Meter legt der erste Körper in jeder Minute zurück?
   Lösung: 12,5 m.
8. Zwei Radfahrer fangen gleichzeitig an sich auf dem Umfange eines Kreises von demselben Punkte aus, in derselben Richtung zu bewegen. Der eine durchfährt den Umfang in 3 Minuten, der andere in 2 Minuten. Wieviel Minuten nach dem Anfange der Bewegung treffen sie wieder zusammen?
   Lösung: Nach 6 Minuten.
9. Ein Graben von 700 m Länge soll durch 2 Arbeiter gereinigt werden. Der eine macht täglich 25 m, der andere 45 m fertig. In wieviel Tagen wird die Arbeit beendet sein?
   Lösung: In 10 Tagen.

10. Zum Ankauf einer Maschine müssen 4 Personen zusammen 7800 ℳ aufbringen; es zahlen ihren Vermögensverhältnissen entsprechend: B. = 1080 ℳ mehr als A.; C. hingegen 240 ℳ weniger als B. und D. = 1560 ℳ mehr als C. Wieviel Mark zahlte jeder?

    Lösung: A. = 870 ℳ; B. = 1950 ℳ; C. = 1710 ℳ und D. = 3270 ℳ.

11. Zur Fertigstellung einer gewissen Arbeit sind 2 Meister, 24 Gehilfen und 20 Lehrlinge erforderlich. Ein Lehrling erhält den 84. Teil des ganzen Lohnes, ein Gehilfe 1,05 ℳ mehr als ein Lehrling und ein Meister 0,6 ℳ mehr als ein Gehilfe. Wieviel Mark beträgt das ganze Lohn?

    Lösung: 63 ℳ.

12. An einer gemeinsamen Arbeit beteiligen sich Männer und Frauen, zusammen 80 Personen. Ein Mann erhält für die Schicht 2 ℳ, eine Frau nur 1,20 ℳ Lohn. Für alle zusammen beträgt das Schichtlohn 124 ℳ. Wieviel Männer und wieviel Frauen waren an der Arbeit beteiligt?

    Lösung: 35 Männer und 45 Frauen.

13. Um einen Wasserbehälter zu füllen, braucht von 3 Zuflußöffnungen die zweite 2 Stunden weniger und die dritte 6 Stunden mehr als die erste. Die erste Öffnung liefert in gleicher Zeit halb so viel Wasser als die beiden anderen zusammen. In welcher Zeit wird der Behälter durch die erste Öffnung allein gefüllt?

    Lösung: In 6 Stunden.

14. Ein Beamter bezieht ein Jahresgehalt von 2530 ℳ. Wie groß wird sein jährliches Einkommen, wenn er eine monatliche Zulage von 15 ℳ erhält?

    Lösung: 2710 ℳ.

15. Ein Meister spart jeden Monat 75 ℳ. Wie groß ist seine Einnahme in jedem Vierteljahr, wenn er im gleichen Zeitraume 750 ℳ ausgibt?

    Lösung: 975 ℳ.

16. Von seinem jährlichen Einkommen verwendet jemand den 4. Teil auf Lebensunterhalt, den 5. Teil auf Wohnungsmiete, den 6. Teil auf Kleidung, den 8. Teil auf nützliche Bücher, den 10. Teil auf Nebenausgaben und erübrigt dabei im Jahre 228 ℳ. Wie hoch ist sein Jahres-Einkommen?

    Lösung: 1440 ℳ.

17. Drei Monteure kommen in ein bereits besetztes Gasthaus. Um noch aufgenommen zu werden, bietet A. das Doppelte, B. das Dreifache und C. das Vierfache des sonst üblichen Preises. Der Wirt willigt ein und erhält auf diese Art 18 ℳ. a) Wie hoch ist der sonst übliche Preis; b) wieviel bezahlte jeder Monteur?

    Lösung: a) 2 ℳ. b) A. zahlt 4 ℳ; B. zahlt 6 ℳ und C. zahlt 8 ℳ.

Wurzelgleichungen:

1. $2x = 1 + x\sqrt{3}$; $x\sqrt{7} = 12 + x$; $x\sqrt{a} - a = x\sqrt{b} - b$.
2. $\sqrt{x} = 3$; $\sqrt[3]{x} = 2$; $\sqrt[4]{x} = a$; $\sqrt{x} + 5 = 7$; $5 + \sqrt[3]{x} = 8$.
3. $a - \sqrt[3]{x} = b$; $3 + 2\sqrt{x} = 5$; $\sqrt{16 + x} = 5$; $\sqrt[3]{7x - 6} + 6 = 10$.
4. $\sqrt{3x - 7} = \sqrt{4x - 9}$; $\sqrt[3]{5x - 7} = \sqrt[3]{4x + 3}$;
   $3\sqrt{7 - 3x} = 5\sqrt{1 - x}$.
5. $\sqrt{(2x - 1)(2x + 3)} = 2x - 1$; $(3\sqrt{x} - \sqrt{2}) . (3\sqrt{2x} + 2) = 7\sqrt{2}$
6. $\sqrt{32 + x} = 4 + \sqrt{x}$; $\sqrt{93 - x} = 3 + \sqrt{48 - x}$.
7. $\frac{\sqrt{x} + 4}{\sqrt{x} + 2} = \frac{\sqrt{x} + 8}{\sqrt{x} + 5}$; $\frac{2\sqrt{x} + 1}{3\sqrt{x} - 2} = \frac{2\sqrt{x} + 3}{3\sqrt{x} - 5}$; $\frac{5\sqrt{x} + 6}{2\sqrt{x} + 1} = 3$.
8. $x - \sqrt{ax(1 + x) + 1 - x} = 1$; $\sqrt{37 - 7\sqrt{5x + 4}} = 4$.
9. $\sqrt{9x - 2} + \sqrt{4x - 3} = \sqrt{25x - 11}$;
   $\sqrt{4x + 9} - \sqrt{x - 1} = \sqrt{x + 6}$.
10. $2\sqrt{x + 5} + 3\sqrt{x - 7} = \sqrt{25x - 79}$;
    $3\sqrt{x + 3} - 2\sqrt{x - 12} = 5\sqrt{x - 9}$.
11. $\sqrt{x - 6} + \sqrt{x - 1} = \sqrt{x - 9} + \sqrt{x + 6}$;
    $\sqrt{x - 7} + \sqrt{x - 2} - \sqrt{x - 10} = \sqrt{x + 5}$.
12. $\sqrt[3]{2x + 1} + 1 = \sqrt[3]{x - 1}$; $\sqrt[3]{4x - 1} - \sqrt[3]{1 - x} = 1$.

Das Umformen von Gleichungen aus der Praxis des Rechnens.

120. Der Zweck, welcher mit dem Durchrechnen der folgenden Gleichungen verbunden ist, soll den Leser einmal daran gewöhnen, auch in jedem anderen Buchstaben als eben gerade in dem Buchstaben **x** die „Unbekannte" zu erblicken und das andere Mal ihn mit dem Umformen von Gleichungen, wie sie im praktischen Rechnen vorkommen, vertraut machen. Den Grundsatz: „Glied mit der Unbekannten auf die linke Seite", möge der Leser so lange festhalten, bis es ihm möglich ist, die Unbekannte auch von der rechten Seite der Gleichung aus zu entwickeln.

Da in den folgenden Beispielen die Unbekannte fast durchweg auf der rechten Seite der Gleichung erscheinen wird, so kann man dieselbe durch einfaches „Vertauschen der Seiten" auf die linke Seite bringen.

Die folgenden Beispiele sind dem Werke „Praktisches Maschinenrechnen" entnommen und zwar den Bänden:

Mechanik, VII. Auflage, 1919.
Festigkeitslehre, VI. Auflage, 1908.

Beispiele:

1) Gegeben: $s = v \cdot t$. Gesucht: t und v.

$s = v \cdot t$. Seiten vertauscht:

$v \cdot t = s$. Mit Ziffer 108e, S. 132):

$$t = \frac{s}{v}.$$

$$v = \frac{s}{t}.$$

2) Gegeben: $P = F \cdot k_z$. Gesucht: F und k_z.

$P = F \cdot k_z$. Seiten vertauscht:

$F \cdot k_z = P$. Mit Ziffer 108e, S. 132):

$$F = \frac{P}{k_z}.$$

$$k_z = \frac{P}{F}.$$

3) Gegeben: $P \cdot l = 8 \cdot W \cdot k_b$.
Gesucht: P; l; W und k_b.

$P \cdot l = 8 \cdot W \cdot k_b$. Mit Ziffer 108e, S. 132):

$$P = \frac{8 \cdot W \cdot k_b}{l}; \qquad l = \frac{8 \cdot W \cdot k_b}{P}.$$

Seiten in der Aufgabengleichung vertauscht:

$8 \cdot W \cdot k_b = P \cdot l$. Mithin:

$$W = \frac{P \cdot l}{8 \cdot k_b}; \qquad k_b = \frac{P \cdot l}{8 \cdot W}.$$

4) Gegeben: $s = \frac{v \cdot t}{2}$. Gesucht: v und t.

$s = \frac{v \cdot t}{2}$. Nenner fortgeschafft:

$2 \cdot s = v \cdot t$. Seiten vertauscht:

$v \cdot t = 2 \cdot s$. Mit Ziffer 108e, S. 132):

$$v = \frac{2 \cdot s}{t}; \qquad t = \frac{2 \cdot s}{v}.$$

5) **Gegeben:** $v = \frac{P \cdot l}{F \cdot E}$. **Gesucht:** P; l; F und E.

$$v = \frac{P \cdot l}{F \cdot E}. \quad \text{Nenner fortgeschafft:}$$

$$F \cdot E \cdot v = P \cdot l. \quad \text{Mithin: . . . . I)}$$

$$\mathbf{F} = \frac{\mathbf{P \cdot l}}{\mathbf{E \cdot v}}; \qquad \mathbf{E} = \frac{\mathbf{P \cdot l}}{\mathbf{F \cdot v}}.$$

Seiten in Gleichung I) vertauscht:

$$P \cdot l = F \cdot E \cdot v. \quad \text{Folglich:}$$

$$\mathbf{P} = \frac{\mathbf{F \cdot E \cdot v}}{\mathbf{l}}; \qquad \mathbf{l} = \frac{\mathbf{F \cdot E \cdot v}}{\mathbf{P}}.$$

6) **Gegeben:** $v = \frac{\pi \cdot d \cdot n}{60}$. **Gesucht:** d und n.

$$v = \frac{\pi \cdot d \cdot n}{60}. \quad \text{Nenner fortgeschafft:}$$

$$60 \cdot v = \pi \cdot d \cdot n. \quad \text{Seiten vertauscht:}$$

$$\pi \cdot d \cdot n = 60 \cdot v. \quad \text{Folglich:}$$

$$\mathbf{d} = \frac{\mathbf{60 \cdot v}}{\pi \cdot \mathbf{n}}; \qquad \mathbf{n} = \frac{\mathbf{60 \cdot v}}{\pi \cdot \mathbf{d}}.$$

7) **Gegeben:** $P \cdot s = Q \cdot \frac{R \cdot \pi \cdot n}{30}$.

Gesucht: P; s; Q; R; n.

$$P \cdot s = Q \cdot \frac{R \cdot \pi \cdot n}{30}. \quad \text{Nenner fortgeschafft:}$$

$$30 \cdot P \cdot s = Q \cdot R \cdot \pi \cdot n. \quad \text{Mithin: . . . . I)}$$

$$\mathbf{P} = \frac{\mathbf{Q \cdot R} \cdot \pi \cdot \mathbf{n}}{\mathbf{30 \cdot s}}; \quad \mathbf{s} = \frac{\mathbf{Q \cdot R} \cdot \pi \cdot \mathbf{n}}{\mathbf{30 \cdot P}}.$$

Seiten in Gleichung I) vertauscht:

$$Q \cdot R \cdot \pi \cdot n = 30 \cdot P \cdot s. \quad \text{Folglich:}$$

$$\mathbf{Q} = \frac{\mathbf{30 \cdot P \cdot s}}{\mathbf{R} \cdot \pi \cdot \mathbf{n}}; \quad \mathbf{R} = \frac{\mathbf{30 \cdot P \cdot s}}{\mathbf{Q} \cdot \pi \cdot \mathbf{n}}; \quad \mathbf{n} = \frac{\mathbf{30 \cdot P \cdot s}}{\mathbf{Q \cdot R} \cdot \pi}.$$

8) **Gegeben:** $P = \frac{r_1 \cdot r_2}{R_1 \cdot R_2} \cdot Q$.

Gesucht: Q; R_1; R_2; r_1; r_2.

$$Q = \frac{P \cdot R_1 \cdot R_2}{r_1 \cdot r_2}; \quad R_1 = \frac{Q \cdot r_1 \cdot r_2}{P \cdot R_2}; \quad R_2 = \frac{Q \cdot r_1 \cdot r_2}{P \cdot R_1}.$$

$$r_1 = \frac{P \cdot R_1 \cdot R_2}{Q \cdot r_2}; \quad r_2 = \frac{P \cdot R_1 \cdot R_2}{Q \cdot r_1}.$$

9) Gegeben: $P = \frac{Q}{2} \cdot \frac{r_1 - r_2}{R}$.

Gesucht: P; R; Q; r_1; r_2.

$P = \frac{Q}{2} \cdot \frac{r_1 - r_2}{R}$.*) Nenner fortgeschafft:

$2 \cdot P \cdot R = Q \cdot (r_1 - r_2)$. Mithin: . . . . I)

$$P = \frac{Q \cdot (r_1 - r_2)}{2 \cdot R}; \quad R = \frac{Q \cdot (r_1 - r_2)}{2 \cdot P}; \quad Q = \frac{2 \cdot P \cdot R}{r_1 - r_2}.$$

Aus Gleichung I) folgt mit Ziffer 40, S. 33) unter gleichzeitiger Vertauschung der Seiten:

$r_1 - r_2 = \frac{2 \cdot P \cdot R}{Q}$. Mithin:

$r_1 = \frac{2 \cdot P \cdot R}{Q} + r_2$. Ferner:

$-r_2 = \frac{2 \cdot P \cdot R}{Q} - r_1$. Mit Ziffer 108i, S. 133):

$r_2 = -\frac{2 \cdot P \cdot R}{Q} + r_1$, oder:

$$r_2 = r_1 - \frac{2 \cdot P \cdot R}{Q}.$$

10) Gegeben: $v = c + p \cdot t$. Gesucht: c; p; t.

$v = c + p \cdot t$. Seiten vertauscht:

$c + p \cdot t = v$. Folglich: . . . . I)

$$c = v - p \cdot t.$$

Aus Gleichung I) folgt mit Ziffer 108g, S. 132):

$p \cdot t = v - c$. Mithin:

$$p = \frac{v - c}{t}; \quad t = \frac{v - c}{p}.$$

11) Gegeben: $P \cdot l = Q_1 \cdot l_1 + Q_2 \cdot l_2$.

Gesucht: P; Q_1 und l_2.

*) Vgl. S. 33, Ziffer 40.

$$P \cdot l = Q_1 \cdot l_1 + Q_2 \cdot l_2. \quad \text{Mithin:}$$

$$\mathbf{P = \frac{Q_1 \cdot l_1 + Q_2 \cdot l_2}{l}.}$$

Seiten in der Aufgabengleichung vertauscht:

$$Q_1 \cdot l_1 + Q_2 \cdot l_2 = P \cdot l. \quad \text{Mit Ziffer 108g, S. 132):}$$

$$Q_1\, l_1 = P \cdot l - Q_2 \cdot l_2. \quad \text{Folglich:}$$

$$\mathbf{Q_1 = \frac{P \cdot l - Q_2 \cdot l_2}{l_1}.} \quad \text{Entsprechend:}$$

$$Q_2 \cdot l_2 = P \cdot l - Q_1 \cdot l_1. \quad \text{Mithin:}$$

$$\mathbf{l_2 = \frac{P \cdot l - Q_1 \cdot l_1}{Q_2}.}$$

12) Gegeben: $F = \frac{P + G}{k_z}$. Gesucht: k_z; P; G.

$$F = \frac{P + G}{k_z}. \quad \text{Nenner fortgeschafft:}$$

$$F \cdot k_z = P + G. \quad \text{Mithin:}$$

$$\mathbf{k_z = \frac{P + G}{F}; \qquad P = F \cdot k_z - G; \qquad G = F \cdot k_z - P.}$$

13) Gegeben: $F = \frac{(a + b) \cdot h}{2}$. Gesucht: h; a; b.

$$F = \frac{(a + b) \cdot h}{2}. \quad \text{Nenner fortgeschafft:}$$

$$2 \cdot F = (a + b) \cdot h. \quad \text{Seiten vertauscht:}$$

$$(a + b) \cdot h = 2 \cdot F. \quad \text{Folglich: } \ldots\ldots\ldots\ldots \text{ I)}$$

$$\mathbf{h = \frac{2 \, . \, F}{a + b}.} \quad \text{Aus Gleichung I) mit Ziffer 108e, S. 132):}$$

$$a + b = \frac{2 \cdot F}{h}. \quad \text{Mithin:}$$

$$\mathbf{a = \frac{2 \, . \, F}{h} - b; \quad b = \frac{2 \, . \, F}{h} - a.}$$

14) Gegeben: $F = \frac{r \cdot \pi}{2} \cdot (4 \cdot h + s)$. Gesucht: r; h; s.

$$F = \frac{r \cdot \pi}{2} \cdot (4 \cdot h + s). \quad \text{Nenner fortgeschafft:}$$

$$2 \cdot F = r \cdot \pi \cdot (4 \cdot h + s). \quad \text{Mithin: } \ldots\ldots\ldots \text{ I)}$$

$$\mathbf{r = \frac{2 \, . \, F}{\pi \cdot (4 \cdot h + s)}.}$$

Vertauscht man in Gleichung I) die Seiten und multipliziert man gleichzeitig die Klammer aus, so folgt:

$$4 \cdot h \cdot r \cdot \pi + s \cdot r \cdot \pi = 2 \cdot F. \quad \text{Folglich:}$$

$$4 \cdot h \cdot r \cdot \pi = 2 \cdot F - s \cdot r \cdot \pi. \quad \text{Mithin:}$$

$$\mathbf{h = \frac{2 . F - s . r . \pi}{4 . r . \pi}}. \quad \text{Entsprechend:}$$

$$s \cdot r \cdot \pi = 2 \cdot F - 4 \cdot h \cdot r \cdot \pi. \quad \text{Folglich:}$$

$$\mathbf{s = \frac{2 . F - 4 . h . r . \pi}{r . \pi}}.$$

15) Gegeben: $F = \frac{b \cdot r - s \cdot (r - h)}{2}$. Gesucht: b; r; s; h.

$$F = \frac{b \cdot r - s \cdot (r - h)}{2}. \quad \text{Nenner fortgeschafft:}$$

$$2 \cdot F = b \cdot r - s \cdot (r - h). \quad \text{Mithin:} \; \ldots\ldots \; \text{I)}$$

$$b \cdot r = 2 \cdot F + s \cdot (r - h). \quad \text{Folglich:}$$

$$\mathbf{b = \frac{2 . F + s . (r - h)}{r}}.$$

In Gleichung I) die Klammer ausmultipliziert:

$$2 \cdot F = b \cdot r - s \cdot r + s \cdot h. \quad \text{Seiten vertauscht:}$$

$$b \cdot r - s \cdot r + s \cdot h = 2 \cdot F. \quad \text{Mit Ziffer 43 A, b; S. 36):} \; \ldots. \; \text{II)}$$

$$r \cdot (b - s) + s \cdot h = 2 \cdot F. \quad \text{Mithin:}$$

$$r \cdot (b - s) = 2 \cdot F - s \cdot h. \quad \text{Folglich:}$$

$$\mathbf{r = \frac{2 . F - s . h}{b - s}}.$$

Aus Gleichung II) folgt mit Ziffer 43 B, S. 39):

$$b \cdot r - s \cdot (r - h) = 2 \cdot F.^{*)} \quad \text{Mithin:}$$

$$- s \cdot (r - h) = 2 \cdot F - b \cdot r, \quad \text{oder mit Ziffer 108 i, S. 133):}$$

$$s \cdot (r - h) = b \cdot r - 2 \cdot F. \quad \text{Folglich:}$$

$$\mathbf{s = \frac{b . r - 2 . F}{r - h}}.$$

Aus Gleichung II) ergibt sich weiter:

$$s \cdot h = 2 \cdot F - b \cdot r + s \cdot r, \quad \text{d. i.:}$$

$$s \cdot h = 2 \cdot F - r \cdot (b - s). \quad \text{Mithin:}$$

$$\mathbf{h = \frac{2 . F - r . (b - s)}{s}}.$$

*) Vgl. Gleichung I.

16) **Gegeben:** $V = \frac{h}{6} \cdot (G + g + 4 \cdot U)$. **Gesucht:** h; U.

$$V = \frac{h}{6} \cdot (G + g + 4 \cdot U).$$ Nenner fortgeschafft:

$$6 \cdot V = h \cdot (G + g + 4 \cdot U).$$ Mithin: . . . . . I)

$$h = \frac{6 \cdot V}{G + g + 4 \cdot U}.$$

Löst man in Gleichung I) die Klammer auf, so folgt:

$$6 \cdot V = G \cdot h + g \cdot h + 4 \cdot U \cdot h.$$ Glied mit U auf die linke Seite unter Berücksichtigung von Ziffer 108 i, S. 133):

$$4 \cdot U \cdot h = 6 \cdot V - G \cdot h - g \cdot h.$$ Folglich:

$$U = \frac{6 \cdot V - G \cdot h - g \cdot h}{4 \cdot h}.$$ *)

17) **Gegeben:** $W = \frac{b \cdot h^2}{6}$. **Gesucht:** b und h.

$$W = \frac{b \cdot h^2}{6}.$$ Nenner fortgeschafft:

$$6 \cdot W = b \cdot h^2.$$ Seiten vertauscht:

$$b \cdot h^2 = 6 \cdot W.$$ Mithin: . . . . I)

$$b = \frac{6 \cdot W}{h^2}.$$ Aus Gleichung I) folgt weiter:

$$h^2 = \frac{6 \cdot W}{b}.$$ Auf beiden Seiten die Quadratwurzel gezogen:

$$\sqrt{h^2} = \sqrt{\frac{6 \cdot W}{b}}.$$ Mit Ziffer 77, S. 80):

$$h = \sqrt{\frac{6 \cdot W}{b}}.$$

18) **Gegeben:** $s = \frac{v^2 - c^2}{2 \cdot p}$. **Gesucht:** v und c.

$$s = \frac{v^2 - c^2}{2 \cdot p}.$$ Nenner fortgeschafft und Seiten vertauscht:

$$v^2 - c^2 = 2 \cdot p \cdot s.$$ Mithin: . . . . I)

$$v^2 = 2 \cdot p \cdot s + c^2.$$ Mit Ziffer 108 d, S. 131):

$$\sqrt{v^2} = \sqrt{2 \cdot p \cdot s + c^2}.$$ Mit Ziffer 77, S. 80):

$$v = \sqrt{2 \cdot p \cdot s + c^2}.$$ Aus Gleichung I) folgt weiter:

---

*) Die noch fehlenden Werte entwickele der Leser selbst!

$$-c^2 = 2 \cdot p \cdot s - v^2,$$ oder mit Ziffer 108i, S. 133):

$$c^2 = v^2 - 2 \cdot p \cdot s.$$ Folglich:

$$c = \sqrt{v^2 - 2 \cdot p \cdot s}.$$

19) Gegeben: $s = c \cdot t + \frac{p \cdot t^2}{2}$. Gesucht: c; p; t.*)

$$s = c \cdot t + \frac{p \cdot t^2}{2}.$$ Glied mit c auf die linke Seite:

$$c \cdot t = s - \frac{p \cdot t^2}{2}.$$ Rechte Seite eingerichtet nach Ziffer 47, S. 45):

$$c \cdot t = \frac{2 \cdot s - p \cdot t^2}{2}.$$ Mithin:

$$c = \frac{2 \cdot s - p \cdot t^2}{2 \cdot t}.$$

Aus der Aufgabengleichung folgt weiter:

$$\frac{p \cdot t^2}{2} = s - c \cdot t.$$ Nenner fortgeschafft.

$$p \cdot t^2 = 2 \cdot (s - c \cdot t).$$ Folglich:

$$p = \frac{2 \cdot (s - c \cdot t)}{t^2}.$$

In der Aufgabengleichung die Seiten vertauscht:

$$c \cdot t + \frac{p \cdot t^2}{2} = s.$$ Nenner fortgeschafft und geordnet:**)

$$p \cdot t^2 + 2 \cdot c \cdot t = 2 \cdot s.$$ Faktor p fortgeschafft nach Ziffer 108c, S. 131):

$$t^2 + \frac{2 \cdot c \cdot t}{p} = \frac{2 \cdot s}{p}.$$ Mithin nach Ziffer 123, S. 177):

$$t = -\frac{c}{p} \pm \sqrt{\left(\frac{c}{p}\right)^2 + \frac{2 \cdot s}{p}}.$$ Mit Ziff. 73, S. 74):

$$t = -\frac{c}{p} \pm \sqrt{\frac{c^2}{p^2} + \frac{2 \cdot s}{p}}.$$ Brüche unter der Wurzel gleichnamig gemacht:

$$t = -\frac{c}{p} \pm \sqrt{\frac{c^2}{p^2} + \frac{4 \cdot s^2}{p^2}}.$$ Brüche unter der Wurzel addiert:

---

*) Dieses und die folgenden Beispiele führen bei der Entwicklung der Unbekannten auf „quadratische Gleichungen". Der Leser lasse diesen Teil der Lösung so lange unberücksichtigt, bis er sich mit den in Ziffer 121 bis 125) gegebenen Regeln über das Rechnen mit Gleichungen zweiten Grades vertraut gemacht hat.

**) Vgl. S. 63, Ziffer 66.

$$t = -\frac{c}{p} \pm \sqrt{\frac{c^2 + 4 \cdot s^2}{p^2}}.$$ Divisor p vor die Wurzel genommen:

$$t = -\frac{c}{p} \pm \frac{1}{p} \cdot \sqrt{c^2 + 4 \cdot s^2}.$$

20) Gegeben: $\frac{\pi \cdot d^2}{4} \cdot k_z = P + G.$ Gesucht: d.

Bringt man d^2 allein auf die linke Seite, so folgt:

$$d^2 = \frac{4 \cdot (P + G)}{\pi \cdot k_z}.$$ Mit Ziffer 108d, S. 131):

$$d = \sqrt{\frac{4 \cdot (P + G)}{\pi \cdot k_z}}.$$ Aus 4 die Wurzel gezogen:

$$d = 2 \cdot \sqrt{\frac{P + G}{\pi \cdot k_z}}.$$

21) Gegeben: $P = \frac{10}{n} \cdot \frac{E \cdot J}{l^2}.$ Gesucht: E; J; n; l.

$$P = \frac{10}{n} \cdot \frac{E \cdot J}{l^2}.$$ Nenner fortgeschafft:

$$P \cdot n \cdot l^2 = 10 \cdot E \cdot J.$$ Mithin: . . . . I)

$$E = \frac{P \cdot n \cdot l^2}{10 \cdot J}; \qquad J = \frac{P \cdot n \cdot l^2}{10 \cdot E}; \qquad n = \frac{10 \cdot E \cdot J}{P \cdot l^2}.$$

Aus Gleichung I) ergibt sich weiter:

$$l^2 = \frac{10 \cdot E \cdot J}{P \cdot n}.$$ Quadratwurzel gezogen:

$$l = \sqrt{\frac{10 \cdot E \cdot J}{P \cdot n}}.$$

22) Gegeben: $V = \frac{1}{3} \cdot \pi \cdot h \cdot (R^2 + r^2 + R \cdot r).$

Gesucht: R.*)

$$V = \frac{1}{3} \cdot \pi \cdot h \cdot (R^2 + r^2 + R \cdot r).$$ Mithin:

$$\frac{3 \cdot V}{\pi \cdot h} = R^2 + r^2 + R \cdot r.$$ Glieder mit R auf linke Seite:

$$R^2 + R \cdot r = \frac{3 \cdot V}{\pi \cdot h} - r^2.$$ Mit Ziffer 123, S. 177):

$$R = -\frac{r}{2} \pm \sqrt{\left(\frac{r}{2}\right)^2 + \frac{3 \cdot V}{\pi \cdot h} - r^2},$$ oder:

*) Die fehlenden Werte entwickele der Leser selbst!

$$R = -\frac{r}{2} \pm \sqrt{\frac{r^2}{4} - r^2 + \frac{3 \cdot V}{\pi \cdot h}}.$$ Unter der Wurzel eingerichtet:

$$R = -\frac{r}{2} \pm \sqrt{\frac{r^2 - 4r^2}{4} + \frac{3 \cdot V}{\pi \cdot h}},$$ d. i.:

$$R = -\frac{r}{2} \pm \sqrt{\frac{3 \cdot V}{\pi \cdot h} - \frac{3 \cdot r^2}{4}}.$$ Unter der Wurzel gleichnamig gemacht:

$$R = -\frac{r}{2} \pm \sqrt{\frac{12 \cdot V - 3 \cdot r^2 \cdot \pi \cdot h}{4 \cdot \pi \cdot h}}.$$ Aus Nenner 4 die Wurzel gezogen:

$$\mathbf{R = -\frac{r}{2} \pm \frac{1}{2} \cdot \sqrt{\frac{12 \cdot V - 3 \cdot r^2 \cdot \pi \cdot h}{\pi \cdot h}}.}$$

23) Gegeben: $P \cdot R = \frac{\pi \cdot d^3}{16} \cdot k_d$. Gesucht: d.

Nenner fortgeschafft und Seiten vertauscht:

$$\pi \cdot d^3 \cdot k_d = 16 \cdot P \cdot R.$$ Mithin:

$$d^3 = \frac{16 \cdot P \cdot R}{\pi \cdot k_d}.$$ Auf beiden Seiten die 3te Wurzel gezogen.

$$\mathbf{d = \sqrt[3]{\frac{16 \cdot P \cdot R}{\pi \cdot k_d}}.}$$

24) Gegeben: $\frac{\pi \cdot d^4}{64} = \frac{n \cdot P \cdot l^2}{10 \cdot E}$. Gesucht: d.

Faktor d^4 allein auf die linke Seite:

$$d^4 = \frac{64 \cdot P \cdot n \cdot l^2}{10 \cdot \pi \cdot E}.$$ Auf beiden Seiten die 4te Wurzel gezogen:

$$\mathbf{d = \sqrt[4]{\frac{64 \cdot P \cdot n \cdot l^2}{10 \cdot \pi \cdot E}}.}$$

25) **Gegeben:** $R = \sqrt{P^2 + Q^2}$. **Gesucht:** P und Q.

Beide Seiten der Aufgabengleichung in die 2. Potenz erhoben:

$$R^2 = (\sqrt{P^2 + Q^2})^2.$$ Mit Ziffer 77, S. 80):

$$R^2 = P^2 + Q^2.$$ Mithin: . . . . I)

$$P^2 = R^2 - Q^2.$$ Folglich, mit Ziff. 108 d, S. 131):

$$\mathbf{P = \sqrt{R^2 - Q^2}.}$$

Aus Gleichung I) folgt weiter:

$$Q^2 = R^2 - P^2.$$ Mithin:

$$\mathbf{Q = \sqrt{R^2 - P^2}.}$$

26) Gegeben: $R = \sqrt{(G+Q)^2 + P^2}$. Gesucht: P; G; Q.

$R = \sqrt{(G+Q)^2 + P^2}$. Beide Seiten in die 2. Potenz erhoben:

$R^2 = (G+Q)^2 + P^2$. Mithin: . . . . . . I)

$P^2 = R^2 - (G+Q)^2$. Folglich:

$$\mathbf{P = \sqrt{R^2 - (G+Q)^2}}.$$

Aus Gleichung I) folgt weiter:

$(G+Q)^2 = R^2 - P^2$, d. i. mit Ziffer 35; 1, S. 29):

$G^2 + 2 \cdot G \cdot Q + Q^2 = R^2 - P^2$, oder: . . . . II)

$G^2 + 2 \cdot G \cdot Q = R^2 - P^2 - Q^2$. Mit Ziffer 123, S. 177):

$G = -Q \pm \sqrt{Q^2 + R^2 - P^2 - Q^2}$, d. i.

$$\mathbf{G = -Q \pm \sqrt{R^2 - P^2}}.$$

In sinngemäßer Entwicklung folgt aus Gleichung II) für Q:

$$\mathbf{Q = -G \pm \sqrt{R^2 - P^2}}.$$

27) Gegeben: $\mathbf{d = 1{,}13 \cdot \sqrt{F + f}}$. Gesucht: F und f.

Beide Seiten der Aufgabengleichung mit 2 potenziert:

$d^2 = (1{,}13 \cdot \sqrt{F+f})^2$, d. i. mit Ziffer 72, S. 73):

$d^2 = 1{,}13^2 \cdot (\sqrt{F+f})^2$. Mithin:

$d^2 = 1{,}13^2 \cdot (F+f)$. Klammer ausmultipliziert:

$d^2 = 1{,}13^2 \cdot F + 1{,}13^2 \cdot f$. Folglich:

$$\mathbf{F = \frac{d^2 - 1{,}13^2 \cdot f}{1{,}13^2}; \quad f = \frac{d^2 - 1{,}13^2 \cdot F}{1{,}13^2}}.$$

28) Gegeben: $d = \sqrt[3]{3000 \cdot \frac{N}{n}}$. Gesucht: N und n.

Beide Seiten der Aufgabengleichung mit 3 potenziert:

$d^3 = 3000 \cdot \frac{N}{n}$. Mithin:

$$\mathbf{N = \frac{d^3 \cdot n}{3000}; \quad n = \frac{3000 \cdot N}{d^3}}.$$

29) Gegeben: $d = 12 \cdot \sqrt[4]{\frac{N}{n}}$. Gesucht: N und n.

Beide Seiten der Aufgabengleichung mit 4 potenziert:

$d^4 = \left(12 \cdot \sqrt[4]{\frac{N}{n}}\right)^4$, d. i.:

$$d^4 = 12^4 \cdot \frac{N}{n}. \quad \text{Folglich:}$$

$$N = \frac{d^4 \cdot n}{12^4}. \qquad n = \frac{12^4 \cdot N}{d^4}.$$

IX. Gleichungen zweiten Grades mit einer Unbekannten.

121. Allgemeines. Gleichungen mit einer Unbekannten, welche die Unbekannte in keiner höheren als in der zweiten Potenz enthalten, bezeichnet man als Gleichungen zweiten Grades oder als quadratische Gleichungen.

Man unterscheidet rein quadratische Gleichungen und gemischt quadratische Gleichungen.

Rein quadratische Gleichungen enthalten die Unbekannte nur in der zweiten Potenz. Z. B.:

$$x^2 = 64; \quad 7x^2 = 448; \quad 4x^2 + 10 = 46; \quad \frac{x^2}{3} = 12;$$

$$2x^2 - 15 = -4x^2 + 9; \quad nx^2 - p = s; \quad \frac{a^2 - x^2}{x^2 - b} = \frac{a}{b}.$$

Gemischt quadratische Gleichungen enthalten die Unbekannte in der zweiten und ersten Potenz. Z. B.:

$$x^2 + x = 56; \quad x^2 - 4x = 21; \quad 15x^2 - 53x = 42;$$

$$x^2 + 2ax = 3a^2; \quad x^2 - (2a - b)x + a^2 = 2b^2.$$

Vielfach begegnet man Gleichungen, welche bei flüchtiger Beurteilung als Gleichungen ersten Grades erscheinen, sich jedoch beim Durchrechnen als Gleichungen zweiten Grades erweisen. So ist die Gleichung

$$\frac{4}{x} + \frac{x}{2} = \frac{12}{x} \text{*)}$$

eine quadratische Gleichung, wie das aus der nachfolgenden Rechnung hervorgeht:

$$\frac{4}{x} + \frac{x}{2} = \frac{12}{x} \cdot \text{Hauptnenner} = 2x:$$

$$8 + x^2 = 24. \quad \text{Mithin:}$$

$$\mathbf{x^2 = 16.}$$

Es ist also bei der Lösung allgemeiner Gleichungen mit Vorsicht zu verfahren.

---

*) Vgl. Beispiel 10, S. 172.

A. Rein quadratische Gleichungen.

Für die Lösung rein quadratischer Gleichungen sind im allgemeinen die Regeln zu beachten, welche vorstehend auf Seite 131 bis 142) für das Umformen von Gleichungen ersten Grades angegeben wurden.

Hierbei ist das Glied mit x^2 auf die linke Seite der Gleichung zu bringen. Enthält dieses Glied einen Faktor, so ist dieser als Divisor auf die rechte Seite zu schaffen; alsdann ist aus beiden Seiten der Gleichung die Quadratwurzel zu ziehen.

122. Grundform und Lösung der rein quadratischen Gleichung. Geht man von der Grundform der rein quadratischen Gleichung

$$ax^2 = b.$$

aus, so gestaltet sich deren Lösung wie folgt:

$$ax^2 = b. \quad \text{Faktor a fortgeschafft:}$$

$$x^2 = \frac{b}{a}. \quad \text{Auf beiden Seiten die Quadratwurzel gezogen:}$$

$$\sqrt{x^2} = \sqrt{\frac{b}{a}}. \quad \text{Mithin:}$$

$$x = \sqrt{\frac{b}{a}}. \quad \text{(Vgl. S. 80, Ziffer 77.)}$$

Nach Seite 112, Ziffer 95a) ist aber jede gerade Wurzel aus einer positiven Zahl sowohl positiv als auch negativ, mithin wird:

$$x = \pm\sqrt{\frac{b}{a}}.$$

Die Unbekannte erhält demnach bei quadratischen Gleichungen 2 Werte, und zwar:

$$x_1 = +\sqrt{\frac{b}{a}} \text{ und } x_2 = -\sqrt{\frac{b}{a}}.$$

1. Beispiel.

$$x^2 = 169. \quad \text{Auf beiden Seiten die Wurzel gezogen:}$$

$$x = \pm\sqrt{169}. \quad \text{Mithin:}$$

$$x_1 = +\sqrt{169} = +13.$$

$$x_2 = -\sqrt{169} = -13.$$

1. Probe: $(+13)^2 = 169.$

$$(+13)\cdot(+13) = 169.$$

$$169 = 169.$$

2. Probe: $(-13)^2 = 169.$
$(-13)\cdot(-13) = 169.$ (Vgl. S. 21, Ziffer 31.)
$169 = 169.$

2. **Beispiel.** $5x^2 = 80.$ Faktor 5 auf die rechte Seite:
$x^2 = \frac{80}{5}.$
$x^2 = 16.$ Auf beiden Seiten die Wurzel gezogen:
$x = \pm\sqrt{16}.$ Folglich:
$x = \pm 4,$ d. h.:
$x_1 = +4; \quad x_2 = -4.$

3. **Beispiel.** $x^2 - 14 = 130.$ Glied x^2 allein auf linke Seite:
$x^2 = 130 + 14.$
$x^2 = 144.$ Wurzel gezogen:
$x = \pm\sqrt{144}.$ Folglich:
$x = \pm 12.$

Probe: $(+12)^2 - 14 = 130.$
$+144 - 14 = 130.$
$130 = 130.$

4. **Beispiel.** $3x^2 - 7 = 101.$ Glied mit x^2 allein auf linke Seite:
$3x^2 = 101 + 7.$
$3x^2 = 108.$ Faktor 3 fortgeschafft:
$x^2 = 36.$ Wurzel gezogen:
$x = \pm 6.$

5. **Beispiel.** $2x^2 - 15 = 9 - 4x^2.$ Glieder mit x^2 auf linke Seite:
$2x^2 + 4x^2 = 9 + 15.$
$6x^2 = 24.$
$x^2 = 4.$
$x = \pm 2.$

Probe: $2\cdot(-2)^2 - 15 = 9 - 4\cdot(-2)^2.$
$2\cdot 4 - 15 = 9 - 4\cdot 4.$
$8 - 15 = 9 - 16.$
$-7 = -7.$

6. **Beispiel.**
$x\cdot(x - 15) = 3\cdot(108 - 5x).$ Klammern aufgelöst:
$x^2 - 15x = 324 - 15x.$ Glieder mit x auf eine Seite:
$x^2 - 15x + 15x = 324.$
$x^2 = 324.$
$x = \pm 18.$

7. Beispiel.

$$(4x - 7) \cdot (4x + 7) = 351.$$ Klammern aufgelöst:

$$16x^2 - 28x + 28x - 49 = 351.$$ Glieder mit x auf eine Seite:

$$16x^2 = 400.$$
$$x^2 = 25.$$
$$x = \underline{+}\, 5.$$

8. Beispiel. $\frac{x^2}{3} + x^2 = 12.$ Jedes Glied mit Nenner 3 multipliziert:

$$3 \cdot \frac{x^2}{3} + 3 \cdot x^2 = 3 \cdot 12.$$
$$x^2 + 3x^2 = 36.$$
$$4x^2 = 36.$$
$$x^2 = 9.$$
$$x = \underline{+}\, 3.$$

9. Beispiel. $x = \frac{64}{x}.$ Nenner fortgeschafft:

$$x^2 = 64.$$
$$x = \underline{+}\, 8.$$

10. Beispiel. $\frac{4}{x} + \frac{x}{2} = \frac{12}{x}.$ Hauptnenner $= 2x$. Damit jedes Glied multipliziert:

$$\frac{4}{x} \cdot 2x + \frac{x}{2} \cdot 2x = \frac{12}{x} \cdot 2x.$$
$$8 + x^2 = 24.$$
$$x^2 = 16.$$
$$x = \underline{+}\, 4.$$

Probe: $\frac{4}{4} + \frac{4}{2} = \frac{12}{4}.$

$$1 + 2 = 3.$$
$$3 = 3.$$

11. Beispiel. $\frac{5x}{6} + \frac{12}{x} = \frac{5x}{4} - \frac{3}{x}.$ Hauptnenner $= 12x$:

$$\frac{5x}{6} \cdot 12x + \frac{12}{x} \cdot 12x = \frac{5x}{4} \cdot 12x - \frac{3}{x} \cdot 12x.$$
$$10x^2 + 144 = 15x^2 - 36.$$
$$10x^2 - 15x^2 = -36 - 144.$$
$$-5x^2 = -180.$$ Vorzeichen umgekehrt:

$$5x^2 = 180.$$
$$x^2 = 36.$$
$$x = \underline{+}\, 6.$$

12. Beispiel.

$$7 - \frac{15 - x}{x^2} = 6 + \frac{x + 10}{x^2}.$$ Hauptnenner $= x^2$:

$$7x^2 - (15 - x) = 6x^2 + (x + 10).*)$$
$$7x^2 - 15 + x = 6x^2 + x + 10.$$
$$7x^2 - 6x^2 + x - x = 10 + 15.$$
$$x^2 = 25.$$
$$x = \pm 5.$$ (Mache die Probe!)

13. Beispiel. $$\frac{1 + x}{1 - x} = \frac{x + 25}{x - 25}.$$ Hauptnenner $= (1 - x) . (x - 25)$:

$$(1 + x) \cdot (x - 25) = (x + 25) \cdot (1 - x).$$
$$x + x^2 - 25 - 25x = x + 25 - x^2 - 25x.$$
$$x + x^2 - 25x - x + x^2 + 25x = 25 + 25.$$
$$2x^2 = 50.$$
$$x^2 = 25.$$
$$x = \pm 5.$$

14. Beispiel.

$$\sqrt{\frac{x + 2}{3}} = \frac{2}{\sqrt{x - 2}}.$$ Beide Seiten mit 2 potenziert:**)

$$\frac{x + 2}{3} = \frac{4}{x - 2}.$$ Hauptnenner $= 3 . (x - 2)$:

$$(x + 2) \cdot (x - 2) = 4 \cdot 3.$$ (Vgl. S. 29, Ziffer 35; 7.)
$$x^2 - 4 = 12.$$
$$x^2 = 16.$$
$$x = \pm 4.$$ (Mache die Probe!)

15. Beispiel. $$x^2 = 324 a^2 n^4.$$ Auf beiden Seiten die Wurzel gezogen:

$$x = \pm \sqrt{324 a^2 \cdot n^4}.$$ (Vgl. S. 88, Ziffer 84 und S. 97, Ziffer 87.)
$$x = \pm 18 a n^2.$$

16. Beispiel.

$$ab - 5x^2 = x^2.$$ Glieder mit x^2 auf linke Seite:
$$-6x^2 = -ab.$$ Vorzeichen umgekehrt:
$$6x^2 = ab.$$
$$x^2 = \frac{ab}{6}.$$
$$x = \pm \sqrt{\frac{ab}{6}}.$$

---

*) Vgl. S. 33, Ziffer 40.

**) „ „ 146, „ 117.

17. Beispiel. $4x^2 = a^2 - 2ab + b^2$. (Vgl. S. 29, Ziffer 35; 2.)

$$4x^2 = (a - b)^2.$$

$$x^2 = \frac{(a-b)^2}{4}.$$

$$x^2 = \left(\frac{a-b}{2}\right)^2.$$ (Vgl. S. 75, Ziffer 73, Umkehrung.)

$$x = \pm \frac{a-b}{2}.$$

18. Beispiel. $ax^2 + n = bx^2 + m$. Glieder mit x^2 auf eine Seite:

$ax^2 - bx^2 = m - n$. Jetzt x^2 ausklammern:

$x^2 \cdot (a - b) = m - n$. Faktor $(a - b)$ fortgeschafft:

$$x^2 = \frac{m-n}{a-b}.$$

$$x = \pm \sqrt{\frac{m-n}{a-b}}.$$

19. Beispiel.

$(x + a) \cdot (x - a) = (2a + b) \cdot b$. Klammern aufgelöst:

$$x^2 + ax - ax - a^2 = 2ab + b^2.$$

$$x^2 = a^2 + 2ab + b^2.$$

$$x^2 = (a + b)^2.$$

$$x = \pm (a + b).$$

$$x_1 = a + b.$$

$$x_2 = -a - b.$$

20. Beispiel. $\frac{a + bx}{b + cx} = x$. Nenner fortgeschafft:

$a + bx = x \cdot (b + cx)$. Klammer aufgelöst:

$a + bx = bx + cx^2$. Glieder mit x auf eine Seite:

$bx - bx - cx^2 = - a$. Vorzeichen umgekehrt:

$$cx^2 = a.$$

$$x^2 = \frac{a}{c}.$$

$$x = \pm \sqrt{\frac{a}{c}}.$$

21. Beispiel. $\frac{x}{a}+\frac{a}{x}=\frac{x}{ab^2}+\frac{ab^2}{x}$. Hauptnenner $=ab^2x$:

$$\frac{x}{a}\cdot ab^2x+\frac{a}{x}\cdot ab^2x=\frac{x}{ab^2}\cdot ab^2x+\frac{ab^2}{x}\cdot ab^2x.$$

$b^2x^2+a^2b^2=x^2+a^2b^4$. Glieder mit x auf eine Seite:

$b^2x^2-x^2=a^2b^4-a^2b^2$. Jetzt x^2 und auch a^2b^2 ausklammern:

$x^2\cdot(b^2-1)=a^2b^2\cdot(b^2-1)$.

$x^2=\frac{a^2b^2\cdot(b^2-1)}{(b^2-1)}$. Da sich (b^2-1) hebt:

$x^2=a^2b^2$.

$x=\pm ab$.

22. Beispiel. $\frac{a+x}{a-x}=\frac{x+b}{x-b}$. Hauptnenner $=(a-x).(x-b)$:

$(a+x)\cdot(x-b)=(x+b)\cdot(a-x)$.

$ax+x^2-ab-bx=ax+ab-x^2-bx$.

$ax+x^2-bx-ax+x^2+bx=ab+ab$.

$2x^2=2ab$. Beide Seiten durch 2 dividiert:

$x^2=ab$.

$x=\pm\sqrt{ab}$.

Aufgaben:

1. $x^2=9604$; $x^2=5{,}5696$; $x^2=\frac{529}{1089}$; $3x^2=57132$.
2. $17x^2=1377$; $5x^2=245$; $0{,}3x^2=6{,}075$; $0{,}09x^2=0{,}6084$.
3. $n.x^2=p$; $bx^2=25a^2b^3c^4$; $5x^2+9=134$; $659-9x^2=83$.
4. $79-7x^2=16$; $8x^2-0{,}75=0{,}53$; $7x^2-8=9x^2-10$.
5. $x^2=4a^2-8ab+4b^2$; $ax^2+b=cx^2+d$; $nx^2+a=ax^2+n$.
6. $(x-15)x=(108-5x)3$; $(x+5)(2x-10)=78$.
7. $(x-a)(x+a)=b(2a+b)$; $(x+a)(x-b)=(a-x)(b+x)$.
8. $a[3x^2-4a(3a-11b)]=b[2x^2+3b(17a-6b)]$.
9. $2a[(x+3a)(x-3a)-10b^2]=3b[(x-b)(x+b)-13a^2]$.
10. $(2x+5)(1-3x)-(2x-5)(1+3x)=-98$.
11. $\frac{x^2}{4}+x^2=20$; $\frac{12}{x}+\frac{x}{3}-\frac{7x}{6}+\frac{18}{x}=0$; $\frac{2x}{5}-\frac{5}{x}=\frac{2x}{3}-\frac{35}{3x}$.
12. $\frac{a^3x}{b}-\frac{b}{ax}=0$; $\frac{ax}{b^2}=\frac{b^2}{a^3x}$; $\frac{a^3}{x}-ax=\frac{b^4}{ax}-\frac{b^2x}{a}$.
13. $\frac{3x^2-11}{8}+\frac{74-2x^2}{12}=10$; $\frac{11x-25}{55-5x}=\frac{13x-5}{65-x}$.
14. $\frac{3x+8}{5x-2}=\frac{x+1}{3x-7}$; $\frac{a^2-x^2}{x^2-b^2}=\frac{a}{b}$; $\frac{x-a}{b-2x}=\frac{a+x}{2x+b}+1$.
15. $\frac{2x+3}{x+4}-\frac{2x-3}{4-x}=\frac{2}{3}$; $\frac{x+5}{x-5}-\frac{5x-3}{5x+3}=\frac{x-5}{x+5}-\frac{5x+3}{5x-3}$.

16. $\sqrt{12x + 109} = 2x + 3$; $\sqrt{20x^2 - 70x + 294} = 5x - 7$.

17. $\sqrt{\frac{x-4}{130}} = \frac{1}{\sqrt{2x+8}}$; $\sqrt{36 - \sqrt{x^2 + 40}} = 5$.

18. $\frac{1}{1+\sqrt{1-x}} + \frac{1}{1-\sqrt{1-x}} = \frac{2x}{9}$.

B. Gemischt quadratische Gleichungen.

123. Grundform und Lösung der gemischt quadratischen Gleichung. Jede gemischt quadratische Gleichung muß, bevor man zur Lösung schreiten kann, auf die Grundform

$$x^2 + ax = b$$

gebracht werden, in welcher das Glied mit der zweiten Potenz der Unbekannten stets den Koeffizienten 1 besitzt.*)

Eine auf diese Form gebrachte, gemischt quadratische Gleichung heißt „geordnet".

Um zur Lösung dieser Grundgleichung zu gelangen, müßte, wie bei den rein quadratischen Gleichungen, auf beiden Seiten die Quadratwurzel gezogen werden. Das würde jedoch zu keinem Resultat führen, da in dieser Gleichung die linke, maßgebende Seite ein im algebraischen Sinne vollkommenes Quadrat nicht ist. Man verfährt hier folgendermaßen:

Eine algebraische Summe besteht aus mindestens 2 Gliedern, z. B.: $a + b$; $m - n$; $x + p$.

Erhebt man die letzte Summe in die zweite Potenz, so erhält man entsprechend S. 29, Ziffer 35; 1):

$$(x + p)^2 = x^2 + 2px + p^2.$$

Aus der Zusammensetzung der rechten Seite dieser Gleichung ist ersichtlich, daß zu dem vollkommenen Quadrate einer zweigliedrigen Summe 3 Glieder gehören.

Die Gleichung $x^2 + ax = b$ besitzt aber auf der linken Seite nur 2 Glieder. Es muß deshalb, um auf der linken Seite die Wurzel restlos ziehen zu können, ein drittes Glied hinzugefügt werden, welches so beschaffen ist, daß es die linke Seite zu einem vollkommenen Quadrat ergänzt. Dies geschieht auf folgende Weise: An Stelle der Gleichung

$x^2 + a \cdot x = b$ kann man schreiben:

$x^2 + 2 \cdot \frac{a}{2} \cdot x$**) $+ \cdot\cdot = b$. Setzt man hierunter das vollkommene Quadrat einer zweigliedrigen Summe, z. B.:

$x^2 + 2 \cdot p \cdot x \quad + p^2 = (x + p)^2$,

*) Vgl. S. 3, Ziffer 5.

**) $2 \cdot \frac{a}{2} = \frac{2 \cdot a}{2} = a$.

so ist sofort ersichtlich, daß jetzt die linken Seiten der beiden letzten Gleichungen in bezug auf ein vollkommenes Quadrat übereinstimmen bis auf das fehlende dritte Glied in der vorletzten Gleichung.

Dem Aufbau der letzten Gleichung entsprechend wird dieses dritte Glied p^2 gebildet von dem Quadrate des zweiten Faktors p des zweiten Gliedes; es ist also sinngemäß in der vorletzten Gleichung das fehlende dritte Glied zu ergänzen durch den Wert:

$$\left(\frac{a}{2}\right)^2.$$

Addiert man diesen Wert $\left(\frac{a}{2}\right)^2$ auf beiden Seiten der gemischt quadratischen Gleichung

$$x^2 + 2 \cdot \frac{a}{2} \cdot x = b, \text{ so erhält man*)}$$

$$x^2 + 2 \cdot \frac{a}{2} x + \left(\frac{a}{2}\right)^2 = b + \left(\frac{a}{2}\right)^2$$ oder, auf der linken Seite zum Quadrat zusammengefaßt:

$$\left(x + \frac{a}{2}\right)^2 = b + \left(\frac{a}{2}\right)^2.$$ Zieht man auf beiden Seiten die Wurzel, so wird:

$$x + \frac{a}{2} = \pm \sqrt{b + \left(\frac{a}{2}\right)^2}.$$ Hieraus folgt:

$$x = -\frac{a}{2} \pm \sqrt{\left(\frac{a}{2}\right)^2 + b} \quad \ldots\ldots \text{I)}$$

In bezug auf die Lösung der Grundgleichung ist folgendes zu merken:

In einer geordneten, gemischt quadratischen Gleichung ist der Wert der Unbekannten gleich dem entgegengesetzt genommenen**) halben Faktor des Gliedes mit x, vermehrt oder vermindert um die Quadratwurzel aus dem Quadrate des halben Faktors von x und der rechten Seite der Gleichung!

Die rechte Seite der Gleichung kommt hierbei so unter die Wurzel, wie sie in der geordneten Aufgaben-Gleichung erscheint!

124. Weitere Formen der Lösung. Erhält durch Vorzeichenänderung die geordnete, gemischt quadratische Gleichung die Form:

$$x^2 - ax = -b,$$

*) Vgl. S. 131, Ziffer 108 b.
**) „ „ 6, „ 11.

so ist nach dem Satze in Ziffer 123) ohne weiteres:

$$x = +\frac{a}{2} \pm \sqrt{\left(\frac{a}{2}\right)^2 - b} \quad \ldots\ldots \text{II)}$$

Ist beim Rechnen mit bestimmten Zahlen der Faktor von **x** eine ungerade Zahl, so empfiehlt sich die Anwendung der Lösung in folgender Form:

$$x = \frac{\mp a \pm \sqrt{a^2 \pm 4b}}{2} \quad \ldots\ldots \text{III)}$$

Die doppelten Vorzeichen in Gleichung III) sind entsprechend den in Gleichung I u. II) angegebenen zu verwenden, je nachdem **a** und **b** positiv bzw. negativ sind.

Im übrigen gelten für die Lösung gemischt quadratischer Gleichungen ebenfalls die auf S. 131 bis 142) angegebenen Regeln über das Umformen der Gleichungen ersten Grades mit einer Unbekannten.

23. Beispiel. $x^2 + 6x = 40$. Hier ist im Sinne der Lösung I): $a = +6$ und $b = +40$. Mithin:

$$x = -\frac{6}{2} \pm \sqrt{\left(\frac{6}{2}\right)^2 + 40} \quad \text{oder:}$$

$$x = -3 \pm \sqrt{3^2 + 40}. \quad \text{Mithin:}$$

$$x = -3 \pm \sqrt{49}. \quad \text{Folglich:}$$

$$x = -3 \pm 7. \quad \text{Damit wird:}$$

$$x_1 = -3 + 7 = 4.$$

$$x_2 = -3 - 7 = -10.$$

1. Probe mit $x_1 = 4$: $x^2 + 6 \cdot x = 40.$

$$(4)^2 + 6 \cdot 4 = 40.$$

$$16 + 24 = 40.$$

$$40 = 40.$$

2. Probe mit $x_2 = -10$: $x^2 + 6 \cdot x = 40.$

$$(-10)^2 + 6 \cdot (-10) = 40.$$

$$+100 - 60 = 40.$$

$$40 = 40.$$

24. Beispiel. $x^2 - 16x = -63$. Hier ist sinngemäß $a = -16$ und $b = -63$. Es ist also nach Lösung II) zu rechnen:

$$x = +\frac{16}{2} \pm \sqrt{\left(\frac{16}{2}\right)^2 - 63}.$$

$$x = +8 \pm \sqrt{8^2 - 63}.$$

$$x = 8 \pm \sqrt{64 - 63}.$$

$$x = 8 \pm 1. \quad \text{Folglich:}$$

$$x_1 = 8 + 1 = 9.$$
$$x_2 = 8 - 1 = 7.\text{*)}$$

25. Beispiel. $x^2 - 10x = 200$. Hier ist $a = -10$ und $b = +200$. Für diese Vorzeichenkombination ist eine besondere Lösung nicht angegeben. Es ist daher entsprechend dem Wortlaute des Satzes in Ziffer 123, S. 177) zu verfahren. Damit wird:

$$x = \frac{10}{2} \pm \sqrt{\left(\frac{10}{2}\right)^2 + 200.}$$
$$x = 5 \pm \sqrt{5^2 + 200.}$$
$$x = 5 \pm \sqrt{225.}$$
$$x = 5 \pm 15. \quad \text{Folglich:}$$
$$x_1 = 5 + 15 = 20.$$
$$x_2 = 5 - 15 = -10.$$

26. Beispiel. $x^2 + 18x = -80$. Auch hier ist nach dem Wortlaute des Satzes S. 177, Ziffer 123) zu rechnen!

$$x = -\frac{18}{2} \pm \sqrt{\left(\frac{18}{2}\right)^2 - 80.}$$
$$x = -9 \pm \sqrt{9^2 - 80.}$$
$$x = -9 \pm 1.$$
$$x_1 = -8.$$
$$x_2 = -10.$$

27. Beispiel. $x^2 + 3x = 10$. Hier ist $a = 3$, also eine ungerade Zahl. Mithin nach Lösung III):

1. Lösung:

$$x = \frac{-3 \pm \sqrt{3^2 + 4 \cdot 10}}{2}.$$
$$x = \frac{-3 \pm \sqrt{49}}{2}.$$
$$x = \frac{-3 \pm 7}{2}.$$
$$x_1 = \frac{+4}{2} = 2.$$
$$x_2 = \frac{-10}{2} = -5.$$

---

*) Mache zu allen Beispielen die Probe!

27. Beispiel. $x^2 + 3x = 10$. Nach Lösung I) würde sich ergeben:

2. Lösung:

$$x = -\frac{3}{2} \pm \sqrt{\left(\frac{3}{2}\right)^2 + 10}.$$

$$x = -\frac{3}{2} \pm \sqrt{\frac{9}{4} + 10}.$$ Gemischte Zahl unter der Wurzel eingerichtet:

$$x = -\frac{3}{2} \pm \sqrt{\frac{49}{4}}.$$ (Vgl. S. 94, Ziffer 86.)

$$x = -\frac{3}{2} \pm \frac{7}{2}.$$ Folglich:

$$x_1 = +\frac{4}{2} = 2.$$

$$x_2 = -\frac{10}{2} = -5.$$

Die 2. Lösung zeigt, daß das Verfahren nach Lösung III) einfacher ist. Das Rechnen mit Brüchen vor und unter der Wurzel fällt dabei vollständig weg.

28. Beispiel. $15x - 3x^2 = -150$. Gleichung ordnen:

$-3x^2 + 15x = -150$. Vorzeichen umkehren:

$3x^2 - 15x = 150$. Faktor 3 von x^2 fortschaffen, also jedes Glied durch 3 dividieren:

$x^2 - 5x = 50$. Nach Lösung III) wird jetzt unter Berücksichtigung der Vorzeichen:

$$x = \frac{+5 \pm \sqrt{5^2 + 4 \cdot 50}}{2}.$$

$$x = \frac{+5 \pm \sqrt{225}}{2}.$$

$$x = \frac{5 \pm 15}{2}.$$

$$x_1 = \frac{20}{2} = 10.$$

$$x_2 = \frac{-10}{2} = -5.*)$$

29. Beispiel.

$(x - 3) \cdot (x - 8) = 0$. Klammern aufgelöst:

$x^2 - 3x - 8x + 24 = 0$.

$x^2 - 11x = -24$.

Nun weiter nach Lösung III) unter Berücksichtigung der Vorzeichen!

---

*) Mache zu allen Beispielen die Probe!

30. Beispiel. $x^2 + \frac{2}{3} \cdot x = 40.$ Hier ist $a = \frac{2}{3}$, also $\frac{a}{2} = \frac{2}{6}$.*)

Da $b = +40$ ist, so ist nach Lösung I) zu rechnen:

$$x = -\frac{2}{6} \pm \sqrt{\left(\frac{2}{6}\right)^2 + 40.}$$

$$x = -\frac{2}{6} \pm \sqrt{\frac{4}{36} + 40.}$$ Gemischte Zahl unter der Wurzel eingerichtet:

$$x = -\frac{2}{6} \pm \sqrt{\frac{4 + 36 \cdot 40}{36}}.$$

$$x = -\frac{2}{6} \pm \sqrt{\frac{1444}{36}}.$$

$$x = -\frac{2}{6} \pm \frac{38}{6}.$$ Folglich:

$$x_1 = +\frac{36}{6} = 6.$$

$$x_2 = -\frac{40}{6} = -6\tfrac{2}{3}.$$

31. Beispiel. $3x^2 - 5x = 2.$ Faktor 3 von x^2 fortgeschafft:

$x^2 - \frac{5}{3} \cdot x = \frac{2}{3}.$ Nun ist $a = \frac{5}{3}$, also $\frac{a}{2} = \frac{5}{6}$.

Mithin:

$$x = \frac{5}{6} \pm \sqrt{\left(\frac{5}{6}\right)^2 + \frac{2}{3}}.$$

$$x = \frac{5}{6} \pm \sqrt{\frac{25}{36} + \frac{2}{3}}.$$ Unter der Wurzel gleichnamig gemacht:

$$x = \frac{5}{6} \pm \sqrt{\frac{25}{36} + \frac{24}{36}}.$$

$$x = \frac{5}{6} \pm \sqrt{\frac{49}{36}}.$$

$$x = \frac{5}{6} \pm \frac{7}{6}.$$

$$x_1 = \frac{12}{6} = 2.$$

$$x_2 = -\frac{2}{6} = -\frac{1}{3}.$$

---

*) Vgl. S. 59, Ziffer 60.

32. Beispiel. $\frac{x+1}{x-2} = \frac{3x+11}{4x-7}$. Hauptnenner = $(x-2).(4x-7)$:

$(x+1)\cdot(4x-7) = (3x+11)\cdot(x-2)$. Klammern aufgelöst:

$4x^2 + 4x - 7x - 7 = 3x^2 + 11x - 6x - 22.$

$4x^2 + 4x - 7x - 3x^2 - 11x + 6x = -22 + 7.$

$x^2 - 8x = -15.$

Nun weiter nach Lösung II)!

33. Beispiel.

$3 \cdot \sqrt{7 + 2x^2} = 5 \cdot \sqrt{4x - 3}$.*) Beide Seiten mit 2 potenziert:

$9 \cdot (7 + 2x^2) = 25 \cdot (4x - 3).$

$63 + 18x^2 = 100x - 75.$

$18x^2 - 100x = -138.$ Jedes Glied durch 2 dividiert:

$9x^2 - 50x = -69.$ Faktor von x^2 fortgeschafft:

$x^2 - \frac{50}{9} \cdot x = -\frac{69}{9}.$

Nun weiter nach S. 178, Ziffer 124); Lösung II.

34. Beispiel.

$x^2 - (a - b) \cdot x = 3ab + 6b^2.$ Der Faktor von x ist hier $= (a - b)$, der halbe Faktor $= \frac{a-b}{2}$. Damit wird:

$$x = +\frac{a-b}{2} \pm \sqrt{\left(\frac{a-b}{2}\right)^2 + 3ab + 6b^2}.$$

$$x = \frac{a-b}{2} \pm \sqrt{\frac{(a-b)^2}{4} + 3ab + 6b^2}.$$

$$x = \frac{a-b}{2} \pm \sqrt{\frac{(a-b)^2 + 4(3ab + 6b^2)}{4}}.$$

$$x = \frac{a-b}{2} \pm \sqrt{\frac{a^2 - 2ab + b^2 + 12ab + 24b^2}{4}}.$$

$$x = \frac{a-b}{2} \pm \sqrt{\frac{a^2 + 10ab + 25b^2}{4}}.$$

$$x = \frac{a-b}{2} \pm \sqrt{\frac{(a+5b)^2}{4}}.$$

$$x = \frac{a-b}{2} \pm \frac{a+5b}{2}.$$

*) Vgl. S. 73, Ziffer 72.

$$x_1 = \frac{a - b + a + 5b}{2} = \frac{2a + 4b}{2} = a + 2b.$$

$$x_2 = \frac{a - b - a - 5b}{2} = \frac{-6b}{2} = -3b.$$

Auf das Durchrechnen weiterer Beispiele soll hier verzichtet werden. Es geht aber aus sämtlichen Beispielen über quadratische Gleichungen zur Genüge hervor, daß man vor allem mit dem Umformen und Auflösen der Gleichungen ersten Grades mit einer Unbekannten vertraut sein muß. Es seien daher die Regeln auf Seite 131 bis 142) und die Regeln über das Rechnen mit Brüchen auf Seite 44 bis 59) wiederholt besonderer Beachtung empfohlen.

Aufgaben:

1. $x^2 + 2x = 35$; $x^2 + 4x = 8$; $x^2 + 12x = 45$; $x^2 + 15x = 154$.
2. $x^2 - 11x = 12$; $x^2 - 12x = -35$; $x^2 - 9x = 190$; $x^2 - x = 552$.
3. $x^2 + 2ax = b$; $x^2 - 4rx = s$; $x^2 - 4ax = 9b^2 - 4a^2$.
4. $x^2 - ax + ab = b^2$; $x^2 - (a - b)x = ab$; $x^2 - b^2 = (2x - a)a$.
5. $x^2 + \frac{4}{5}x = 29$; $x^2 + \frac{7}{20}x = \frac{3}{10}$; $x^2 - \frac{5}{6}x = -\frac{1}{6}$.
6. $2x^2 + 3x = 2$; $3x^2 - 11x = 104$; $5x^2 + 8x = 12$.
7. $9x^2 + 17x = 310$; $120x^2 + 58x = 45$; $15x^2 - 53x = 42$.
8. $6x^2 - 5ax + a^2 = 0$; $4x^2 - 4ax + a^2 = b^2$; $ax^2 - 2bx = c$.
9. $ax^2 - (1 - a^2)x = a$; $(x - 4)(x - 3) = 0$; $(x - 5)(x + 7) = 0$.
10. $(2x + 3)(3x + 5) = 260$; $(2x - 15)(3x - 8) = -154$.
11. $(x + a)(x - b) = a^2 - x^2$; $(x - a)(x + b) + x^2 + (b + c)x + bc = 0$.
12. $(a + x)(b - x) + (1 + ax)(1 - bx) = (a + b)(1 + x^2)$.
13. $\frac{x - 8}{x + 2} = \frac{x - 1}{2x + 10}$; $\frac{x}{2(x - 3)} = \frac{x - 3}{x - 1}$; $\frac{x}{x^2 + 1} = \frac{ab}{a^2 + b^2}$.
14. $\frac{x^2 + 1}{a^2 + b^2} = \frac{2x}{a^2 - b^2}$; $\frac{1}{x} - \frac{1}{x + 1} = \frac{1}{12}$; $\frac{6}{x + 3} - \frac{3}{x + 1} = \frac{1}{4}$.
15. $\frac{a}{x - b} = \frac{x + b}{2x - a}$; $\frac{x - a}{b} - \frac{2b}{x - a} = 1$; $\frac{a - x}{x - b} + \frac{x - b}{a - x} = 5{,}2$.
16. $\frac{2ax^2 - a}{ax - b} - \frac{(2a^2 + b^2)x}{a^2} = \frac{b^3}{a^3}$; $\frac{abx^2}{x - 1} = a^2 + b^2 + \frac{2a^2}{x - 1}$.
17. $\sqrt{\frac{19 - x}{3}} = \frac{x - 1}{3}$; $x - 3\sqrt{x} = 4$; $45 - 14\sqrt{x} + x = 0$.
18. $(50 + \sqrt{x}) : (x - \sqrt{x}) = 11 : 4$; $\sqrt{3x - 5} + \sqrt{x + 6} = 9$.
19. $\sqrt{2x - 6} = 5 - \sqrt{x + 4}$; $\sqrt{x - 2} + \sqrt{4 - x} = \sqrt{6 - x}$.
20. $\sqrt{a - x} + \sqrt{x + b} = \sqrt{a + b}$; $\sqrt{a - x} + \sqrt{b - x} = \sqrt{a + b - 2x}$.
21. $\sqrt{\frac{2x - a}{x + b}} + \sqrt{\frac{x + b}{2x - a}} = 2$; $4 \cdot \sqrt{\frac{x - b}{x - 4a}} - \sqrt{\frac{x - 4a}{x - b}} = 3$.

125. Beziehungen zwischen der geordneten, quadratischen Gleichung und ihren Lösungen x_1 und x_2. Wiederholt wurde bei dem vorstehend durchgeführten Rechnen mit Gleichungen darauf hingewiesen, bezüglich der für die Unbekannte errechneten Werte die Probe zu machen. Für jede **geordnete,** quadratische Gleichung kann das auch noch auf folgende Weise geschehen.

Die Lösungen der geordneten, quadratischen Gleichung

$$x^2 + 12x = 45 \text{ sind:}$$
$$x_1 = 3;\ x_2 = -15.$$

Addiert man die Werte von x_1 und x_2, so erhält man:

$$x_1 + x_2 = 3 - 15 = \mathbf{-12}.$$

Das ist aber der entgegengesetzt genommene Faktor des Gliedes mit x.

Hieraus ergibt sich als Regel:

In jeder **geordneten,** quadratischen Gleichung ist die Summe der Lösungen x_1 und x_2 gleich dem entgegengesetzt genommenen Faktor des Gliedes mit x.

Multipliziert man die Werte von x_1 und x_2 miteinander, so erhält man:

$$x_1 \cdot x_2 = 3 \cdot (-15) = \mathbf{-45}.$$

Das ist aber der entgegengesetzt genommene Wert der rechten Seite der Gleichung.

Hieraus folgt als weitere Regel:

In jeder **geordneten,** quadratischen Gleichung ist das Produkt der Lösungen x_1 und x_2 gleich dem entgegengesetzt genommenen Werte der rechten Seite der Gleichung.

Diese Beziehungen sind an sämtlichen vorstehend durchgerechneten, gemischt quadratischen Gleichungen nachzuprüfen!

Man ist aber weiter an Hand dieser Regeln in der Lage, sofort jede quadratische Gleichung aufzustellen, deren Lösungen bekannt sind.

Sind die Lösungen einer Gleichung

$$x_1 = +9 \text{ und } x_2 = +7, \text{ so ist}$$
$$x_1 + x_2 = +9 + 7 = +16 \text{ und } x_1 \cdot x_2 = (+9) \cdot (+7) = +63.$$

Mithin heißt die geordnete, quadratische Gleichung, zu welcher diese Lösungen gehören:

$$\mathbf{x^2 - 16x = -63.}$$

X. Verhältnisse und Proportionen.

126. Allgemeines. Vergleicht man zwei Zahlenwerte in bezug auf ihre Größe miteinander, so findet man das Verhältnis, in welchem sie zueinander stehen. Man kann z. B. die Frage aufwerfen: in welchem Verhältnis stehen Einnahme und Ausgabe oder, in welchem Verhältnis stehen die Wege zweier mit verschiedener Geschwindigkeit fahrender Eisenbahnzüge zueinander; man kann also fragen: wie verhalten sich 1000 ℳ zu 800 ℳ, oder: 275 km zu 225 km?

Man kann nur gleichartige Größen miteinander vergleichen; man kann also nicht fragen: wie verhalten sich 8 ℳ zu 24 km?

Auch unbenannte Zahlen, sowie Buchstabengrößen, lassen sich in ein Verhältnis zueinander bringen.

127. Verhältnisse. Die Vergleichung zweier Zahlen kann auf zweierlei Art vorgenommen werden. Geht man z. B. von den Zahlen 9 und 3 aus, so kann man fragen,

a) um wieviel Einheiten ist die erste Zahl größer als die andere und findet die Antwort, indem man 3 von 9 abzieht. Die Differenz

$$9-3$$

nennt man ein arithmetisches Verhältnis; das Ergebnis 6 heißt Differenz.

Erhält man als Ergebnis des arithmetischen Verhältnisses $a-b$ den Wert c, so ist c die Differenz.

b) Fragt man, wievielmal so groß ist die erste Zahl als die zweite, so findet man die Antwort, indem man 9 durch 3 dividiert. Den Quotienten

$$\frac{9}{3} \text{ oder } 9:3$$

nennt man ein geometrisches Verhältnis; das Ergebnis 3 heißt Exponent.

Erhält man als Ergebnis des geometrischen Verhältnisses $x:y$ den Wert z, so ist z der Exponent.

Verhältnisse zwischen benannten Zahlen*) sind nur dann möglich, wenn die Benennungen gleich sind, oder die eine auf die andere zurückgeführt werden kann, z. B.:

9 M — 3 M;   8 m : 4 cm;   5 kg : 100 g.

*) Vgl. S. 2, Ziffer 3.

Zwischen gleichartigen Größen können Verhältnisse stets gebildet werden, so zwischen Linien, zwischen Flächen, zwischen Raumgrößen usw. Z. B.:

$$8\,\mathrm{m} - 2\,\mathrm{m}; \quad 10\,\mathrm{m}^2 : 5\,\mathrm{m}^2; \quad 12\,\mathrm{m}^3 : 4\,\mathrm{m}^3; \quad 9\,\mathrm{kg} - 3\,\mathrm{kg}.$$

Addiert und subtrahiert man gleichzeitig zu einem Zahlenwerte ein und dieselbe Größe, so bleibt entsprechend Ziffer 22b, Seite 15) der Zahlenwert unverändert, z. B.:

$$15 + 3 - 3 = 15.$$
$$n + x - x = n.$$
$$a - b + m - m = a - b.$$

An Stelle des arithmetischen Verhältnisses $a - b$ kann man mithin nach vorstehendem schreiben:

$$a - b = a - b + m - m, \text{ also auch}$$
$$a - b = a + m - (b + m) \text{ und}$$
$$a - b = a - m - (b - m)^{*}). \text{ Hieraus folgt:}$$

Ein arithmetisches Verhältnis ändert sich nicht, wenn man zu den Gliedern desselben ein und dieselbe Zahl addiert bzw. von den Gliedern ein und dieselbe Zahl subtrahiert.

Da weiter

$$\frac{a}{b} = \frac{a \cdot m}{b \cdot m} = \frac{a : m}{b : m}{}^{**}), \text{ oder in anderer Form}$$

$$a : b = a \cdot m : b \cdot m = \frac{a}{m} : \frac{b}{m} \text{ ist, so folgt:}$$

Ein geometrisches Verhältnis ändert sich nicht, wenn man die Glieder desselben mit ein und derselben Zahl multipliziert bzw. durch ein und dieselbe Zahl dividiert.

Beispiele.

$$11 - 8 = 11 + 5 - (8 + 5) = 11 - 4 - (8 - 4).$$
$$4 : 6 = 4 \cdot 3 : 6 \cdot 3 = \frac{4}{2} : \frac{6}{2}.$$

Multipliziert man die Glieder eines Verhältnisses mit ein und derselben Zahl, so sagt man, man habe das Verhältnis **erweitert**, dividiert man die Glieder eines Verhältnisses durch ein und dieselbe Zahl, so ist das Verhältnis **gekürzt** worden**).

128. Gleiche Verhältnisse.

$$\text{Ist } 11 - 8 = 3 \text{ und}$$
$$19 - 16 = 3, \text{ so ist auch}$$
$$11 - 8 = 19 - 16^{***}).$$

*) Vgl. S. 16, Ziffer 24.
**) „ „ 46, „ 48 u. 49.
***) Sind in 2 Gleichungen die rechten Seiten gleich, so sind auch die linken Seiten gleich.

Ist $a - b = c$ und
$m - n = c$, so ist auch
$a - b = m - n$.

Ist $15 : 5 = 3$ und
$6 : 2 = 3$, so ist auch
$15 : 5 = 6 : 2$.

Ist $a : b = m$ und
$c : d = m$, so ist auch
$a : b = c : d$.

Aus dem vorstehenden folgt:

Zwei arithmetische Verhältnisse sind gleich, wenn sie gleiche Differenzen, zwei geometrische Verhältnisse sind gleich, wenn sie gleiche Exponenten haben.

Auf ähnliche Weise ergibt sich folgendes:

Ist $9 - 6 = 15 - 12$ und
$8 - 5 = 15 - 12$, so ist auch
$9 - 6 = 8 - 5$.

Ist $a - b = x - y$ und
$c - d = x - y$, so ist auch
$a - b = c - d$.

Ist $9 : 3 = 15 : 5$ und
$12 : 4 = 15 : 5$, so ist auch
$9 : 3 = 12 : 4$.

Ist $a : b = y : z$ und
$c : d = y : z$, so ist auch
$a : b = c : d$.

Aus dem vorstehenden folgt:

Zwei Verhältnisse, welche demselben dritten Verhältnisse gleich sind, sind untereinander gleich.

129. Verhältnisgleichung oder Proportion. Die Verbindung zweier gleicher arithmetischer bzw. geometrischer Verhältnisse durch das Gleichheitszeichen nennt man eine Verhältnisgleichung oder eine Proportion.

Beispiele.

$$18 - 12 = 9 - 3.$$
$$9 : 3 = 12 : 4.$$

Auf Buchstaben angewandt, kann man schreiben:

$$a - b = c - d.$$
$$m : n = x : y.$$

Die erste der vorstehenden vier Proportionen wird gelesen:

18 verhält sich zu 12 wie 9 zu 3

und die letzte in gleicher Weise:

m verhält sich zu n wie x zu y.

Die einzelnen Zahlengrößen: 18, 12, 9 und 3, sowie die Buchstabengrößen: m, n, x und y nennt man Glieder der Proportion. Es besteht demnach ein Verhältnis an sich aus 2, eine Proportion aus 4 Gliedern.

In den Proportionen

$$a - b = c - d \text{ und}$$
$$a : b = c : d$$

heißen a und c Vorderglieder, b und d Hinterglieder, a und d Außenglieder, b und c Innenglieder, a und c bzw. b und d sind gleichliegende oder homologe Glieder.

Begegnet man bei Durchführung einer Berechnung einer Proportion von der Form

$$8\,m : 2\,m = 12\,m^2 : 3\,m^2,$$

so darf man die Benennungen der Glieder fortlassen und dadurch die Proportion in eine solche mit unbenannten Zahlen verwandeln:

$$8 : 2 = 12 : 3.$$

Schreibt man die letzte Proportion in Bruchform:

$$\frac{8}{2} = \frac{12}{3},$$

so können die Verhältnisse dieser geometrischen Proportion als zwei gleichwertige Brüche angesehen werden, für welche die auf Seite 44 bis 59) angegebenen allgemeinen Regeln über das Rechnen mit Brüchen sinngemäße Anwendung finden.

130. Arithmetische Proportionen. Eine Gleichung zwischen zwei arithmetischen Verhältnissen nennt man eine arithmetische Proportion.

Addiert man auf beiden Seiten der arithmetischen Proportion

$$m - n = p - q$$

die Summe $(n + q)$, so erhält man:

$$m - n + (n + q) = p - q + (n + q) \text{ oder*)}$$
$$m - n + n + q = p - q + n + q. \text{ Folglich:}$$
$$\mathbf{m + q = p + n}, \text{ d. h.:}$$

In jeder arithmetischen Proportion ist die Summe der Aussenglieder gleich der Summe der Innenglieder.

*) Vgl. S. 11, Ziffer 18.

Beispiele.

$$12 - 9 = 17 - 14, \text{ so ist auch*)}$$
$$12 + 14 = 9 + 17.$$

$$\text{Ist } a - b = x - y, \text{ so ist auch}$$
$$a + y = b + x.$$

Umgekehrt läßt sich aus einer Gleichung zwischen zwei Summen von je zwei Gliedern eine arithmetische Proportion bilden, indem man die Glieder der einen Summe zu Außengliedern, diejenigen der anderen zu Innengliedern macht.

Beispiele.

$$\text{Ist } 6 + 0{,}8 = 1{,}5 + 5{,}3, \text{ so ist auch:}$$
$$6 - 1{,}5 = 5{,}3 - 0{,}8.$$

$$\text{Ist } m + n = x + z, \text{ so ist auch:}$$
$$m - x = z - n.$$

In einer arithmetischen Proportion kann man die äußeren und inneren Glieder vertauschen.

Beispiele.

$$\text{Ist } 9 - 5 = 6 - 2, \text{ so ist auch:}$$
$$2 - 5 = 6 - 9$$
$$9 - 6 = 5 - 2$$
$$2 - 6 = 5 - 9.$$

$$\text{Ist } c - d = x - y, \text{ so ist auch:}$$
$$y - d = x - c$$
$$c - x = d - y$$
$$y - x = d - c.$$

131. Geometrische Proportionen. Hauptregel. Eine Gleichung zwischen zwei geometrischen Verhältnissen nennt man eine geometrische Proportion.

Multipliziert man beide Seiten der geometrischen Proportion

$$a : b = c : d$$

mit dem Produkte $b \cdot d$, so erhält man:

$a : b \cdot b \cdot d = c : d \cdot b \cdot d$ oder, was dasselbe ist:

$\frac{a}{b} \cdot b \cdot d = \frac{c}{d} \cdot b \cdot d$. Hieraus folgt**):

$$\mathbf{a \cdot d = b \cdot c.}$$

*) Vgl. S. 132, Ziffer 108g.
**) „ „ 59, „ 59 u. S. 47, Ziffer 49.

Hieraus ergibt sich als **Hauptregel** für das Rechnen mit geometrischen Proportionen:

In jeder geometrischen Proportion ist das Produkt der Außenglieder gleich dem Produkte der Innenglieder.

Die letzte Gleichung $a \cdot d = b \cdot c$ nennt man Produktengleichung.

Beispiele.

Ist $8 : 2 = 12 : 3$, so ist auch:
$8 \cdot 3 = 2 \cdot 12$.

Ist $m : n = p : q$, so ist auch:
$m \cdot q = n \cdot p$.

Mit Hilfe dieses wichtigen Satzes kann man jede Proportion auf ihre Richtigkeit prüfen und ein unbekanntes Glied derselben berechnen.

1. Beispiel. Bezeichnet man das unbekannte Glied mit x, so findet man aus der Proportion

$x : 5 = 12 : 3$ unter Anwendnng obigen Satzes:
$3 . x = 5 . 12$ und damit:

$$x = \frac{5 . 12}{3} = 20.$$

Probe: $20 : 5 = 12 : 3$. Folglich:
$20 . 3 = 12 . 5$.
$60 = 60$.

2. Beispiel. $12 : x = 7\frac{1}{2} : 2\frac{1}{2}$.

$$\frac{15}{2} \cdot x = \frac{5}{2} \cdot 12.$$

$$x = \frac{\frac{5}{2} \cdot 12}{\frac{15}{2}}.$$

$$x = \frac{30}{\frac{15}{2}} = \frac{30 \cdot 2}{15} = 4.$$

Umgekehrt läßt sich aus einer Gleichung zwischen zwei Produkten von je zwei Faktoren eine geometrische Proportion bilden, indem man die Faktoren des einen Produktes zu Außengliedern, diejenigen des anderen zu Innengliedern macht.

Beispiele.

Ist $3 \cdot 6 = 2 \cdot 9$, so ist auch:
$3 : 2 = 9 : 6$.
$9 : 3 = 6 : 2$.

Ist $a \cdot b = m \cdot n$, so ist auch:
$a : m = n : b$.
$n : a = b : m$.

Es läßt sich aber auch aus zwei gleichen Produkten, von denen jedes mehr als zwei Faktoren enthält, eine geometrische Proportion bilden, indem man jedes Produkt in zwei Hauptfaktoren zerlegt, wie das nachstehend gezeigt ist.

Beispiel.

Gegeben die gleichen Produkte 3 m x und 4 n y. Durch geeignete Zerlegung jedes dieser Produkte in die beiden Faktoren

$$3m \cdot x \text{ und } 4n \cdot y \text{ bzw. } 3x \cdot m \text{ und } 4y \cdot n$$

erhält man folgende Proportionen:

$$3m : 4n = y : x.$$
$$4n : 3m = x : y.$$
$$3x : 4y = n : m \quad \text{usw.}$$

132. Umformung einer Proportion. Aus der Proportion

$$m : n = p : q$$

folgt nach dem Vorstehenden:

$$m \cdot q = n \cdot p.$$

Multipliziert man beide Seiten dieser Gleichung mit einer beliebigen Zahl a, so erhält man:

$$a \cdot m \cdot q = a \cdot n \cdot p.$$

Aus dieser Produktengleichung lassen sich nunmehr folgende Proportionen bilden:

$$a \cdot m : a \cdot n = p : q,$$
$$m : n = a \cdot p : a \cdot q,$$
$$a \cdot m : n = a \cdot p : q \text{ und}$$
$$m : a \cdot n = p : a \cdot q, \text{ d. h.:}$$

In jeder geometrischen Proportion kann man das erste und zweite Glied, das dritte und vierte Glied, die Vorderglieder sowie die Hinterglieder mit ein und derselben Zahl multiplizieren.

Genau so läßt sich nachweisen, daß man in jeder geometrischen Proportion die genannten Glieder durch ein und dieselbe Zahl dividieren darf.

Beispiele.

Multiplikation:	Division:
$3 : 4 = 9 : 12.$	$8 : 12 = 10 : 15.$
$2 \cdot 3 : 2 \cdot 4 = 9 : 12.$	$8 : 2 : 12 : 2 = 10 : 15.$
$3 : 4 = 4 \cdot 9 : 4 \cdot 12.$	$8 : 12 = 10 : 5 : 15 : 5.$
$5 \cdot 3 : 4 = 5 \cdot 9 : 12.$	$8 : 2 : 12 = 10 : 2 : 15.$
$3 : 7 \cdot 4 = 9 : 7 \cdot 12.$	$8 : 12 : 3 = 10 : 15 : 3.$

Die vorstehenden Sätze lassen sich zusammenfassen wie folgt:

In jeder geometrischen Proportion können die Glieder eines Verhältnisses, oder homologe Glieder, mit ein und derselben Zahl multipliziert oder durch ein und dieselbe Zahl dividiert werden.

Eine Erweiterung erfahren die vorstehenden Sätze durch nachstehenden Satz:

In einer geometrischen Proportion kann man sämtliche Glieder mit ein und derselben Zahl multiplizieren und potenzieren bzw. durch ein und dieselbe Zahl dividieren und radizieren.

Beispiele.

Verhält sich $10 : 5 = 6 : 3$, so verhält sich auch:

$$3 \cdot 10 : 3 \cdot 5 = 3 \cdot 6 : 3 \cdot 3.$$

$$10^2 : 5^2 = 6^2 : 3^2.$$

$$\frac{10}{10} : \frac{5}{10} = \frac{6}{10} : \frac{3}{10}.$$

$$\sqrt[3]{10} : \sqrt[3]{5} = \sqrt[3]{6} : \sqrt[3]{3}.$$

Verhält sich $a : b = c : d$, so verhält sich auch:

$$n \cdot a : n \cdot b = n \cdot c : n \cdot d.$$

$$a^m : b^m = c^m : d^m.$$

$$\frac{a}{x} : \frac{b}{x} = \frac{c}{x} : \frac{d}{x}.$$

$$\sqrt[n]{a} : \sqrt[n]{b} = \sqrt[n]{c} : \sqrt[n]{d}.$$

133. Folgerungen. Aus Ziffer 131) folgt unmittelbar:

1) Man findet ein äußeres Glied einer geometrischen Proportion, indem man die inneren Glieder miteinander multipliziert und durch das andere äußere Glied dividiert.

Verhält sich $a : b = c : d$, so ist: $a = \frac{b \cdot c}{d}$ und: $d = \frac{b \cdot c}{a}$.

Beispiel. $3 : 6 = 2{,}5 : x$.

$$x = \frac{6 \cdot 2{,}5}{3} = 5.$$

2) Man findet ein inneres Glied einer geometrischen Proportion, indem man die äußeren Glieder miteinander multipliziert und durch das andere innere Glied dividiert.

Verhält sich $a : b = c : d$, so ist: $b = \frac{a \cdot d}{c}$ und: $c = \frac{a \cdot d}{b}$.

Beispiel. $12 : 4 = x : 5.$

$$x = \frac{12 \cdot 5}{4} = 15.$$

3) In den beiden Proportionen

$$a : b = m : n \text{ und}$$
$$a : b = x : n$$

sind die ersten, zweiten und vierten Glieder einander gleich. Nach der vorstehenden Folgerung 2) ergibt sich aus der ersten Proportion:

$$m = \frac{a \cdot n}{b}$$

und aus der zweiten:

$$x = \frac{a \cdot n}{b}.$$

Aus den letzten beiden Gleichungen, deren rechte Seiten einander gleich sind, folgt mithin

$$m = x, \text{ d. h.:}$$

Sind in zwei Proportionen drei Paar gleichliegende Glieder*) gleich, so sind auch die vierten Glieder gleich.

134. Umstellen der Glieder einer Proportion. 1) In jeder geometrischen Proportion kann man die Glieder der Verhältnisse miteinander vertauschen**).

Verhält sich $8 : 2 = 68 : 17$, so verhält sich auch $2 : 8 = 17 : 68$,
denn es ist: $2 \cdot 68 = 8 \cdot 17$ und ebenso: $8 \cdot 17 = 2 \cdot 68$.
Verhält sich $a : b = c : d$, so verhält sich auch $b : a = d : c$,
denn es ist: $b \cdot c = a \cdot d$ und ebenso: $a \cdot d = b \cdot c$.

2) Führt man diese Umstellungen noch weiter fort, indem man die inneren Glieder unter sich, oder die äußeren Glieder unter sich, oder die inneren Glieder mit den äußeren vertauscht, so läßt sich jede Proportion in 8 verschiedenen Formen aufstellen, ohne daß die Gleichheit der Verhältnisse verloren geht.

---

*) Vgl. S. 188, Ziffer 129.

**) „ „ 189, „ 130.

1. Beispiel.

Geht man von der Proportion $a : b = c : d$ aus, so sind folgende Formen möglich:

1) $a : b = c : d$,	denn	$a \cdot d = b \cdot c$	In allen Proportionen ist das Produkt der äußeren Glieder = dem Produkt der inneren Glieder, nämlich: $a \cdot d = b \cdot c$.
2) $a : c = b : d$,	„	$a \cdot d = c \cdot b$	
3) $d : b = c : a$,	„	$d \cdot a = b \cdot c$	
4) $d : c = b : a$,	„	$d \cdot a = c \cdot b$	
5) $b : a = d : c$,	„	$b \cdot c = a \cdot d$	
6) $b : d = a : c$,	„	$b \cdot c = d \cdot a$	
7) $c : a = d : b$,	„	$c \cdot b = a \cdot d$	
8) $c : d = a : b$,	„	$c \cdot b = d \cdot a$	

2. Beispiel.

1) $4 : 6 = 10 : 15$,	denn:	$4 \cdot 15 = 6 \cdot 10$	Auch hier ist in allen Proportionen das Produkt der äußeren Glieder = dem Produkt der inneren Glieder, nämlich = 60!
2) $4 : 10 = 6 : 15$,	„	$4 \cdot 15 = 10 \cdot 6$	
3) $15 : 6 = 10 : 4$,	„	$15 \cdot 4 = 6 \cdot 10$	
4) $15 : 10 = 6 : 4$,	„	$15 \cdot 4 = 10 \cdot 6$	
5) $6 : 4 = 15 : 10$,	„	$6 \cdot 10 = 4 \cdot 15$	
6) $6 : 15 = 4 : 10$,	„	$6 \cdot 10 = 15 \cdot 4$	
7) $10 : 4 = 15 : 6$,	„	$10 \cdot 6 = 4 \cdot 15$	
8) $10 : 15 = 4 : 6$,	„	$10 \cdot 6 = 15 \cdot 4$	

135. Summen und Differenzen der Glieder einer Proportion. 1) In jeder geometrischen Proportion verhält sich die Summe oder die Differenz der beiden ersten Glieder zum ersten oder zweiten Gliede, wie die Summe oder Differenz der beiden letzten Glieder zum dritten oder vierten Gliede.

Verhält sich $a : b = c : d$, so verhält sich auch:

$$(a + b) : a = (c + d) : c.$$
$$(a + b) : b = (c + d) : d.$$
$$(a - b) : a = (c - d) : c.$$
$$(a - b) : b = (c - d) : d.$$

Beispiel.

$$6 : 2 = 15 : 5.$$
$$(6 + 2) : 6 = (15 + 5) : 15.$$
$$8 : 6 = 20 : 15.\text{*)}$$

2) In jeder geometrischen Proportion verhält sich die Summe der Glieder eines Verhältnisses zur Differenz derselben Glieder, wie die Summe der Glieder des anderen Verhältnisses zur Differenz dieser Glieder.

---

*) Mache die Probe!

Verhält sich $a:b = c:d$, so verhält sich auch:

$$(a+b):(a-b) = (c+d):(c-d).$$

Beispiel.

$$9:3 = 15:5.$$
$$(9+3):(9-3) = (15+5):(15-5).$$
$$12 \;:\; 6 = 20 \;:\; 10^{*}).$$

136. Stetige Proportionen. Mittlere Proportionale. Sind in einer Proportion die Innenglieder oder die Außenglieder gleich, so nennt man die Proportion eine stetige.

Beispiele.

Arithmetisch: $6-4=4-2.$
$8-5=11-8.$
$a-x=x-b.$
$y-m=n-y.$

Geometrisch: $12:6=6:3.$
$10:5=20:10.$
$m:z=z:n.$
$x:m=n:x.$

Jedes der beiden gleichen Glieder einer stetigen Proportion heißt die mittlere Proportionale zwischen den beiden anderen Gliedern.

In der Proportion

$$12-8=8-4$$

ist 8 die mittlere arithmetische Proportionale, kurz: das arithmetische Mittel zwischen 12 und 4; in der Proportion

$$a:b=b:c$$

ist b die mittlere geometrische Proportionale, kurz: das geometrische Mittel zwischen a und c.

Aus der stetigen arithmetischen Proportion

$$a-x=x-b$$

folgt nach S. 188, Ziffer 130) zunächst:

$a+b=x+x$, oder auch
$a+b=2\cdot x$. Mithin:

$$x=\frac{a+b}{2}, \text{ d. h.}$$

*) Mache die Probe!

Das arithmetische Mittel zwischen zwei Zahlen ist gleich der halben Summe dieser Zahlen*).

Aus der stetigen geometrischen Proportion

$$a : x = x : b$$

folgt nach S. 190, Ziffer 131) zunächst:

$$a \cdot b = x^2. \quad \text{Mithin**):}$$

$$x = \sqrt{a \cdot b}, \quad \text{d. h.}$$

Das geometrische Mittel zwischen zwei Zahlen ist gleich der Quadratwurzel aus dem Produkte dieser Zahlen.

Beispiele.

Arithmetisch: $18 - x = x - 4.$

$$2 \cdot x = 18 + 4.$$

$$x = \frac{18 + 4}{2} = 11.$$

Geometrisch: $12 : x = x : 3.$

$$x^2 = 12 \cdot 3$$

$$x = \sqrt{36} = \pm 6.$$

137. Fortlaufende Proportionen. Eine fortlaufende Proportion entsteht durch die Verbindung von drei oder mehr gleichen geometrischen Verhältnissen durch das Gleichheitszeichen.

Beispiele.

$$6 : 3 = 8 : 4 = 10 : 5.$$

$$a : b = m : n = x : z.$$

---

*) 1) Das arithmetische Mittel zwischen 2 Zahlen wird gefunden, indem man deren Summe durch 2 dividiert.

Das arithmetische Mittel zwischen 5 und 7 ist $= \frac{5 + 7}{2} = \frac{12}{2} = 6$;

" " " " a " b " $= \frac{a + b}{2}$.

2) Das arithmetische Mittel zwischen 3 Zahlen wird gefunden, indem man deren Summe durch 3 dividiert.

Das arithmetische Mittel zwischen 7, 9 und 17 ist $= \frac{7 + 9 + 17}{3} = 11$;

" " " " x, y " z " $= \frac{x + y + z}{3}$.

3) Aus vorstehendem ist ersichtlich, daß man zur Bestimmung des arithmetischen Mittels aus beliebig vielen Zahlen, deren Summe durch die jeweilige Anzahl der vorhandenen Zahlen dividieren muß.

Gegeben die Zahlen: a, b, c, d, x, y.

Arithm. Mittel $= \frac{a + b + c + d + x + y}{6}$.

**) Vgl. S. 80, Ziffer 77.

Ist, wie vorstehend:

$$\frac{a}{b}=\frac{m}{n}=\frac{x}{z},$$

so kann man jedes dieser drei unter sich gleichen Verhältnisse einem beliebig angenommenen Werte k gleich setzen, und man erhält:

$$\frac{a}{b}=k; \quad \frac{m}{n}=k; \quad \frac{x}{z}=k \quad \ldots\ldots\ldots \text{I)}$$

Aus diesen drei Gleichungen folgt:

$$a = b \cdot k,$$
$$m = n \cdot k \text{ und}$$
$$x = z \cdot k.$$

Addiert man die letzten drei Gleichungen, so ergibt sich*):

$$a+m+x=b \cdot k+n \cdot k+z \cdot k \text{ oder**)}$$
$$a+m+x=k \cdot (b+n+z). \text{ Mithin:}$$
$$\frac{a+m+x}{b+n+z}=k.$$

Setzt man an Stelle von k die Gleichwerte aus Gleichung I) ein, so erhält man:

$$\frac{a+m+x}{b+n+z}=\frac{a}{b}=\frac{m}{n}=\frac{x}{z}.$$

In anderer Form kann man dafür schreiben:

$$(a+m+x):(b+n+z)=a:b=m:n=x:z, \text{ d. h.:}$$

In jeder fortlaufenden Proportion verhält sich die Summe aller Vorderglieder zur Summe aller Hinterglieder, wie das Vorderglied jedes einzelnen Verhältnisses zu seinem Hintergliede.

Beispiele: Aus der laufenden Proportion

$$6:3=8:4=10:5 \text{ folgt:}$$

a) $(6+8+10):(3+4+5)=6:3$, d. i.:

$$24 \quad : \quad 12 \quad = 6:3,$$

was richtig ist, da nach Seite 190, Ziffer 131)

$$24 \cdot 3 = 12:6 \text{ ist.}$$

b) $(6+8+10):(3+4+5)=10:5$ oder

$$24 \quad : \quad 12 \quad = 10:5. \text{ Folglich:}$$
$$24 \cdot 5 = 12 \cdot 10.$$

---

*) Vgl. S. 133, Ziffer 109.
**) „ „ 36, „ 43 A, a.

Die fortlaufenden Proportionen

$$6:3=8:4=10:5 \quad \text{und}$$
$$a:b=m:n=x:z$$

kann man auch in folgender Form schreiben:

$$6:8:10=3:4:5 \quad \text{und}$$
$$a:m:x=b:n:z.$$

Jede Seite der in dieser Form geschriebenen fortlaufenden Proportion heißt ein fortlaufendes Verhältnis.

Aus den fortlaufenden Proportionen

$$6:8:10:\ldots\ldots=3:4:5:\ldots\ldots \quad \text{und}$$
$$a:m:x:\ldots\ldots=b:n:z:\ldots\ldots$$

lassen sich noch folgende Proportionen ableiten:

$$6+8+10+\ldots\ldots:6=3+4+5+\ldots\ldots:3, \quad \text{oder}$$
$$6+8+10+\ldots\ldots:8=3+4+5+\ldots\ldots:4.$$
$$a+m+x+\ldots\ldots:a=b+n+z+\ldots\ldots:b, \quad \text{„}$$
$$a+m+x+\ldots\ldots:x=b+n+z+\ldots\ldots:z$$

u. s. w.

Hieraus folgt:

In einer fortlaufenden Proportion verhält sich die Summe der Glieder des einen Verhältnisses zu einem seiner Glieder, wie die Summe der Glieder des anderen Verhältnisses zum homologen Gliede.

Die Richtigkeit des vorstehenden Satzes geht ohne weiteres aus den ersten beiden der letzten vier Proportionen hervor.

138. Multiplikation und Division von Proportionen.

1) Multipliziert man die gleichliegenden Glieder mehrerer Proportionen miteinander, so bilden deren Produkte eine neue Proportion.

Es ist die Proportion $a:b=c:d$ zu multiplizieren
mit der „ $m:n=p:q$.

Gleichstellige Glieder sind hier a und m, b und n, c und p, d und q. Multipliziert man diese miteinander, so folgt:

$$a\cdot m:b\cdot n=c\cdot p:d\cdot q.$$

Beispiel. Es sind zu multiplizieren die Proportionen:

$$9:3=12:4.$$
$$16:8=6:3.$$
$$2:5=10:25. \quad \text{Das ergibt:}$$

$$9\cdot16\cdot2:3\cdot8\cdot5=12\cdot6\cdot10:4\cdot3\cdot25 \quad \text{oder:}$$
$$288:120=720:300.$$

Probe: $288\cdot300=120\cdot720.$
$$86400=86400.$$

Man sagt in diesem Falle, man habe die Proportionen zusammengesetzt.

2) Dividiert man die gleichliegenden Glieder zweier Proportionen durcheinander, so bilden deren Quotienten eine neue Proportion.

Die Proportion $a : b = c : d$ dividiert durch

" " $m : n = p : q$

ergibt nach dem Vorstehenden die neue Proportion:

$$\frac{a}{m} : \frac{b}{n} = \frac{c}{p} : \frac{d}{q}.$$

Beispiel. $108 : 72 = 135 : 90$ dividiert durch

$54 : 8 = 27 : 4$ ergibt:

$$\frac{108}{54} : \frac{72}{8} = \frac{135}{27} : \frac{90}{4} \quad \text{oder:}$$

$$2 : 9 = 5 : 22{,}5.$$

Probe.

$$2 \cdot 22{,}5 = 9 \cdot 5.$$
$$45 = 45.$$

Man sagt in diesem Falle, man habe die Proportionen durcheinander dividiert.

139. Vierte Proportionale. Das letzte Glied einer geometrischen Proportion nennt man die vierte Proportionale zu den drei ersten Gliedern. In der Proportion

$$a : b = p : x \quad . \; . \; . \; . \; . \; . \; . \; . \; . \quad \text{I)}$$

ist x vierte Proportionale zu a, b und p.

Durch Vertauschung der Innenglieder geht die letzte Proportion über in

$$a : p = b : x \quad . \; . \; . \; . \; . \; . \; . \; . \; . \quad \text{II)}$$

Die Proportionen I und II ergeben die Produktengleichung

$$a \cdot x = b \cdot p,$$

aus welcher für x folgt:

$$x = \frac{b \cdot p}{a}.$$

Bei Bestimmung der vierten Proportionale ist auf die Reihenfolge der Glieder zu achten. Entsprechend der Proportion I) ist x die vierte Proportionale zu **a**, b und p und entsprechend der Proportion II) zu **a**, p und b.

Die erste Größe **a** ist der Nenner des Bruches $\frac{b \cdot p}{a}$; man muß also, wenn man von dem Werte für x ausgeht, mit dem **Nenner** anfangen.

Weiter folgt aus den Gleichungen I und II), daß die

vierte Proportionale zu drei Zahlen gleich einem Quotienten ist, dessen Dividend aus dem Produkte der zweiten und dritten Zahl, und dessen Divisor aus der ersten Zahl besteht.

Beispiele.

Ist die Gleichung $x = \frac{n \cdot p}{m}$ gegeben, so ist x die vierte Proportionale zu **m**, n und p.

Die vierte Proportionale x zu den Zahlen 3, 8 und 15 ist:

$$x = \frac{8 \cdot 15}{3} = 40.$$

Probe. $3 \cdot x = 8 \cdot 15$, d i.:
$3 \cdot 40 = 8 \cdot 15.$
$120 = 120.$

Aufgaben:

Aus folgenden Proportionen ist die Unbekannte zu berechnen:

1. $4:3 = 24:x$; $12:x = 32:48$; $x:12 = 24:6$; $3:x = 9:15$.
2. $10{,}5:x = 15:7$; $0{,}95:1{,}75 = 11{,}4:x$; $14{,}95:46{,}15 = 27{,}83:x$.
3. $\frac{5}{6}:x = 3:\frac{2}{7}$; $x:2\frac{4}{5} = 3\frac{1}{3}:5\frac{1}{4}$; $1\frac{1}{2}:5\frac{1}{4} = 3\frac{1}{3}:x$.
4. $25:15 = (56 - 3x):x$; $74:(51 - 2x) = 98:7x$.
5. $9:5 = (4 + x):(4 - x)$; $(x + 5):(3x - 7) = (2x + 1):(6x - 11)$.
6. $a:x = b:c$; $5ab:3bc = \frac{10a}{3}:x$; $\frac{n}{m}:\frac{n}{r} = \frac{r}{s}:x$.
7. $\frac{7}{4}ab:\frac{5}{6}bc = x:\frac{10}{3}cd$; $2a^3:5a^2b = 8ab^2:x$.
8. $x:\frac{1}{a} = a:\frac{1}{a^2}$; $(a - b):\frac{1}{a + b} = (2a^2 - 2b^2):x$.
9. $(2a + b):x = (6a + 3b):5$; $\frac{ab^2}{c}:x = \frac{a^2b}{5c^3}:\frac{1}{10bc}$.
10. $\frac{6ab}{5c^2}:\frac{4a^2}{bc} = \frac{3b^2}{10ac}:x$; $\frac{a + b}{a - b}:\frac{a^2 - b^2}{ab} = x:\frac{(a - b)^2}{ac}$
11. $(a + b):(a - b) = x:\left(\frac{1}{b} - \frac{1}{a}\right)$.
12. $\frac{u^2 - v^2}{u^2 + v^2}:\left(1 + \frac{u}{v}\right) = \left(1 - \frac{v}{u}\right):x$.
13. $\left(\frac{a^3 - b^3}{a - b} - ab\right):\left(\frac{a^3 + b^3}{a + b} + ab\right) = 1:x$.
14. $(6a^2 + ab - 12b^2):(14a^2 + 31ab + 15b^2) = (3a^2 - 7ab + 4b^2):x$.
15. $3:x = x:12$; $5:x = x:2$; $7:(x - 1) = (x - 1):28$.
16. $P_1:P_2 = p_1:p_2$; bestimme erst P_1, dann P_2.
17. $P:p = G:g$; bestimme erst p, dann g.
18. $M_1:M_2 = P_1:P_2$; bestimme erst M_2, dann P_1.
19. $P:k_b = W:l$; bestimme erst W, dann k_b.
20. $M.v:M_1.v_1 = P:P_1$; bestimme erst v, dann M_1.

Anhang.

XI. Dezimalbrüche.

Allgemeines.

1. Geht man von der allgemein üblichen Schreibweise eines Dezimalbruches, z. B.

3 7 5,2 4 8 9 . . . . .

aus, so bezeichnet man die Ziffern links vom Dezimalkomma als die „ganzen Stellen“ oder kurz als „die Ganzen“, die Ziffern rechts vom Komma als die „Dezimalstellen“ oder kurz als die „Dezimalen“.

Man liest einen Dezimalbruch, indem man die Ziffern links vom Komma als ganze Zahl ausspricht und die Ziffern rechts von demselben als den Zähler eines echten Bruches angibt, dessen Nenner aus einer **1** mit so viel angehängten Nullen besteht, wie der Dezimalbruch Dezimalstellen hat. Demnach bezeichnen die Ziffern rechts vom Komma in der ersten Dezimalstelle die Zehntel, in der zweiten die Hundertstel, in der dritten die Tausendstel usw.

Vom Komma ausgehend, werden die Dezimalstellen von links nach rechts, die Ganzen von rechts nach links bewertet bzw. gezählt. Sind keine Ganzen vorhanden, so setzt man links vom Komma eine Null, z. B.:

0,8 4 6 3 1 . . . . .

2. Jede Ziffer eines Dezimalbruches erhält das Zehnfache ihres Wertes, wenn das Dezimalkomma um eine Stelle von links nach rechts gerückt wird; sie erhält den zehnten Teil ihres Wertes, wenn das Dezimalkomma um eine Stelle von rechts nach links gerückt wird.

3. Der Zähler eines Dezimalbruches muß stets so viel Ziffern besitzen, wie der Nenner Nullen aufweist. Hat der Zähler weniger Ziffern, so ergänzt man die fehlenden durch

Nullen, welche man rechts vom Komma vor die bereits vorhandenen Ziffern des Zählers schreibt; z. B.:

$$5\,\frac{7}{100} = 5{,}07; \qquad \frac{9}{1000} = 0{,}009.$$

4. Ein Dezimalbruch verändert seinen Wert nicht, wenn rechts vom Komma an bereits vorhandene Dezimalen eine beliebige Anzahl Nullen angehängt wird; z. B.:

$$0{,}75 = 0{,}750 = 0{,}75\,000.$$

Umgekehrt kann man an derselben Stelle beliebig viele Nullen weglassen, ohne den Wert des Dezimalbruches zu ändern; z. B.:

$$8{,}600 = 8{,}60 = 8{,}6.$$

5. Dezimalbrüche sind gleichnamig oder ungleichnamig, je nachdem sie gleich viel oder ungleich viel Dezimalstellen besitzen.

Ungleichnamige Dezimalbrüche werden gleichnamig gemacht, indem man dieselben durch Anhängen von Nullen rechts an die Dezimalstellen auf gleich viel Dezimalstellen bringt; z. B.:

0,42 und 3,82 675 gleichnamig gemacht ergeben:
0,42 000 und 3,82 675.

Addition und Subtraktion.

6. Schreibregel: Komma senkrecht unter Komma! Man addiert oder subtrahiert Dezimalbrüche, indem man sie so untereinander stellt, daß Komma unter Komma zu stehen kommt. Damit kommen auch Einer unter Einer, Zehner unter Zehner usw., Zehntel unter Zehntel, Hundertstel unter Hundertstel usw. zu stehen. Nach dieser Anordnung addiert oder subtrahiert man wie mit ganzen Zahlen. Das Komma im Resultate steht senkrecht unter der Kommareihe der einzelnen zu addierenden bezw. zu subtrahierenden Dezimalbrüche.

Beispiel.

```
       53,86 . . .
      124,047 . .
        0,2385 .
    4 829,1 . . . .
        7,65439
   68 423,186 . .
        0,02 . . .
   --------------
   73 438,10 589.
```

Wollte man hierbei die Brüche gleichnamig machen, so könnte man an Stelle der Punkte Nullen setzen. Das ist jedoch bei der Addition, wenn auf sorgfältige Schreibweise geachtet wird, nicht nötig. Zu empfehlen ist aber die Schreibweise mit Nullen bei der Subtraktion.

Beispiel.

$$\begin{array}{r} 6\,354{,}280000 \\ -\;357{,}240852 \\ \hline 5\,997{,}039148. \end{array}$$

Multiplikation.

7. Ein Dezimalbruch wird mit 10, 100, 1000 usw. multipliziert, indem man das Komma um so viele Stellen **nach rechts** rückt, wie der Multiplikator Nullen hat. Fehlende Stellen werden durch Nullen ergänzt.

Beispiele.

$10 \cdot 3{,}28 = 32{,}8$; $100 \cdot 52{,}24 = 5224$; $10000 \cdot 5{,}7623 = 57623$.
$1000 \cdot 6{,}32 = 6320$; $100 \cdot 8{,}475 = 847{,}5$; $1000 \cdot 0{,}01 = 10$.
$10\,000 \cdot 23{,}54 = 235\,400$; $100\,000 \cdot 0{,}00000012 = 0{,}012$.

8. Ein Dezimalbruch wird mit einer beliebigen, ganzen Zahl multipliziert, indem man zunächst ohne Rücksicht auf das Komma verfährt wie mit ganzen Zahlen und dann im Resultate **von rechts nach links** so viel Stellen abschneidet, wie der Dezimalbruch Dezimalstellen besitzt.

Beispiel.

$$\begin{array}{r} 86{,}4029 \cdot 243 \\ \hline 259\,2087 \\ 3456\,116 \\ 1\,7280\,58 \\ \hline 20995{,}9047. \end{array}$$

9. Ein Dezimalbruch wird mit einem anderen Dezimalbruche multipliziert, indem man zunächst ohne Rücksicht auf das Komma verfährt wie mit ganzen Zahlen und dann im Resultate **von rechts nach links** so viel Stellen abschneidet, wie beide Dezimalbrüche **zusammengenommen** Dezimalstellen besitzen.

Beispiele.

```
 8,056 · 14,65            0,000473
 ─────────────             0,0021
      40280              ─────────
     4 8336                   473
    32 224                    946
    80 56                ─────────
 ─────────────           0,0000009933.
   118,02040.
```

Auch hier werden, wie aus dem zweiten Beispiele ersichtlich, fehlende Stellen durch Nullen ersetzt.

Division.

10. Ein Dezimalbruch wird durch 10, 100, 1000 usw. dividiert, indem man das Komma um so viele Stellen **nach links** rückt, wie der Divisor Nullen hat. Fehlende Stellen werden durch Nullen ergänzt.

Beispiele.

48,57 : 10 = 4,857; 48,57 : 100 = 0,4857.
48,57 : 1000 = 0,04857; 48,57 : 10 000 = 0,004857.
0,01 : 10 = 0,001; 0,6 : 10 000 = 0,00006.
3,06 : 1 000 000 = 0,00000306.

11. Ein Dezimalbruch wird durch eine beliebige, ganze Zahl dividiert, indem man zunächst verfährt wie bei der Division ganzer Zahlen. Nimmt man die letzte Stelle der Ganzen des Dezimalbruches in den Rest herunter, so ist nach vollzogener Division dieses Restes durch die ganze Zahl im Resultate das Komma zu setzen. Alsdann geht nach Herunternahme der ersten Dezimalstelle in den Rest die Division wie mit ganzen Zahlen weiter.

Beispiel. 3484,215 : 9 = 387,135.

```
3484,215 : 9 = 387,135.
27
──
 78
 72
 ──
  64
  ..
  ..
  ..
  63
  ──
```

Diese **4** bildet die letzte Stelle der Ganzen in dem zu teilenden Dezimalbruche. 64 : 9 = 7! Hinter diese **7** im Resultate muß nun das Dezimalkomma gesetzt werden!

```
12    Jetzt weiter wie mit ganzen Zahlen:
 9
──
31
27
──
 45
 45
 ──
  0
```

12. Ist bei dieser Division die ganze Zahl größer als die Ganzen des zu teilenden Dezimalbruches, oder hat der Dezimalbruch „Null“ Ganze, so erhält das Resultat ebenfalls „Null“ Ganze.

Beispiele.

```
19,68768 : 64 = 0,30762.
19 2
────
   487
   448
   ───
    396
    384
    ───
     128
     128
     ───
       0
```

```
0,625 : 5 = 0,125.        0,06852 : 12 = 0,00571.
  5                           60
 ──                           ──
  12                          85
  10                          84
  ──                          ──
   25                          12
   25                          12
   ──                          ──
   0.                          0.
```

13. Hat der zu teilende Dezimalbruch zu wenig Dezimalstellen, um ein genügend genaues Resultat zu gewähren, so hängt man schon vor Beginn der Division rechts so viel Nullen an, wie zur Erzielung eines genügend genauen Resultates erforderlich sind. So schreibt man

statt 439,5 : 16 ohne weiteres:
439,50000 : 16 = 27,46875.*)

14. Ein Dezimalbruch wird durch einen anderen Dezimalbruch dividiert, indem man zunächst den Divisor zu einer

*) Der Leser führe diese Division selbst aus!

ganzen Zahl macht. Dies geschieht, indem man in demselben das Dezimalkomma nach rechts bis hinter die letzte Dezimale rückt. Gleichzeitig muß aber im Dividenden das Dezimalkomma um ebensoviel Stellen nach rechts gerückt werden. Damit ist dieser Fall auf den unter 11) behandelten zurückgeführt: einen Dezimalbruch durch eine beliebige ganze Zahl zu dividieren.

Beispiele.

$$\begin{aligned}
51{,}75 : 0{,}15 &= 5175 : 15 = 345.\\
12{,}8 : 1{,}6 &= 128 : 16 = 8.\\
1{,}8 : 0{,}225 &= 1800 : 225 = 8.\\
3{,}87 : 1{,}8 &= 38{,}7 : 18 = 2{,}15.\\
0{,}0387 : 0{,}45 &= 3{,}87 : 45 = 0{,}086.\\
477 : 0{,}9 &= 4770 : 9 = 530.\\
17{,}3875 : 6{,}35 &= 1738{,}75 : 635 = 2{,}738.\\
0{,}1 : 0{,}001 &= 100 : 1 = 100.
\end{aligned}$$

15. Eine ganze Zahl wird durch einen Dezimalbruch dividiert, indem man durch Versetzen des Kommas nach rechts den Divisor zur ganzen Zahl macht. An den Dividenden (d. i. die zu teilende, ganze Zahl) hängt man so viel Nullen an, wie der Dezimalbruch Dezimalstellen besitzt. Auf diese Weise entstehen zwei ganze Zahlen, deren Division als bekannt vorausgesetzt wird.

Beispiele.

$$\begin{aligned}
1638 : 1{,}82 &= 163800 : 182 = 900.\\
84 : 0{,}75 &= 8400 : 75 = 112.\\
549 : 0{,}005 &= 549000 : 5 = 109800.\\
19 : 1{,}853 &= 19000 : 1853 = 10{,}253.\\
12 : 0{,}004 &= 12000 : 4 = 3000.
\end{aligned}$$

Umrechnung von gewöhnlichen Brüchen in Dezimalbrüche und umgekehrt.

16. Ein gewöhnlicher Bruch wird in einen Dezimalbruch verwandelt, indem man den Zähler durch den Nenner dividiert. Soll z. B. der gewöhnliche Bruch $^7/_8$ in einen Dezimalbruch verwandelt werden, so schreibt man nach Ziffer 13):

$$7{,}000 : 8 = 0{,}875.$$

Bei der Umwandlung eines echten Bruches erhält man stets „Null" Ganze. Geht wie vorstehend die Division auf, so entsteht ein endlicher Dezimalbruch.

Geht die Division nicht auf, so kehren in vielen Fällen bei fortgesetzter Division eine oder mehrere Ziffern in gleichmäßiger Reihenfolge wieder; es entsteht der unendliche oder periodische Dezimalbruch. Die regelmäßig wiederkehrenden Ziffern nennt man die Periode; man bezeichnet sie durch einen wagerechten Strich über den Periodenziffern.

17. Beginnt die Periode gleich in der ersten Dezimalstelle, so nennt man den Dezimalbruch einen rein periodischen.

Beispiele.

$$^{5}/_{9} = 5 : 9 = 0{,}55\overline{5} \ldots\ldots$$
$$^{2}/_{37} = 2 : 37 = 0{,}054\overline{054} \ldots\ldots$$

Beginnt die Periode in einer späteren Dezimalstelle, so nennt man den Dezimalbruch einen gemischt periodischen.

Beispiele.

$$^{5}/_{12} = 5 : 12 = 0{,}416\overline{6} \ldots\ldots$$
$$^{49}/_{55} = 49 : 55 = 0{,}89090\overline{90} \ldots\ldots$$

Die vor der Periode stehenden Ziffern bezeichnet man als Vorziffern.

18. Ein endlicher Dezimalbruch wird in einen gewöhnlichen Bruch verwandelt, indem man dem Dezimalbruch seinen natürlichen Nenner gibt und dann bis auf die kleinsten Zahlen herunterkürzt.

Beispiele.

$$0{,}75 = {}^{75}/_{100} = {}^{3}/_{4}; \qquad 0{,}125 = {}^{125}/_{1000} = {}^{1}/_{8}.$$
$$9{,}625 = 9\,{}^{625}/_{1000} = 9\,{}^{5}/_{8}; \qquad 0{,}0025 = {}^{25}/_{10000} = {}^{1}/_{400}.$$

19. Ein rein periodischer Dezimalbruch wird in einen gewöhnlichen Bruch verwandelt, indem man die Periode zum Zähler eines Bruches macht, dessen Nenner aus so viel Neunen besteht, wie die Periode Ziffern hat.

Beispiele.

$0{,}81\overline{81}\ldots = {}^{81}/_{99} = {}^{9}/_{11}$; $0{,}\overline{882}\ldots = {}^{882}/_{999} = {}^{98}/_{111}$.

$0{,}\overline{054}\ldots = {}^{54}/_{999} = {}^{2}/_{37}$.

20. Ein gemischt periodischer Dezimalbruch wird in einen gewöhnlichen Bruch verwandelt, indem man zunächst von sämtlichen Ziffern hinter dem Komma bis einschließlich der letzten Ziffer der ersten Periode die Vorziffern abzieht. Die so erhaltene Zahl macht man zum Zähler eines Bruches, dessen Nenner aus so viel Neunen besteht, wie die Periode Stellen hat, an welche Neunen noch so viel Nullen angehängt werden, wie Vorziffern vorhanden sind.

Beispiele.

$$0{,}41\overline{6}\ldots = \frac{416-41}{900} = \frac{375}{900} = \frac{5}{12}.$$

$$0{,}8\overline{90}\ldots = \frac{890-8}{990} = \frac{882}{990} = \frac{49}{55}.$$

$$0{,}43\overline{18}\ldots = \frac{4318-43}{9900} = \frac{4275}{9900} = \frac{19}{44}.$$

XII. Teilbarkeit der Zahlen.

1. Eine Zahl ist durch eine andere Zahl teilbar, wenn bei der Division der ersteren durch die letztere kein Rest bleibt.

Bei der Division mit bestimmten Zahlen, besonders beim Kürzen von Brüchen, ist es von Vorteil auf den ersten Blick zu erkennen, ob eine beabsichtigte Division ohne bleibenden Rest möglich ist.

2. Die folgenden Regeln enthalten die Kennzeichen der Teilbarkeit.

Eine Zahl ist teilbar:

a) **durch 2,** wenn sie eine gerade Zahl ist, oder wenn die letzte Ziffer eine Null ist;

b) **durch 3,** wenn ihre Quersumme*) durch **3** teilbar ist;

---

*) Die Quersumme einer Zahl wird gebildet, indem man die einzelnen Ziffern der Zahl zusammenzählt. Die Quersumme von

c) **durch 4,** wenn die beiden letzten Ziffern, als Zahl gelesen,*) durch **4** teilbar oder Nullen sind;

d) **durch 5,** wenn die letzte Ziffer eine **5** oder eine Null ist;

e) **durch 6,** wenn ihre Quersumme durch **3** teilbar ist, und wenn die letzte Ziffer eine gerade Zahl oder eine Null ist;

f) **durch 7,** wenn die Differenz zwischen der von den drei letzten Ziffern gebildeten Zahl und der von den vorstehenden Ziffern gebildeten durch **7** teilbar ist**);

g) **durch 8,** wenn die drei letzten Ziffern, als Zahl gelesen,***) durch **8** teilbar oder Nullen sind;

h) **durch 9,** wenn ihre Quersumme durch **9** teilbar ist;

i) **durch 10,** wenn die letzte Ziffer eine Null ist;

k) **durch 11,** α) bei dreistelligen Zahlen: wenn die Summe der ersten und letzten Ziffer gleich der Ziffer in der Mitte ist;†)

35847 ist $= 3 + 5 + 8 + 4 + 7 = 27$! Nun ist **27** durch 3 restlos teilbar, folglich ist es auch die ganze Zahl: $35847 : 3 = 11949$.

Bei Dezimalbrüchen bleibt das Dezimalkomma unberücksichtigt. Die Quersumme von 928,163 ist $= 9 + 2 + 8 + 1 + 6 + 3 = 29$!

*) Die Zahl 9731596 ist durch **4** teilbar, weil die letzten beiden Ziffern **9** und **6**, als Zahl gelesen, die Zahl **96** ergeben, welche ohne Rest durch **4** teilbar ist. Folglich: $9731596 : 4 = 2432899$. Man kann der vorgelegten Zahl 9731596 nach links hin beliebig viele Ziffern vorsetzen: **sie bleibt durch 4 teilbar!**

1357246**9731596**:4=339311743 2899!

) Die Zahl 7257432 ist durch **7 teilbar, da

$7257 - 432 = 6825$ restlos durch **7** teilbar ist. Folglich: $7257432 : 7 = 1036776$!

Die Zahl 1064 ist durch **7** teilbar, da

$064 - 1 = 63$ restlos durch **7** teilbar ist. Folglich: $1064 : 7 = 152$!

***) Die Zahl 18928 ist durch **8** teilbar, weil die letzten **3** Ziffern 9, 2 und 8, als Zahl gelesen, die Zahl 928 ergeben, welche restlos durch **8** teilbar ist; folglich ist es auch die ganze Zahl: $18928 : 8 = 2366$. Auch hier kann man der vorgelegten Zahl nach links hin beliebig viele Ziffern vorsetzen: **sie bleibt durch 8 teilbar!**

3579**618928**:8=447452366!

†) Die Zahl 275 ist durch 11 teilbar, weil die erste Ziffer **2** und die letzte Ziffer **5** zusammengezählt die Mittelziffer **7** ergeben: $275 : 11 = 25$. Andere durch **7** teilbare Zahlen sind z. B.: 187; 891; 495 usw.

β) bei mehrstelligen Zahlen: wenn die Summe der an gerader Stelle stehenden Ziffern gleich ist der Summe der an ungerader Stelle stehenden, oder wenn diese beide Summen die Differenzen 11, 22, 33 usw. ergeben;*)

l) **durch 25,** wenn sie auf 25, 50, 75 oder 00 endigt;

m) **durch 125,** wenn sie auf 125, 250, 375, 500, 625, 750, 875 oder 000 endigt.

XIII. Abgekürztes Verfahren für das Ausziehen der Quadratwurzel.

1. Bei diesem abgekürzten Verfahren bleibt zunächst das in Ziffer 98, Seite 115) über das Einteilen der zu radizierenden Zahlen in Klassen von je 2 Stellen Gesagte bestehen.

Neu an dem abgekürzten Verfahren ist, daß die Stellen der Klassen nicht einzeln heruntergenommen werden, sondern daß immer dann, wenn durch Division mit **2·a** ein neues **b** zu bestimmen ist, eine ganze Klasse auf einmal heruntergenommen wird.

Ist z. B. aus 625 die Quadratwurzel zu ziehen, so geschieht dies nach dem abgekürzten Verfahren in folgender Weise:

Man suche die der höchsten Klasse 6 nächstliegende, kleinere Quadratzahl = 4 und ziehe aus dieser die Wurzel = 2, welche 2 hinter das Gleichheitszeichen geschrieben wird. Die 4 ist von 6 abzuziehen; Rest = 2. Zu dieser 2

```
 √6|25 = 25.
  4|
---------
4₅|22|5
  |225
  -----
     0
```

wird jetzt die **ganze zweite Klasse = 25** heruntergenommen, wodurch unter dem Subtraktionsstrich die Zahl 225 entsteht.

---

*) 611105: Summe der geradstelligen Ziffern = 1 + 1 + 5 = 7,
" " ungeradstelligen " = 6 + 1 + 0 = 7;
beide Summen sind gleich; folglich ist die Zahl 611105 durch 11 teilbar: 611105 : 11 = 55555!

13580237: Summe der geradstelligen Ziffern = 3 + 8 + 2 + 7 = 20,
" " ungeradstelligen " = 1 + 5 + 0 + 3 = 9.
Die Differenz beider Summen ist = 20 − 9 = 11, folglich ist die ganze Zahl 13580237 durch 11 teilbar: 13580237 : 11 = 1234567!

In diese 225 müßte nun mit 2·a, also mit dem Doppelten von dem, was hinter dem Gleichheitszeichen steht, d. i. 2·2 = 4, dividiert werden. Das ergäbe aber eine viel zu hohe Zahl, nämlich: 46!

Man darf daher, um dies zu vermeiden, bei dem abgekürzten Verfahren nur

mit 4 in 22 dividieren,

was in der Rechnung am besten dadurch augenscheinlich gemacht wird, daß man von der Zahl 225 die letzte Ziffer 5 durch ein sichtbares Zeichen: „L" trennt.

Alsdann ergibt sich bei der Division von 22 durch 4 der Quotient 5, welcher hinter die 2 im Resultat und, etwas kleiner, auch hinter den Divisor 4 geschrieben wird. Letzterer wird damit zu 45, welche Zahl mit dem Quotienten 5 multipliziert 225 ergibt. Zieht man diese 225 von dem Rest 225 ab, so wird der neue Rest = 0 und die Quadratwurzel aus 625 ist = 25.

2. Bei einer Zahl mit mehr als 2 Klassen ist zu verfahren, wie das folgende Beispiel zeigt*):

Die nächstkleinere Quadratzahl zu 7 ist = 4, aus dieser die Wurzel = 2, welche hinter das Gleichheitszeichen zu schreiben ist. 4 von 7 abgezogen, Rest = 3. Zu diesem die ganze zweite Klasse 91 heruntergenommen, läßt unter dem Subtraktionsstrich die Zahl 391 entstehen. Davon die 1 durch L abgetrennt

$\sqrt{7|91|29|69} = 2813.$

4

4_8 | 3 9|1

384

56_1 | 7 2|9

561

562_3 | 1 6 8 6|9

16869

0

und mit dem Doppelten von dem, was hinter dem Gleichheitszeichen steht, d. i. 2·2 = 4, in 39 dividiert, gibt den Quotienten 8. Diese 8 in das Resultat und, kleiner geschrieben, hinter den Divisor 4; jetzt: 8·48 = 384 von 391 abgezogen. Rest = 7, zu welchem die ganze dritte Klasse 29 heruntergenommen wird. Dadurch entsteht die Zahl 729, welche, nachdem die letzte Stelle 9 abgetrennt ist, durch das

*) Vgl. 2. Beispiel S. 118.

Doppelte von dem, was hinter dem Gleichheitszeichen steht, d. i. $2 \cdot 28 = 56$, zu teilen ist. Quotient $= 1$, welcher in das Resultat und, kleiner geschrieben, hinter den Divisor 56 gesetzt wird, wodurch die Zahl 561 entsteht. 1 mal $561 = 561$ von 729 abgezogen, Rest 168, zu welchem die ganze vierte Klasse 69 heruntergenommen wird, so daß die Zahl 16869 entsteht usw.

Zu beachten ist also:

Jedesmal, nachdem eine neue Klasse heruntergenommen wurde, ist nach erfolgtem Abtrennen der letzten Ziffer mit dem Doppelten von dem, was hinter dem Gleichheitszeichen steht, zu dividieren.

1. Beispiel.

$\sqrt{97|54|60|42|37|16} = 987654.$

81

$18_8 | 165|4$

1504

$196_7 | 1506|0$

13769

$1974_6 | 12914|2$

118476

$19752_5 | 106663|7$

987625

$197530_4 | 790121|6$

7901216

0

2. Beispiel*).

$\sqrt{1|10|25} = 105.$

1

$2 | 1|0 =$ **Null mal!**

Hier muß nun die ganze dritte Klasse $= 25$ heruntergenommen werden, wodurch die Zahl 1025 entsteht. 5 abtrennen und durch das Doppelte von dem, was hinter dem Gleichheitszeichen steht, d. i. jetzt $2 \cdot 10 = 20$ dividieren.

$20_5 | 102|5$

1025

0

*) Vgl. 3. Beispiel S. 119.

3. Bei **Dezimalbrüchen** ist das Verfahren das gleiche. Über Einteilung in Klassen und Stellung des Kommas vgl. Beispiele in Ziffer 102, Seite 119 bis 121).

1. Beispiel.

$\sqrt{85|74,|76} = 92,6$
81
$18_2|47|4$
364
$184_6|1107|6$
11076
0

2. Beispiel.

$\sqrt{0,|13|10|44} = 0,362.$
9
$6_6|41|0$
396
$72_2|144|4$
1444
0

3. Beispiel.

$\sqrt{0,|06|00|25} = 0,245.$
4
$4_4|20|0$
176
$48_5|242|5$
2425
0

4. Beispiel.

$\sqrt{0,|00|00|09|73|44} = 0,00312.$
9
$6_1|7|3$
61
$62_2|124|4$
1244
0

XIV. Bestimmung des Hauptnenners gewöhnlicher Brüche.

1. Auf Seite 49, Ziffer 52) wurde über das Gleichnamigmachen gewöhnlicher Brüche und das damit verbundene Aufsuchen des Hauptnenners, das an dieser Stelle Erforderliche bereits mitgeteilt.

Der Hauptnenner wurde dort als die **kleinste Zahl** bezeichnet, in welcher sämtliche Nenner der gleichnamig zu machenden Brüche bei der Division ohne Rest enthalten sind.

Zur Bestimmung des Hauptnenners finden verschiedene Verfahren Anwendung, welche sämtlich auf eine Faktorenzerlegung hinauslaufen. Man zerlegt hierbei die Nenner der gleichnamig zu machenden Brüche in ihre sogenannten **Primfaktoren***), von denen sich wiederholende Faktoren nach gewissen Regeln gestrichen werden, d. h. unberücksichtigt bleiben. Das Produkt der stehengebliebenen Primfaktoren ist alsdann der Hauptnenner.

Die folgenden Beispiele sollen zwei Verfahren erläutern, welche am sichersten zum Ziele führen, d. h. den Hauptnenner zweifelsfrei zu bestimmen ermöglichen.

2. Es seien die Brüche

$$\frac{1}{4}, \frac{3}{8}, \frac{2}{9}, \frac{7}{12} \text{ und } \frac{13}{20}$$

gegeben; die Nenner sind alsdann

4, 8, 9, 12 und 20.

Zerlegt man diese Zahlen in ihre **kleinsten Primfaktoren,** so erhält man:

$$\begin{aligned} 4 &= 2 \cdot 2 \\ 8 &= 2 \cdot 2 \cdot 2 \\ 9 &= 3 \cdot 3 \\ 12 &= 2 \cdot 2 \cdot 3 \\ 20 &= 2 \cdot 2 \cdot 5. \end{aligned}$$

Man erkennt aus dieser Aufstellung, daß sich die Primfaktoren 2 und 3 wiederholen; 5 erscheint nur einmal.

Als Regel über das „Streichen“ gleicher, also sich wiederholender Primfaktoren gilt folgendes:

---

*) Primzahlen, hier also Primfaktoren, sind Zahlen, welche nur **durch 1 bzw. durch sich selbst** teilbar sind:
1, 2, 3, 5, 7, 11, 13, 17, 19, 23, 29, 31, 37, 41, 43 . . . .
Der Leser setze die Reihe bis 200 fort!

Man läßt **gleiche**, also sich wiederholende Primfaktoren nur an der Stelle stehen, an welcher sie **am häufigsten** vorkommen, an allen anderen Stellen wird derselbe Primfaktor durchstrichen, auch an denen, an welchen er ebenso häufig vorkommt, wie an der zum Stehenlassen gewählten Stelle. Andere **gleiche** Primfaktoren, die an verschiedenen Stellen nur je einmal vorkommen, werden bis auf einen durchstrichen. Ein nur einmal überhaupt vorkommender Primfaktor bleibt immer stehen.

Das Produkt der nicht durchstrichenen Primfaktoren ist alsdann der Hauptnenner.

Um in den Beispielen das Durchstreichen der Zahlen zu vermeiden, sind die zu streichenden Primfaktoren durch schwachen, die stehenbleibenden durch **fetten** Druck unterschieden.

1. Beispiel.

Gegeben die Nenner: 4, 8, 9, 12 und 20. Zerlegt man dieselben, wie bereits vorstehend ausgeführt, in ihre kleinsten Primfaktoren, so erhält man:

$$\begin{aligned} 4 &= 2\cdot 2 \\ 8 &= \mathbf{2\cdot 2\cdot 2} \\ 9 &= \mathbf{3\cdot 3} \\ 12 &= 2\cdot 2\cdot 3 \\ 20 &= 2\cdot 2\cdot \mathbf{5}. \end{aligned}$$

Der Primfaktor **2** kommt am häufigsten, hier dreimal, bei der 8 vor, bleibt also dreimal stehen. Alle anderen **2** werden gestrichen. Aus demselben Grunde bleiben die zwei Primfaktoren **3** bei der 9 stehen; die **3** bei der 12 wird gestrichen. Der Primfaktor **5** kommt nur einmal vor, bleibt also stehen. Damit bleiben nur die Primfaktoren

$$\mathbf{2\cdot 2\cdot 2;\quad 3\cdot 3}\quad \text{und}\quad \mathbf{5}$$

stehen, deren Produkt

$$\mathbf{2\cdot 2\cdot 2\cdot 3\cdot 3\cdot 5 = 360}$$

der Hauptnenner ist.

2. Beispiel.

Gegeben die Nenner: 4, 8, 9, 24 und 36.

Deren Zerlegung in die kleinsten Primfaktoren ergibt:

$$\begin{aligned} 4 &= 2\cdot 2 \\ 8 &= \mathbf{2\cdot 2\cdot 2} \\ 9 &= \mathbf{3\cdot 3} \\ 24 &= 2\cdot 2\cdot 2\cdot 3 \\ 36 &= 2\cdot 2\cdot 3\cdot 3. \end{aligned}$$

Der Primfaktor **2** erscheint hier bei der 8 und 24 je *dreimal*. An einer Stelle bleiben also die *drei* **2** stehen, z. B. bei der 8; an allen anderen Stellen wird die **2** gestrichen. Der Primfaktor **3** erscheint bei der 9 und 36 je *zweimal*; an einer Stelle sind die zwei **3** zu streichen, z. B. bei der 36, ebenso der Primfaktor **3** bei der 24. Es bleiben also ungestrichen die Primfaktoren

$$2\cdot 2\cdot 2 \text{ und } 3\cdot 3$$

deren Produkt

$$2\cdot 2\cdot 2\cdot 3\cdot 3 = 72$$

der Hauptnenner ist.

3. Das vorstehend beschriebene Verfahren bietet jedoch Anfängern Schwierigkeiten insofern, als gewöhnlich ein Primfaktor, oder auch mehrere, zuviel bzw. zuwenig gestrichen werden. Ein durchaus sicheres Verfahren ist das folgende:

Sind wiederum die Nenner 4, 8, 9, 12 und 20 gegeben, so schreibe man dieselben in der nachstehenden Anordnung auf

$$\begin{array}{c|l} & 4\cdot 8\cdot 9\cdot 12\cdot 20 \\ \hline & \end{array}$$

und dividiere sämtliche Zahlen durch einen kleinsten Primfaktor, z. B. durch **2**. Diese **2** wird vor den senkrechten Strich gesetzt, die Quotienten kommen unter den wagerechten Strich. Geht die Division durch **2** bei einer Zahl, wie z. B. bei **9**, nicht auf, so wird diese Zahl (9) *unverändert* unter den wagerechten Strich geschrieben:

$$\begin{array}{c|l} & 4\cdot 8\cdot 9\cdot 12\cdot 20 \\ \hline 2 & 2\cdot 4\cdot 9\cdot \ 6\cdot 10 \end{array}$$

Nun dividiert man die unter dem Strich stehende Zahlenreihe nochmals durch einen kleinsten Primfaktor, vielleicht durch 3, wobei diese 3 ebenfalls vor den senkrechten Strich und jede Zahl, bei welcher die Division nicht restlos aufgeht, immer wieder *unverändert* **hingeschrieben wird:**

$$\begin{array}{c|l} & 4\cdot 8\cdot 9\cdot 12\cdot 20 \\ \hline 2 & 2\cdot 4\cdot 9\cdot \ 6\cdot 10 \\ 3 & 2\cdot 4\cdot 3\cdot \ 2\cdot 10 \end{array}$$

Die zweite Zahlenreihe unter dem wagerechten Strich läßt sich bei gleicher Schreibweise weiter durch **2** teilen:

	4 · 8 · 9 · 12 · 20
2	2 · 4 · 9 · 6 · 10
3	2 · 4 · 3 · 2 · 10
2	1 · 2 · 3 · 1 · 5

Teilt man die dritte Zahlenreihe bei gleicher Schreibweise nacheinander noch durch **2**, **3** und **5**, so erhält man:

	4 · 8 · 9 · 12 · 20
2	2 · 4 · 9 · 6 · 10
3	2 · 4 · 3 · 2 · 10
2	1 · 2 · 3 · 1 · 5
2	1 · 1 · 3 · 1 · 5
3	1 · 1 · 1 · 1 · 5
5	1 · 1 · 1 · 1 · 1

Wie aus der letzten Aufstellung hervorgeht, wird die Division so lange fortgesetzt, bis in der letzten wagerechten Zahlenreihe nur noch die Quotienten **1** erscheinen.

Das Produkt aller links vom senkrechten Strich stehenden Primfaktoren

$$\mathbf{2 \cdot 3 \cdot 2 \cdot 2 \cdot 3 \cdot 5 = 360}$$

ist der Hauptnenner.

1. Beispiel.

Gegeben die Nenner: 6, 9, 10, 15, 18, 25.

	6 · 9 · 10 · 15 · 18 · 25
2	3 · 9 · 5 · 15 · 9 · 25
3	1 · 3 · 5 · 5 · 3 · 25
3	1 · 1 · 5 · 5 · 1 · 25
5	1 · 1 · 1 · 1 · 1 · 5
5	1 · 1 · 1 · 1 · 1 · 1

Hauptnenner: 2 · 3 · 3 · 5 · 5 = 450.

Dieses Verfahren läßt sich, falls die Nenner dazu geeignet sind, erheblich vereinfachen.

2. Beispiel.

Es sind folgende Brüche gegeben:

$$\frac{3}{4}, \frac{7}{8}, \frac{9}{10}, \frac{1}{2}, \frac{5}{12}, \frac{2}{3}, \frac{3}{5} \text{ und } \frac{7}{6}.$$

Wie groß ist der Hauptnenner?

Man ordnet die Nenner am besten so an, daß man mit dem größten beginnt*):

	12·10·8·6·5·4·3·2

Die Nenner: 2, 3, 5 sind als reine Primfaktoren, die Nenner: 4 und 6 mit ihren Primfaktoren 2 und 3 bereits in den großen Nennern: 8, 10 und 12 enthalten. Es ist also nur die Zerlegung der letzteren in Primfaktoren erforderlich. Damit stellt sich die Rechnung wie folgt:

	12·10·8·6·5·4·3·2
2	6· 5·4
2	3· 5·2
2	3· 5·1
3	1· 5·1
5	1· 1·1

Hauptnenner: 2·2·2·3·5 = 120.

Die Ermittlung des Hauptnenners war eigentlich schon mit der Aufstellung

	12·10·8·6·5·4·3·2
2	6· 5·4
2	**3· 5·2**

beendet. Die in der zweiten wagerechten Zahlenreihe stehenden Primfaktoren 3·5·2 nach links vor den senkrechten Strich zu nehmen, ist Zeitverschwendung.

Befinden sich daher in der letzten wagerechten Reihe Zahlen, welche Primfaktoren nicht mehr gemeinsam haben, also durch Division nicht mehr ÷ außer auf **1** ÷ verkleinert werden können, so werden, um den Hauptnenner zu bestimmen,

*) Das ist jedoch keine Notwendigkeit; jede andere Anordnung führt zu demselben Ergebnis.

die Zahlen der senkrechten Reihe mit denen der letzten wagerechten Reihe multipliziert.

3. Beispiel.

Gegeben die Nenner: 6, 8, 9, 12, 24, 30, 36 und 48.

	48 · 36 · 30 · 24 · 12 · 9 · 8 · 6
2	24 · 18 · 15
2	12 · 9 · 15
3	4 · 3 · 5

Hauptnenner: 2 · 2 · 3 · 4 · 3 · 5 = 720.

Der Leser nehme nun beliebige Brüche an und übe namentlich das letzte Verfahren!

MANULDRUCK VON F. ULLMANN G. M. B. H., ZWICKAU SA.

Der praktische Maschinenbauer. Ein Lehrbuch für Lehrlinge und Gehilfen, ein Nachschlagebuch für den Meister. Herausgegeben von Dipl.-Ing. **H. Winkel.**

Erster Band: **Werkstattausbildung.** Von **August Laufer,** Meister der Württembergischen Staatseisenbahn. Mit 100 Textfiguren (214 S.) 1921. Gebunden 6 RM.

Zweiter Band: **Die wissenschaftliche Ausbildung.**

1. Teil: Mathematik und Naturwissenschaft. Bearbeitet von **R. Kramm, K. Ruegg** und **H. Winkel.** Mit 369 Textfiguren. (388 S.) 1923. Gebunden 7 RM.
2. Teil: Fachzeichnen, Maschinenteile, Technologie. Bearbeitet von **W. Bender, H. Frey, K. Gotthold** und **H. Guttwein.** Mit 887 Textfiguren. (420 S.) 1923. Gebunden 8 RM.

Dritter Band: **Maschinenlehre.** Kraftmaschinen, Elektrotechnik, Werkstatt-Förderwesen. Bearbeitet von **H. Frey, W. Gruhl, R. Hänchen.** Mit 390 Textabbildungen. (324 S.) 1925. Gebunden 12 RM.

Der vierte Band wird die **Betriebsführung** behandeln.

Lehrbuch der Mathematik. Für mittlere technische Fachschulen der Maschinenindustrie. Von Professor Dr. **R. Neuendorff,** Oberlehrer an der Staatlichen Höheren Schiff- und Maschinenbauschule, Privatdozent an der Universität Kiel. Zweite, verbesserte Auflage. Mit 262 Textfiguren. (280 S.) 1919. Gebunden 7.35 RM.

Trigonometrie für Maschinenbauer und Elektrotechniker. Ein Lehr- und Aufgabenbuch für den Unterricht und zum Selbststudium. Von Professor Dr. **Adolf Heß,** Winterthur. Vierte, unveränderte Auflage. (Unveränderter Neudruck.) Mit 112 Textfiguren. (148 S.) 1922. 3 RM.

Planimetrie mit einem Abriß über die Kegelschnitte. Ein Lehr- und Übungsbuch zum Gebrauch an Technischen Mittelschulen. Von Professor Dr. **Adolf Heß,** Winterthur. Zweite Auflage. Mit 207 Textfiguren. (159 S.) 1920. 2.50 RM.

Analytische Geometrie für Studierende der Technik und zum Selbststudium. Von Professor Dr. **Adolf Heß,** Winterthur. Mit 140 Abbildungen. (172 S.) 1925. 7.50 RM.

Angewandte darstellende Geometrie insbesondere für Maschinenbauer. Ein methodisches Lehrbuch für die Schule sowie zum Selbstunterricht. Von Studienrat **Karl Keiser,** Leipzig. Mit 187 Abbildungen im Text. (164 S.) 1925. 5.70 RM.